ハヤカワ文庫 NF

〈NF497〉

# 滅亡へのカウントダウン

## 人口危機と地球の未来

〔上〕

アラン・ワイズマン

鬼澤　忍訳



早川書房

7988

COUNTDOWN
*Our Last, Best Hope for a Future on Earth?*
by
Alan Weisman

Translated by
Shinobu Onizawa
Published 2017 in Japan by
HAYAKAWA PUBLISHING, INC.
This book is published in Japan by
arrangement with
THE NICHOLAS ELLISON AGENCY
through TUTTLE-MORI AGENCY, INC., TOKYO.

ベッキーへ
最後まで手助けしてくれたことに

# 目次

## 第三部

## 下巻　目次

ここに、知恵が必要である。思慮のある者は、獣の数字を解くがよい。その数字とは、人間をさすものである。

——ヨハネの黙示録　一三章一八節

新約聖書　新国際版

賢明なる声が子供はそれ以上必要ないと告げるのであれば、精管切除術を受けてもよい。

——アリ・ハメネイ師　一九八九年頃

# 滅亡へのカウントダウン〔上〕

人口危機と地球の未来

# 日本の読者へ

本書を執筆するために、私は二一ヵ国を訪れた。そのなかでも特に重要だったのが、みなさんの国だ。

世界中の日本以外の地域では、四・五日ごとに一〇〇万人の人間が増え、すでに負担がかかりすぎているこの惑星にさらにストレスを加えている。一方、日本は人口が実際に減りはじめている初めての先進国だ。本書で私は、その歴史的理由を述べている（下巻一三章参照）。第二次世界大戦後の苦難に満ちた数年間に、日本政府が、養いきれないほど多くの人間という重荷の軽減を決めたところから話を始めた。だが、最後の大人数世代（団塊の世代）がより数の少ない後続世代に取って代わられはじめたせいで、日本の人口がいまや減りつつあるとすれば、人口過剰を扱う本に日本が関係するのは、あるいは興味深くさえあるのはなぜだろうか？　実際、多くの経済学者が、日本にとっての大きな問題は人口不足だと懸念している。彼らが経済の健全性の唯一の尺度と認めているのは、絶え間ない成長だからだ。

人口は拡大しつづけなければならないと、彼らは言う。より多くの消費者、より多くの労働者(もっとも、彼らの真意はより多くの低賃金労働者である場合が多い。人口が多ければ多いほど、仕事をめぐる競争は激しくなり、労働者は安い賃金でも受け入れるからだ)がつねに存在する状況をつくるためだ。彼らはこうも警告する。日本の女性がもっと多くの子供を持つようにならなければ、社会保障の掛け金を払う若者が減り、多すぎる年配者を支えきれないだろうと。

だが、本書において読者は、東京の政策研究大学院大学の洞察力にあふれる一人の経済学者に出会うことになる。彼は避けられない事態に好機を見いだしている。日本は、今後数十年にわたって徐々に人口が減っていくあいだ、繁栄に関する新たな――そしてより環境にやさしい――考え方に自国経済を適応させる時間を手にするのだと、彼は述べる。少ない人口へのこうした移行はつねに容易だとはかぎらない。しばらくのあいだ、国家は優先課題を調整して、高齢者のケアを補助しなければならないだろう。だが、二世代足らずのうちに若者と老人の人口のバランスは元に戻るはずだ。一方で、人口減少の健全な利点もたくさん現れるだろう。人々と自然にとって安らげる空間が広がることもその一つだ。日本は、現実的な転換へと世界を導く最初の国になるだろう。つまり、限界を超えない範囲で安全かつ賢明に暮らすことへの転換だ。本書で述べるきわめて多くの環境的・経済的指標は、われわれがすでにその限界に達していることを警告している。

日本での取材の際に最も印象的だったことの一つは、うらやましいほどのレベルにあるスキルと教育だ。教育を受けた日本女性の割合が高いことからして、人口は少ないまま維持されるだろう。あらゆる分野の女性が学業を修了するまで出産を遅らせるからだ。その後、彼女たちは二人までしか子供を産まないケースが多く、おかげで、その学識を有効に活用するチャンスを手にする。このきわめて知的で教育水準の高い人口は、人口統計がより持続可能なレベルへと転換するのにともなって生じる難題の解決策を発見するのに適している。

日本で私は、若いエンジニアが十分な労働力を確保するためにロボットを設計するのを見た。また、別の若者が田舎に戻っているのを見た。田舎では、最後の戦前世代が大量に世を去っているため、手ごろな値段の土地と住まいが手に入るようになっている。テクノロジー、農業、ビジネス、学問へのこうした若者の取り組みは、実現可能な新たな未来を形成しはじめている。だが、二〇一一年八月に私が日本に滞在していたとき、みなさんの国はすでにもう一つの難題に立ち向かっていた。福島の悲劇だ。それは、この先数十年にわたって離れられない課題となるだろう――そして、日本のいっそう少ない人口が二一世紀には有利となるかもしれないもう一つの理由でもある。

福島は次のことに気づかせてくれる。われわれの人口が莫大な数に増えるにつれ、世界の目を見張るようなテクノロジー主導の文明の大半は、リスクをとることに寄りかかるようになっているのだ。本書で説明する理由により、世界の人口は二〇世紀に突如として四倍になった。食糧とエネルギーに対する需要は、人間の数とともにたちまち膨れ上がった。日本列島では、人々は経済に電力を供給するために原子力に向かった。しかし、日本の原子力発電所は、ことごとく断層や海岸の近くに建設されるしかない。そのため、地震、台風、津波に弱いのだ。私の住む北米大陸では、いまや岩盤を砕いて天然ガスを採掘している。その結果、水質が汚染され、最も美しい風景の一部が破壊されている。

福島の悲しみを機に、われわれは立ち止まり、一歩下がって、こんなふうに考え込んでいる。地球から最後の一滴までエネルギーを搾り取るためにそんなリスクを冒すことは、そうした努力が結局はわれわれを苦しめたり傷つけたりするのであれば、意味があるのだろうか、と。私は、人類がいつかエネルギーなしでやっていこうという気になるとは思っていない。エネルギーの利用はいまや――みなさんと私を含む――ほぼ全人類の文化の一部だからだ。私にわかっていることは、そのエネルギーを必要とする人々がもっと合理的な数に徐々に戻っていけば、健全で安定した未来を手にするチャンスがあるということだ。日本は、その過程をわれわれ全員に示す最初にして最善の機会を持つ国なのである。

アラン・ワイズマン

# プロローグ

多くの読者は、私の前作『人類が消えた世界』を、地球上から人々が消え去ったら何が起こるかを想像する思考実験として思い起こすかもしれない。

理論上、地球の上から人類を一掃するというアイデアによってわかったのは、人類が加えてきた途方もないダメージにもかかわらず、自然には驚くべき回復力と治癒力があるということだった。われわれ人間が日々与えてきたプレッシャーから解放されて、驚くべきスピードで復活と再生が始まるのだ。やがて、新しい植物、動物、菌類などが進化して空白となったニッチを埋めるまでになる。

一新された健康な地球というすばらしい展望に魅了された読者に、私は、今度はこう自問してほしいと思った。この状況にホモ・サピエンスを戻すにはどうすればいいか、と――それも、地球上のほかの生物と死闘を繰り広げるのではなく、もっぱらうまく共存できるように。

つまりこういうことだ。人類が存在する世界を持続させるには、どうすればいいのだろうか?

まさにあのテーマに関するもう一つの思考実験へようこそ。ただし今回は想像ではない。ここでのシナリオは現実的なものだ。私が語る現地の住民や事情に通じた専門家といった人々に加え、私やあなたを含むあらゆる人々が存在する。結局のところわれわれは、私が世界を一周して投げかけた四つの疑問——前述の専門家の何人かが地上で最も重要だと言った疑問——に帰着する問題に対する回答の一部なのだ。

「だがおそらく」と、そうした専門家の一人は付け加えた。「それらの疑問に答えるのは不可能でしょう」

彼がそう言ったとき、われわれは、世界最古にして最も神聖な高等教育機関の一つで昼食を取っているところだった。彼はその機関に所属する著名教授だ。そのとき私は、自分が専門家でないことをありがたく思った。ジャーナリストがある分野の奥深さを申し立てることはめったにない。何を調べていようとジャーナリストの仕事は、自分のキャリアを研究に捧げた人々を——あるいは実際に生きている人々を——探すことだ。そして、十分に常識的な疑問を彼らに投げかけ、ほかの人々が理解できるようにすることだ。

そうした疑問が世界で最も重要であると言えるなら、専門家が答えるのは不可能だと思うか否かはどうでもいい。言うまでもなく、われわれは答えを見つけるべきだ。あるいは、見つかるまで問いつづけるべきだ。

そこで私は、二〇を超える国々で、二年にわたって問いつづけた。今度はあなたが、私の旅と探究を追いかけながら、自分自身でそれらの疑問を問う番だ。

あなたが本書を読み終えるころに、われわれは答えに気づいていると思うなら——そう、次に何をすべきかがわかってもらえるに違いない。

アラン・ワイズマン

# 第一部

# 第一章　疲弊した土地が提起する四つの疑問――イスラエルとパレスチナ

## 1　赤ん坊競争

エルサレムの寒い一月の午後、ユダヤ教の安息日が始まる前の金曜日の夕方。地平線に近づいた冬の太陽が、「神殿の丘」の頂《いただき》に立つ金メッキされた「岩のドーム」を血のようなオレンジ色に染める。東の「オリーヴ山」では祈禱時報係《ムアッジン》による午後の祈禱《きとう》の呼びかけが終わったところだ。その方角から見ると、金色のドームが埃《ほこり》と排気ガスのつくるぼやけた桃色の光環に覆われている。

この時刻、ユダヤ教の最も神聖な地である神殿の丘そのものが、この古代都市のなかでもとりわけ閑散とした場所だ。外套《がいとう》に身を包んだ数人の学者が、イトスギが影を落とす冷え冷えする広場を、本を抱えてそそくさと横切っていくだけになる。かつてこの場所には、ソロモン王の初代神殿が立っていた。そこには、モーセが十戒を刻んだとされる石板の入った聖《せい》櫃《ひつ》が納められていた。紀元前五八六年、侵入してきたバビロニア人がそのすべてを破壊し、ユダヤ人を捕虜にした。半世紀後、ペルシャ皇帝のキュロス大王がユダヤ人を解放すると、彼らは帰還して神殿を再建した。

紀元一九年頃、神殿の丘はユダヤのヘロデ大王のつくった囲壁で改修され、要塞化されたものの、九〇年足らずのうちにローマ人によってふたたび破壊されてしまった。聖地からの亡命はその前後にも起こったが、このときのローマ人によるエルサレム第二神殿の破壊は、ディアスポラ――ヨーロッパ、北アフリカ、中東へのユダヤ人の離散――を象徴する出来事として最も有名だ。

こんにち、エルサレムの旧市街にある第二神殿の外壁の残骸（高さ約一八メートル）は、西の（あるいは「嘆きの」）壁として知られており、イスラエルを訪れるユダヤ人にとっては必須の巡礼先だ。もっとも、かつて至聖所があった場所で彼らがうかつなふるまいをしないように、ユダヤ教の律法学者《ラビ》による公式命令で、ユダヤ人が神殿の丘そのものへ登ることは禁じられている。それがときに無視され、例外が設けられる場合があるとはいえ、神殿の丘がイスラム教徒によって管理されている理由がこれでわかる。彼らもまたその場所を侵すべからざるものと考えている。預言者ムハンマドはこの地から、翼の生えた馬に乗ってはるばる第七天国まで一晩で旅をして戻ってきたと言われているのだ。この場所以上に神聖な地と見なされるのは、ムハンマドの生地メッカと埋葬地であるメディナしかない。イスラエルとイスラム世界のめったに成立しない協定によって、イスラム教徒だけがこの聖なる土地―

—彼らの呼称ではアルハラム・アルシャリーフ——で祈りを捧げてよいことになっている。だが、この地を訪れるイスラム教徒はかつてほど多くはない。二〇〇〇年九月以前は、数千人ものイスラム教徒が大挙して押し寄せたものだった。彼らは石のベンチに囲まれた泉の前に並び、清めの沐浴《もくよく》をすますと、岩のドームから広場を横切り、深紅の絨毯《じゅうたん》が敷かれた大理石造りのアルアクサー・モスクに入った。とりわけ、金曜日の正午にやってくる人が多かった。導師《イマーム》による週に一度の説法を聞くためだ。これは、クルアーン（コーラン）のみならず時事問題をも扱う講話である。

当時よく取り上げられたある話題を、人々は冗談めかして〝ヤセル・アラファトの生物爆弾〟と呼んでいたと、ハリル・トウファクジは語る。ただし、それは冗談ではなかった。現在はパレスチナ人の人口統計学者としてエルサレムのアラブ学会に所属するトウファクジは、こう回想する。「モスクで、学校で、家庭で、われわれは多くの理由から、子供をたくさんつくるよう教わりました。欧米では、問題が起これば警察を呼ぶことができます。自分を守ってくれる法律がないところでは、家族が頼りなのです」

彼はため息をつき、整ったグレーの口ひげをなでる。彼の父親は警官だった。「この地では、大家族を築かなければ安心できません」。ガザ地区はさらにひどいとも言う。ハマスのあるリーダーには一四人の子供と四人の妻がいる。「私たちのものの見方はベドウィン（アラブ系の遊牧民）に戻っています。十分に大きな部族を率いていれば、誰からも恐れられるのです」

トウファクジも認めるように、大家族が必要なもう一つの理由は、イスラエル人にとって冗談ごとではない。パレスチナ解放機構の最高の兵器はパレスチナ人の子宮だと、そのリーダーであるアラファトはよく言っていたものだ。

ラマダンのあいだ、トウファクジと一三人のきょうだいの何人かは、アルアクサー・モスクからアルハラム・アルシャリーフの石の広場にあふれ出す五〇万人の礼拝者に加わったものだった。それも、二〇〇〇年九月にイスラエル前国防相のアリエル・シャロンが、一〇〇〇人のイスラエル人機動隊に護衛され、神殿の丘を訪れる日までのことだった。当時、シャロンは首相に立候補していた。彼はかつて、イスラエルのある委員会によって故意の怠慢があったと見なされたことがあった。一九八二年のレバノン内戦で、ファランジスト［訳注：キリスト教右派武装グループ］によって一〇〇〇人を超えるパレスチナ難民が虐殺された際、彼の配下のイスラエル占領軍がそばにいながら保護しなかったためだ。神殿の丘へのシャロンの旅は、その地に対するイスラエルの歴史的権利を主張するためのものだった。これに対してデモや投石が始まると、対抗措置として催涙ガスやゴム弾が使われる事態となった。西の壁の前で祈りを捧げていたユダヤ人に神殿の丘から石が投げつけられると、実弾が使われはじめた。

この騒乱はすぐに、エルサレムと周辺地域で数百人の死者を出す、第二次インティファーダ（民衆蜂起）として知られる事態に発展した。最後には、自爆テロが起こった。その後、とりわけシャロンが首相に選ばれて以降、銃撃、大量殺戮、ロケット弾攻撃、さらなる自爆テロという相互報復が数年にわたって続き、イスラエルがみずからを壁で囲いはじめるまで終わらなかった。

コンクリートとワイヤーでできた、長さ二〇〇キロメートルを超える防壁が、いまやヨルダン川西岸をほぼ取り囲むようにそびえ立っている――それがグリーンラインを越えて深く突き出している場所を除いて。グリーンラインとは、周囲を取り巻くアラブ人を相手にした一九六七年の第三次中東戦争以来、イスラエルが獲得して占領してきた領地の境界を示すものだ。この防壁は所々でベツレヘムや拡大エルサレムといった都市をジグザグに通り抜け、それ自体に向かってぐるりと戻ってくるため、個々の地域は孤立してしまう。そのため、パレスチナ人はイスラエルと隔てられるだけではなく、たがいから、また自分の畑や果樹園からも切り離されてしまう。また、その壁の目的は安全を保障することだけではなく、領地を併合し、井戸を奪うことだという非難を呼び起こすことにもなる。

この防壁はまた、パレスチナ人がアルアクサー・モスクにたどりつくのを邪魔してもいる。例外は、イスラエルか東エルサレムの防壁の内部で暮らしている人だけだ。とはいえ多くの場合、そうした人々のうちでも四五歳を超えたパレスチナ人男性だけが、神殿の丘の門に設置された金属探知器を通過することをイスラエル警察に許されている。その表向きの理由は、アラブ人の若者が、祈りを捧げているユダヤ人に投石しようという気を二度と起こさないようにするためとされている――とりわけ、外国からのユダヤ人旅行者が、隣接した広場にそびえる西の壁の白い石灰岩の巨大ブロックの隙間に祈りを書いた紙を押し込んでいるときに。

この慣習がとりわけよく見られるのは、安息日が始まるときだ。しかし近年、金曜日の夕暮れ時に西の壁の近くで目的を達するのは、ユダヤ人にとってさえ容易ではなくなっている。ハレディーの、しかも男でないかぎりは。

ハレディーというヘブライ語は、文字どおりには「恐怖と身震い」を意味する。現代のイスラエルでは、超正統派のユダヤ教徒を指す言葉だ。彼らの陰気な服装と神の前での熱烈な身震いは、過ぎ去った数世紀と、ディアスポラの二〇〇〇年のあいだ彼らの祖先が暮らしていた遠方の土地を思い起こさせる。ハレディーでないユダヤ教徒にとっては恐るべきことだが、西の壁はまんまと不法占拠され、ハレディーのシナゴーグ［訳注：ユダヤ教の礼拝堂］に変容してしまった。安息日には、お辞儀をし、身を震わせ、歓喜し、詠唱し、称賛し、祈りを捧げる、つばの広い帽子をかぶって儀式用のフリンジをつけた黒い修道服の数万人の男たちが、この場所を飲み込んでしまう。例外は、女性のために、つまりそこへ近づく勇気ある女性のために、柵で囲って確保された狭い一画だけだ。祈禱用肩かけと経札《きょうふだ》を身につけるユダヤ人女性の権利――あるいはハレディーが最も恐れること、すなわち律法《トーラー》の巻物に実際に触れて読む権利――を主張する婦人は、ハレディーの男からつばを吐きかけられるかもしれない。彼らはこれまで、恥知らずな冒瀆《ぼうとく》者に椅子を投げつけてきたからだ。また、金切り声を上げるラビからは、自分たちの安息日の歌をかき消そうとする売春婦とののしられるかもしれない。

過激派のハレディーは、女性は家にいて、敬虔《けいけん》な男たちとその急増する家族のために安息日の食事を準備すべきだと信じている。イスラエルのハレディーは依然として少数派であるものの、彼らはその地位を変えようとつねに懸命になっている。彼らの単純な戦術は、生殖である。ハレディーの家族は平均して七人弱の子供を擁しており、二桁に達するケースも多い。増加する子孫は、自分たちの宗教を冒瀆している現代のユダヤ人への対抗策であると同時に、パレスチナ人に対する最良の防衛策だと考えられている。ユダヤ人の歴史的な祖国において、パレスチナ人はさらに急速に人口を増やす恐れがあるからだ。

エルサレムの日刊紙『ハアレツ』によると、ハレディーのある男性は四五〇人もの孫子を誇っているという。ハレディーの人口が急増したせいで、イスラエルの政治家は、連立政権に彼らの政党を取り込まざるをえなくなっている。こうした政治的影響力を利用して、超正統派はほかのイスラエル人から不平が聞こえるほどの特権を勝ち取ってきた。すなわち、兵役の免除（建て前としては、ハレディーは律法を絶えず研究してユダヤ精神を守ることになっている）と、生まれてくる子供の一人一人に対する政府の手当てだ。実は、この報奨金は二〇〇九年まで新たな出産のたびに増額されていたのだが、やがて、保守系首相のベンヤミン・ネタニヤフですらその人口拡大のコストに驚き、定額に変更したといういきさつがある。ハレディーの子孫繁栄が陰る気配は、西の壁では依然として見られない。ヤムルカ［訳注：ユダヤ教の男性信者が礼拝時などにかぶる縁なしの小さな帽子」をかぶり、耳の前で髪を房にした数千人という少年が、ひげを生やした父親が踊る周りで飛び跳ねているのだ。

エルサレムの石灰岩のように黄色い満ちていく月が、壁に囲まれた旧市街の頭上高くのぼると、ハレディーは家路につきはじめる。彼らが徒歩なのは、安息日には動力つきの乗り物が許されていないからだ。家では身重の妻や娘が待っている。ほとんどの人が向かう先は、エルサレム最大の街区の一つであるメーアー・シェアーリームだ。この街区は、人の多さに耐えかねて荒廃しつつある。律法研究のための奨学金はほとんどあるいはまったく支払われておらず、ハレディーの妻は子育ての合間にできる仕事をするのが普通で、三分の一を超える世帯が貧困ラインを下回っている。荒れ果てた高層ビルの玄関と階段はベビーカーでふさがれている。あふれる生ゴミのぷんとくる匂い、よく詰まる下水管、さらに――安息日には乗り物が使えない場所にしては意外だが――ディーゼルの排気ガス。多くのハレディーが、イスラエル電力会社の石炭火力発電所が安息日にも稼働をやめないのは神への冒瀆だと主張しているため、彼らは日暮れ前にメーアー・シェアーリームの地下室で数百という携帯型発電機を始動させ、灯をともしつづけるのだ。安息日の食卓では、これらの発電機の鈍いうなりに重ねるように、伝統的なゼミーロートが歌われる。

メーアー・シェアーリームの四キロメートル北で、その土地は石灰岩の尾根につながっている。グリーンラインの真向かいにある丘、ラマト・シュロモは古代の採石場があった場所だ。ヘロデ大王が第二神殿を建てるのに使った九メートル近い基礎スラブは、ここから供給された。一九七〇年、イスラエルはその一帯を獲得してまもなく、木を植えて森をつくった。かつての〈ユダヤ国民基金（ＪＮＦ）〉の森は、オーストラリアのユーカリや単一栽培されたアレッポマツがきちんと列をなしたもので、世界中のユダヤ人の子供が基金用の青い募金缶にためたコインを資金源としていた。それとは違ってこの森は混合林であり、天然のオーク、針葉樹、テレビンノキなどが植えられていた。この若い森は自然保護区とされていたが、パレスチナ人はその名称に抗議し、本当の目的はシュアファットという近隣のアラブ人の村の拡大を防ぐことにあると主張した。彼らの疑念が証明されたのは、一九九〇年のことだった。その森はブルドーザーでつぶされ、ハレディー向けの新しいエルサレム街区――それを評する者の立場によっては新たな「西の壁」定住地とも呼ばれる――がつくられたのである。

「丘を丸裸にしてしまいました」。ラマト・シュロモへの移住者にしてハシド派［訳注：一八世紀に東欧で興ったユダヤ教敬虔主義の一派］のラビであるドゥディ・ジルバーシュラグはそう認める。「環境を守るハレディー」――この名称は「環境への不安」とも訳せる――という非営利組織の創設者として、ジルバーシュラグはそれを後悔している。「しかしその後」と、彼は晴れやかに付け加える。「われわれは木を植え直したのです」

　自宅のリビングルームで、ジルバーシュラグはローズヒップティーをすすっている。周りを囲む前面がガラス張りの硬材製の本棚には、カバラ［訳注：ユダヤ教の神秘思想］とタルムード［訳注：ユダヤ教の律法とその注解の集大成］関連の革表紙の書物がずらりと並んでいる。棚の一つは、安息日用の銀の枝つき燭台《しょくだい》とキドゥーシュカップ［訳注：安息日の食前の祈りで使われる銀のカップ］にあてられている。ジルバーシュラグは満面に笑みを浮かべた五〇代のたくましい男性で、黒いスカルキャップの両側からは太い灰色のパヨス［訳注：伸ばして巻き毛にしたもみあげ」が渦を巻きながら垂れ下がっている。灰色のひげは黒いベストに届いており、ベストの下は白いシャツと儀式用のフリンジだ。彼はイスラエル最大の慈善団体であるメイア・パニムという無料食堂のネットワークの創設者でもある。彼が運営する超正統派の環境団体は、主に都市型の問題を扱っている。つまり、騒音、大気汚染、混雑した道路、廃物の野焼き、ハレディーでいっぱいの地区のいたるところに散乱するジャンクフードの包装紙などだ。しかし、彼自身の興味はそうした問題を超えて自然の保護へと向かっている。

「ゲマトリア（旧約聖書のカバラ主義的解釈法）によると」と、彼は説明する。「神という言葉と自然という言葉は同義です。よって、自然は神と同じものなのです」

神の存在を知るのに奇跡は必要ないと、彼は言う。「私は、木、谷、空、太陽といった自然の細部に神を見ます」。とはいえ、カバラの研究者だけが解明できる神秘なのかもしれないが、ユダヤ人の生存は奇跡のおかげだともいう。そうした奇跡の一部として、神は自然法則を支配するばかりか、停止することとさえあるのだ。「古典的な例を挙げると、イスラエル人がエジプトを去るとき、神は海を二つに割りました」

その行為に先立ち、自然法則に反する奇跡がほかにも起こっていた。水が血に変わり、砂漠にカエルの大群が現れ、三日のあいだ夜が続き、雹《ひょう》がエジプト人の作物だけを選んで壊滅させ、死はエジプト人の家畜とエジプト人の初子《ういご》だけを殺した。こうしたあらゆる神の介入は過越《すぎこし》の祭の祝宴で賛美される。この祝宴ではまず、ユダヤ人の子供たちがその晩の象徴的意味に関する四つの伝統的な疑問を発する。食事が進むにつれて与えられるその答えは、イスラエル人が隷属から奇跡的に救い出された様子を物語るものだ。

ドゥディ・ジルバーシュラグの自宅のそこかしこに、こうした疑問を発してきた子供たちの思い出であるベビーカー、ベビーサークル、ベビーベッドが残っている。彼と妻のリヴカ自身、一一人もの子供をつくっており、繰り返し祖父母になることを期待している。とはいえ、この神話時代の土地では確かなことは何もない。その土地の権利を主張する二派の人々の緊張関係が、状況を壊してしまう。重圧と危険度が――さらに、一方が他方より人口を増やそうとしているせいで、まさに数そのものが――日々増大するにつれ、ユダヤ人もアラブ人も同じように、その政治的・宗教的な立場の幅広さにもかかわらず、一つの現実の重みを理解しはじめている。

歴史上のパレスチナ――地中海とヨルダン川に挟まれたイスラエルとパレスチナの係争地で、距離はやっと五〇マイル（約八〇キロメートル）程度――に、いまや一二〇〇万人近い人々が住んでいるのだ。

第一次世界大戦の直後、国際連盟による委任統治のもとでパレスチナを治めていたイギリス人は、大半が砂漠のこの土地には、せいぜい二五〇万人程度しか住めないだろうと思っていた。一九三〇年代、シオニストのダヴィド・ベングリオンは、疑念を抱く君主にその土地がユダヤ人の故国であるべきことを納得させようと、イギリス人が僻地《へきち》と見なす土地を変えようとするユダヤ人の決意と創意を見くびってはならないと主張した。

「われわれは一平方インチの土地も無視しません。水源は一つ残らず利用します。湿地はすべて干拓します。砂丘はいずれも肥やします。禿《は》げ山にはすべて木を植えます。われわれが手をつけられないものはありません」と、未来のイスラエルの初代首相は書いている。ベングリオンはパレスチナの土壌と水源の人口扶養能力に触れている。そこではユダヤ人とアラブ人がともに考慮されていた。初期の著述では、ベングリオンは両者の共存を想定していたのだ。

彼は、その土地は六〇〇万人を養えると確信していた。のちに首相として、ベングリオンは一〇人以上の子供を産んだイスラエルの「ヒロイン」に賞を贈ることになる（結局、賞の贈呈が途絶えてしまったのは、受賞者の多くがアラブ人女性だったからだ）。現在、イスラエルのハレディーの人口は一七年ごとに倍増している。一方、全パレスチナ人の半分が生殖可能年齢に達するか近づくかしているので、歴史的なパレスチナ（イスラエル、ヨルダン川西岸地区、ガザ地区）のアラブ人人口は、二〇一六年までにイスラエルのユダヤ人人口を上回るかもしれない。

その時点で、どちらの側がこの人口レースに勝利するか——立場を変えれば敗北するか——となると、見通しは不透明だ。歴史的に、イスラエルの人口増はほかの地域からのユダヤ人の移住に支えられてきた部分が大きい。ソ連崩壊後には、一〇〇万人を超えるロシア人がやってきた。ところが、ユダヤ人がイスラエルへ移住《アリヤー》するというトレンドは急激に鈍っている。いまや、イスラエルからアメリカへ移住するユダヤ人のほうが、その逆よりもはるかに多いのだ。それにもかかわらず、ハレディーの出生率が急上昇しているため、二〇二〇年代にはユダヤ人が多数派の地位を取り戻すかもしれない――少なくとも、一時的には。

誰が先頭に立つかよりもさらに重要なのは、ユダヤ人とアラブ人の人口学者がともに否定しないある事実だ。すなわち事態がこのまま続けば、今世紀の半ばには、地中海とヨルダン川のあいだにひしめく人間の数がほぼ倍増し、少なくとも二一〇〇万人に達するのである。パンと魚を使ったイエスの奇跡でさえ、彼らの要求を満たしきれないかもしれない。こうした容赦のない計算から、一連の新たな四つの疑問が提起される。

## 第一の疑問

彼らの土地には実際のところ何人の人が住めるのだろうか？　さらに言えば、この聖地の影響が、紛争の的になっている国境を越えてはるかに拡大した場合、われわれの地球には何人の人が住めるのだろうか？

地球上のどこであれこの疑問が要求するのは、一つの答えを試みるための概観的な知識、専門的知見、想像力だ。どの人々が？　彼らは何を食べているか？　どうやって雨露をしのぎ、移動するのか？　どこで水を手に入れるのか――そして、その水はどのくらいあるのか？　燃料はどうか？　どのくらい利用可能で、それを使い果たすとどれくらい危険なのか？

か？　食糧に戻ると、彼らは自分自身でそれを生産するのだろうか？　もしそうなら、どれくらい収穫できるのだろうか？　言い換えれば、雨はどれくらい降るか、土地を流れる川は何本か、土壌はどれくらい良質で豊富か、肥料やその他の化学物質はどれくらい含まれているか、そして、それらを使うことのマイナス面は何か？

リストは続く。家はどんなタイプで、どれくらいの大きさか？　何でできているのか？　現地の材料だとすると、それは手元にどれくらいあるのか？（イスラエルの半分は砂漠であるにもかかわらず、すでに、建築に使える品質の砂が底を突いてしまうのではないかと懸念されている――セメントを混ぜるための水は言うまでもない）。建築に適した用地はどうだろうか。そして、そこに引かなければならない道路、下水管、ガス管、送電線は？　あらゆる学校、病院、企業などのためのインフラは……どれくらいの人にサービスを提供し、また雇用を生むだろうか？

こうした疑問《すいもん》に完璧に答えようとすれば、エンジニアや経済学者だけでなく、生態学者、地理学者、水文学者、農学者などに意見を求める必要がある。ところが、イスラエルとパレスチナでは――ほかのあらゆる場所と同じく――ほとんどの決定は彼らによって下されるわけではない。文明が始まって以来、ビジネスや文化とともに軍事戦略までを含む政治が、こうした場合の最終的な権威者だったのであり、いまだにそうなのだ。

ビジネスに精通し、政治的に抜け目のない非営利組織の理事にして、ハシド派のラビであるドゥディ・ジルバーシュラグは、少なくともある程度まで文化的現実主義者でもある。彼は、イスラエルには宗教的なユダヤ人――ほかの誰がすべてのタルムード研究者を支持するだろうか？――はもちろん世俗的なユダヤ人も必要であることを認めるし、さらに、やがては彼の子供たちとアラブ人がともに暮らさねばならないことさえ認めるという。「私たちは共通の言葉を見つけなければなりませんし、平和を広めねばなりません」

だが、そうした人々が産み落とす子供の数を制限するなどということは、彼には想像できないのだ。

「神は子供をこの世にお遣わしになります。神は子供のための場所を見つけることでしょう」と、ハレディーの環境教育者であるラケル・ラダニは言う。

人口抑制という言葉が、一部の人にマルサス主義的な戦慄や中国の全体主義的ルールの悪夢を呼び起こすのに対し、ラダニやドゥディ・ジルバーシュラグのようなハシド派のユダヤ人にとっては、人口抑制はまったく考えられないことだ。ラダニが暮らしているのは、住民の多くを超正統派が占めるブネイ・ブラクという町だ。イスラエルで最も人口密度の高いこの町は海岸に面したテルアヴィヴの内陸側に隣接する位置にある。彼女は、環境意識を教えることと八児の母であることのあいだに矛盾を感じてはいない。彼女の家族が従うハシド派のライフスタイルでは、商店、学校、シナゴーグには徒歩で行くことになるし、あえて近隣から外に出ることもめったにない。ラダニをはじめ誰一人として、飛行機に乗ったことはない。「二人の娘と六人の息子が一年間に排出する二酸化炭素は」と、彼女はうれしそうに話す。「アメリカからイスラエルを訪れる人が一晩に排出する量より少ないのです」

そうかもしれない。だが、彼らはみな物も食べるし家も必要とする。それがさらに、建築資材やあらゆる接続インフラを要求する。彼ら自身の数えきれない子孫についても同じだ。さまざまなサービスが近場で提供される。二街区の範囲に、食料雑貨店、清浄な食品を扱う肉屋、フェラフェル〔訳注：ヒヨコマメを団子にして油で揚げたもの〕の小売店、ベビー用品やかつら（正統派の女性向けの、ほどほどに地味なかぶりもの。ラダニのかつらはとび色で肩のあたりで内巻きになっている）を販売する多くの商店がある。とはいえ、質素なハレディーが、エネルギーを浪費する現代の誘惑を免れていないことは明らかだ。ブネイ・ブラクでは、いたるところに車が止まっている。中央分離帯では歩道にタイヤを半分乗り上げた状態だ。オートバイが通りにあふれ、その周囲には衛星パラボラアンテナを立てた家がひしめいている。

ここは、イスラエルの北半分の非砂漠地帯で人が最も密集している地域だ。人口密度は一平方キロメートルあたり七四〇〇人で、西欧世界のどんな国よりも高い（ヨーロッパで最も人口密度の高いオランダは、一平方キロメートルあたり四〇三人）。では、ラケル・ラダニは自分の国の人口が二〇五〇年までに倍増したとき、何が起こると思っているのだろうか？あるいは、国連によると、今世紀の半ばまでに一〇〇億人近い人口を抱えるかもしれないというわれわれの世界は、どうなるのだろうか？

「私がそれについて考える必要はありません。神が問題をおつくりになったのですから、神が解決するはずです」

かつて近くにあった松林で、ラケルはロシア移民の母から花や鳥の名前を教わったものだった。まだ一〇歳のころ、ラケルは一人の女性造園技師と出会った。これは二重の天啓だった。というのも、造園技師などというものが存在することも、女性が仕事を持つということも知らなかったからだ。一九歳で結婚したとき、イスラエル工科大学に入学する予定でもあることは、結婚式に立ち会ったラビには黙っていた。学位を取るまでに五年を要したのは、その間に三人の子供を授かったためだった。

ラケルと、夫で学習障害児学校の校長を務めるエリエゼルは、さらに五人の子をもうけた。ラケルの仕事が、はち切れそうな地元の町の美観を保つことだったにもかかわらずだ。ラケルは四〇歳のとき、イスラエルで最高の環境シンクタンク、テルアヴィヴの〈環境学習とリーダーシップのためのヘシェル・センター〉に出会った。イスラエル工科大学と同じく正統派の機関ではなかったが、それは彼女の目を開かせ、人生を変えた。もっとも、彼女の信仰を変えることはなかったのだが。

「環境は律法のようなものです。みなさんの一部なのです」。彼女は神学校で少女たちにそう語る。かつて学童が、大地をコンクリートで覆って変容させるシオニストをたたえる愛国歌を歌っていた国で、彼女は生徒にこんなふうに教えている。種子が発芽するのを観察することによって、また、自然が本当にわかりはじめるまで見つめることによって、自分自身の目を開くように、と。彼女は古代のミドラシュ——律法に関するラビによる注釈——の一節を引用する。それによると、神はアダムにエデンの木々を示してこう言う。「私の作品を見よ。そのなんと美しいことか。私がつくりだしたものはすべて、お前のためにつくりだしたのだ」

しかし、ヘシェル・センターの創立者であるジェレミー・ベンスタインは、『ユダヤ教への道と環境（*The Way Into Judaism and the Environment*）』という二〇〇六年の著書で、同じミドラシュにおいて神は続けてこう戒めると述べている。「わが世界を汚したり壊したりしないよう注意せよ。お前が世界を荒廃させれば、それを回復させる者があとで現れることはない」

これを引用したときベンスタインは、きわめて敬虔な人々の神学的楽観主義――神の目から見て正しい行ないをしていれば神にしかられることはない――に答えようとしていた。彼は著書でこう注意を促している。「われわれは、自分たちの問題を解決してくれる奇跡を当てにしないよう命じられている。神ははっきり述べている。問題を片づけてくれる人があとで現れることはないのだ、と」

ベンスタインはオハイオ州で育ち、ハーヴァード大学で学んだのちにイスラエルにやってきた。エルサレムのヘブライ大学では環境人類学の博士号を取った。アメリカからのほかの移民とともにヘシェル・センターを設立し、イスラエル南部のキブツ［訳注：イスラエルの農業共同体］にある持続可能性の研究施設、アラヴァ研究所で教鞭をとった。インティファーダを通じて、彼は人口に関する二つの問題をはっきりと理解した。人口はイスラエルとパレスチナが共有する環境に甚大な影響を及ぼしていること、ところが、それを議論することはタブーとなっていることだ。

「なぜなら、われわれはいまだに、世界のユダヤ人の三分の一が大虐殺された時点からの回復途上にあるからです」と、ヘシェル・センターの図書館の椅子にまたがって彼は言う。国連がパレスチナを二つに割ってユダヤ人の祖国を建設するきっかけとなった「ホロコースト」は、この地ではいつまでたっても生々しい出来事だ。「六〇億人の意味が、六〇〇万人の後回しにされるべきなのは当然のことだ」と、彼は二〇〇六年の著書で書いている。特に、虐殺されたユダヤ人のうち一〇〇万人は子供だったのだから、とも付け加えている。

「世界のユダヤ人は、一九三九年よりもいまのほうが少ないのです。われわれはみずからを、西洋文化によって多くを殺された先住民のようなものだと思っています。われわれには、自分自身を元に戻す権利があるのです」

とはいえ、みずからも双子の父親であるベンスタインは、わずか一二年後には世界の人口が六〇億から七〇億に増えることを知っている。彼は律法や聖書を研究し、たとえば七年ごとに土地を休ませよという出エジプト記二三章一一節の命令のような、環境にかかわる導きを見つけようとした。神が人間に多産と繁殖を指示したとき、正確には何を言わんとしていたのかについて手がかりを探したのだ。

「それは、限度があることを暗示しているように思えます。というのも、産めよ、増えよ、際限なく、できるかぎり多く、とは言われていないからです。『産めよ、増えよ、地に満ちよ』と言われているのです」

ハーヴァードで言語学の学位を取得しているベンスタインは、創世記の繊細な言語を精査してきた。「それを真剣に受け止めるなら、われわれがその命令を達成し、立ち止まるときがくるはずです。すると、問題はこうなります。それはいつか？ われわれはすでに目標に達しているのだろうか？ 地が満たされるとは何を意味するかという問題に、ラビは答えられません。それは生態学者にとっての問題なのです」

とはいえ彼は、創世記のなかに興味深いヒントを見つけている。それが現れるのは、妻をめとる男たち、その後の系図、数世代にわたる息子たちに関する四〇章が終わってからだ。彼ら旧約聖書に登場する人々にとって「増えよ」という命令に従うことに問題はなかった。彼らは精力的に、しばしば情欲に駆られてそれを実行した。だがその後、イスラエル人の祖であるヤコブの一二人の子の一人、ヨセフが登場する。

エジプトのファラオの夢を解釈する前、ヨセフは二人の息子をもうけている。ベンスタインはこう書いている。その時点で「彼は飢饉《ききん》が迫っているのを知り、それが来る前に子をつくるのをやめた。タルムードはこの例を使って『飢饉時に婚姻関係に入ることは禁じられている』と述べている」

彼はこう付け加えている。タルムードの同様な一節は「この禁止を人口抑制の呼びかけと見なし、『大いなる貧困がこの世に現れるのがわかっているときは、妻に子を産ませないでおくこと』と率直に述べている」

だが、とベンスタインは言う。人数だけでは、今世紀中にひどく悪化すると予測されている、人類の大半を苦しめる飢えと渇きを説明するのに十分ではないのだ。彼の計算によると、過去一〇〇年のあいだに人口が四倍になる一方で、世界の合計GDPで計った資源の消費量は一七倍に増えたという。地球というビュッフェでのこうした飽食は、多くの人々の犠牲のもとに比較的少数の人々によってなされてきた。物品の不公平な分配は、聖書の時代でさえ苦悩と戦争の原因だったが、それが現在ほどゆがんでいたことは一度もない。

とはいえ、消費と人口が同じコインの裏表であることは、彼も認めている。コインがさらに速く回転するようになれば、彼の分断された国家を超えた問題が提起されることになる。制御を失って旋回する力のせいで、世界全体がふらふらになりつつあるからだ。

## 2　水

### 第二の疑問

生態系を健全に保って人類が存続できるようにするには、人口が一〇〇億人に増えるのを避ける必要がある——あるいは、すでに達しつつある七〇億人から減らす必要さえある——としてみよう。その場合、世界中のありとあらゆる文化、宗教、国籍、部族、政治体制を持つ人々に、そうすることが彼らにとって最も有益なのだと納得させるための、許容できる非暴力的な方法はあるだろうか？　彼らの典礼、歴史、信念体系——あるいは何かほかの根拠——のなかに、われわれにとって、またほかのあらゆる種にとって最も自然なこと、つまり自分自身のコピーをつくることを制限するという、一見不自然なアイデアの受け入れを可能とするものはあるだろうか？

アヤト・ウムサイドはあることを知っている。「宗教じゃないわ。現実よ」

ラヴェンダー色のヒジャーブ［訳注：イスラム教徒の女性が顔を隠すためにかぶるスカーフ］と紫のウールコートを引き立てる青いアイシャドーを引いた目を丸くして、彼女は母のほうをちらりと見る。ルワイダ・ウムサイドは、一月の寒さをしのぐため、緑のビロードのドレスと黒いウールのヘッドスカーフに身を包み、白いプラスチックの椅子のひじ掛けにもたれている。彼女は子供たちの年齢をすらすらと並べる。「二五、二四、二三、二二、二〇、一九、一六、一四、一三、一〇」。六人が男の子で、四人が女の子だ。末っ子が彼女の膝に寄りかかっている。タートルネックに黒いジッパー襟のスウェットシャツ、その上にフリースの裏地のついたナイロンのジャケットを着込んでいる。彼らの家は、アルアマリにある五階建てのコンクリートビルの一階の三部屋だ。アルアマリはヨルダン川西岸のラマラという町の、いまや恒久的な団地となった難民キャンプである。この家にある唯一の暖気は、そこで暮らすつねに大勢の人々の体から発せられる熱だ。

ルワイダは一九五八年にここで生まれた。イスラエル建国の際に家族がリッダ——聖書の時代のロド——を追い出された一〇年後のことだ。彼女の父はリッダで、ザクロ、オレンジ、レモンの果樹園を所有しており、タマネギ、ラディッシュ、ホウレンソウ、サヤインゲン、コムギ、オオムギなどもつくっていた。「父はずっと、家族で故郷に戻るつもりでした。だから、このあたりの不動産を買おうとしなかったのです」。彼女は生まれてこのかた見てきたじめじめしたブルーの壁を見回した。さらに濃いブルーの羽目板のほかは何も貼られていない。「この土地は国連のものです」と、彼女は吐き捨てるように言う。「家は私たちのもの」

数千人に及ぶアルアマリの難民が、近い将来には自分の村に戻れそうもないことを徐々に実感するころには、国連のテントは一〇年のあいだにコンクリートとモルタルに置き換わっていた。次の一〇年が過ぎ、第三次中東戦争——このときもはや国境がなかったのは、あらゆるものがイスラエルのものになっていたからだ——が終わると、彼女の父は家族を連れて自分たちの土地を見に行った。父はまだ土地の証文を持っていたが、それは問題ではなかった。結局、果樹園の木々が現在のベングリオン国際空港の滑走路の下敷きになったとき、彼はあきらめた。

ほかのものも少しずつ変わっていった。「どのパレスチナ人の家族にも、監獄に入れられている人、ケガをしている人、殺された人がいました。だから、以前は五人か六人の子供をつくったものだったけれど、それを増やしはじめたのです」。ルワイダは一三歳のヤシムの学校写真を指さす。「身内が殺されると、もう一人子供を産んでその名前をつけます。私たちにはもっと多くの子供が必要になるでしょうね」。彼女は娘のアヤトのほうを振り向いてこう付け加える。「すべての土地を解放するために」

アヤトはにっこりと微笑んで首を振る。「二人だけよ」

ルワイダは力なく肩をすくめる。彼女の娘たちは子供は二人でいいという。男女一人ずつが希望だ。

「私の年齢の人はみんな、一部屋に六人で暮らすことにうんざりしているわ。誰がたくさんの子供を持てるというの？　生きるには大変なお金がかかるのよ」

自分たちの食料になるものを育てる場所はない。仮にあったとしても、水はたいていヨルダン川西岸の取水口から週に二回流れてくるだけなので、灌漑《かんがい》できない。国連は以前、砂糖、コメ、小麦粉、食用油、牛乳などを配っていたが、その予算も尽きた。アヤトは息子のザカリアと娘のレームを腕に抱いてこう言う。「生計を立てる唯一のチャンスは教育よ。それにはお金がかかるの」

彼女の兄弟のうち二人は大学に進んだ。もう一人は、奇跡的にもノルウェーでサッカーをして金を稼いでいる。残りの面々に仕事はめったにないし、報酬は雀の涙なのが普通だ。「いまでは、イスラエルの大半が閉鎖されてしまったから、仕事を見つけるのはいっそう難しいわ」

ラマラにそびえる壁と、いたるところにあるイスラエル軍の検問所での長々しい待機のせいで、仕事のありそうな場所に行くのは――あるいはどこへ行くのも――ほとんど不可能になっている。陣痛に襲われている女性は、検問所を通過するのを待っているさなかに出産する。ある女性は自分の赤ん坊に「チェックポイント（検問所）」と名づけたほどだ。とりわけヨルダン川西岸では、あらゆる場所で防護壁が見られ、多くの場合、農民をオリーヴ園から分断している。イスラエル人の入植地——実際には、高層ビル、ショッピングモール、工業団地、周辺へ広がりつづけるトレーラーハウスなどがある町——と同じように、こうした壁はパレスチナ人をはるかに狭苦しい場所に押し込んでいるのだ。

住宅の供給が足りず、誰もが窮屈な思いをしているため、モスクでももはや赤ん坊に関する説教は聞かれない。「それはどうやっても導師《イマーム》の役目ではないわ」と、アヤトはかみつくように言う。

「それこそ、イスラエル人があなたにさせたい考え方だわ」と、入ってきた隣人の女性が言う。房飾りのついた茶色のヒジャーブをまとっている。

「だから、政治家にパレスチナをさっさと解放させるのよ。そのために子供をたくさん産んでほしいなんて、私たちを当てにさせてはだめ。それならなぜ、アラファト自身、娘を一人つくっただけだったのかしら？」。アヤトが見ているテレビでは、イスラエルの政治家が金の力でハレディーにもっと赤ん坊を産んでもらおうとしている。「さあ、赤ちゃんを産めば産むほどもらえるお金も増えますよ」

少なくとも国連が運営する診療所では、依然として無料の子宮内避妊具が配られている。

ベツレヘムでは、アビール・サファルが、インゲンマメの形をしたヨルダン川西岸地区の壁掛け地図を分析している。そのマメが曲がっている場所がエルサレムだ。彼女の故郷であるベツレヘムは、そこからほんの数キロメートル南に位置している。

アビールは、ヨルダンの科学技術大学で化学エンジニアとしての訓練を受けた。ここでは、エルサレム応用調査研究所（ARIJ）に所属する水の専門家だ。ジーンズ、黄緑のタートルネックの上に黒いセーター、金のネックレスという装いで、長い茶色の髪には何もかぶせていない。彼女と夫が暮らす夫の実家は、この地域のほとんどの家と同じく、上に向かって伸びつつある。イエスの生地であるベツレヘムはイスラエルの防護壁――パレスチナ人の呼称では分離壁――に囲まれているので、ほかに選択の余地はないのだ。

彼女にはそれがまったく理解できない。イスラエルがパレスチナを切り刻んで断片化しつづければ、発展可能なパレスチナ国家の形成はありえない。だが、イスラエルがいつまでも一つの国家のままであれば、ユダヤ人は最終的に数で圧倒されるマイノリティーになるおそれがある。マイノリティーが権力を保持する唯一の方法は、民主主義ではなくアパルトヘイトによるものだろう。一方で、三〇代後半のアビールは、いまになってようやく第一子を妊娠している。専門職に就いているほかのパレスチナ人女性もまた、出産を先延ばしにしてきた。現代の少女たちはいまや、赤ん坊を産む前に学校に通って仕事を得たいと願っているのだ。

たとえそうだとしても、数の圧倒的なプレッシャーが弱まるには時間がかかるはずだ。一方で、もっと差し迫った課題がある。「私たちはヨルダン川西岸の帯水層をイスラエルと共有しています」と、アビールは言う。「ところが、帯水層全体は管理されていないのです」

それは、イスラエルが単独で帯水層を管理しているということであり、パレスチナが新たな井戸を掘ることは許されない。その地域で最も重要な西部山岳帯水層の中核をなす涵養《かんよう》地帯は、いまや波打つ防護壁の内側に入っている。それにもかかわらず、ヨルダン川西岸に発する地下水の四分の三はイスラエルに向かう。「そして」とアビールは言う。「定住地は望むだけのものを手に入れます」——水泳プールを満たしておくための水も含めて。パレスチナ人の主張によると、イスラエル人が一人あたり一日二八〇リットルの水を使うのに対し、彼らはたった六〇リットルだという。世界保健機関（WHO）のガイドラインでは、少なくとも一〇〇リットルが推奨されている。

イスラエルの環境問題専門家のあいだでは、自国の貴重な水の半分が農業に振り向けられているのは狂気の沙汰だという点で、意見が一致している。農業はイスラエルの収入のわずか一パーセントしか生み出していないからだ。イスラエルが、細流灌漑や下水の農作物への再生利用といった技術を開発してきたにもかかわらず、綿や花のような大量の水を必要とする植物を育ててヨーロッパに売ること、あるいはジャガイモ——それが自力で生長するのは確かだが——をポーランドに出荷することは、自国の最も貴重な資源を輸出することを意味すると、彼らは主張する（『エルサレム・ポスト』は「良いニュースは、二〇二〇年までにすべてのイスラエル人が再処理された下水を飲んでいるということ。悪いニュースは、それが足りないかもしれないということ」だと指摘している）。

ヨルダン川はいまでは悪臭を放つどぶ川で、ある湖から少しずつ流れ出している。その湖の名前自体が対立を引き起こすのは、名前が三つもあるからだ。すなわち、ユダヤ人にとってはキネレト湖、パレスチナ人にとってはティベリアス湖、キリスト教徒にとってはガリラヤ湖なのである。ヨルダン川はイスラエルとヨルダンの国境線の一部をなしているので、その流域は立ち入り禁止の軍事地域であり、パレスチナは入る権利を持っていない。ヨルダンは権利を共有しているし、ヨルダン川源流の一部を支配しているシリアも同じだ（ほかの源流は、イスラエルが一九六七年にシリアから奪って返そうとしないゴラン高原にある。それらの水の流れを変えようとするアラブ連盟のプロジェクト現場をイスラエルが空襲したことが、第三次中東戦争の勃発の引き金になったのだ）。

こんにち、ヨルダン川の水の九八パーセントは、湖から流れ出すまでにすでに分配されている。川を下って死海《しかい》へ細々と流れ込むのは畑や養魚場からの流去水であり、農薬、肥料、ホルモン、魚のアラ、未処理の汚水などで酸敗臭がする。イエスが洗礼を受け、ヨシュアが聖地へ入ったと伝説の語る場所で水を浴びようとする巡礼者が、かつては清らかだった聖水を万一飲んでしまったら、発疹《はっしん》が出る――あるいは嘔吐《おうと》する――ことだろう。

ヨルダン川西岸の汚水の九〇パーセント以上は、未処理のまま自然環境に流れ込む。二〇一三年まで、ごみの埋め立て地はキネレト・ティベリアス湖の近くに一カ所しかなかったのだが、結局、ベツレヘムとヘブロン向けにもう一カ所が開設された。しかし、ほとんどの固形廃棄物は焼却されるか、あるいは砂漠に吹き飛ばされるままになっている。もっとも、それはパレスチナの廃棄物だけではない。

「入植者は未処理の汚水をパレスチナの農地に好き勝手に垂れ流しています」と、アビールは言う。「多くの入植者が、イスラエルの環境法に適合しない工場を所有しているのです」。彼女が指揮する現地調査チームは、最後のインティファーダのあとパレスチナ人に主要路が閉ざされてしまったため、裏道を使って農薬工場や肥料工場から出される廃水を追跡しようとしている。これらの工場は、裁判所の命令によってイスラエルで閉鎖されたあと、ヨルダン川西岸へ移ってきたのだ。

「こうした廃水はすべて、イスラエルが飲み水をくみ上げている帯水層にも流れ込みます。私たちは、彼らは自分自身に毒を盛っているのだと言っています」。だがイスラエルは、パレスチナ人がユダヤ人の入植地から出る汚水も処理することに同意しないかぎり、汚水処理工場をさらに建設することを許可しない。「そんな気はありません。彼らは違法行為をしているのですから」。彼女はネックレスを指でもてあそぶ。「袋小路です」

それに、そんなことをすれば、彼らの逼迫《ひっぱく》した予算が破綻してしまう。なにしろ、いまや三三万人のユダヤ人がヨルダン川西岸の入植地に暮らしているのだ。さらにはガザ地区がある――長さ二五マイル（約四〇キロメートル）、奥行き四～七マイル（約六・四～約一一・

二キロメートル）の土地に一五〇万人の人々が住んでおり、その数は一二～一五年ごとに倍増している。二〇〇五年にイスラエルが一方的に撤退したのは、その沿岸帯水層はすでに枯渇しており、ガザ地区の井戸の九〇パーセントが腐敗した畑から廃水を、あるいは海水をくみ上げているからではないかと疑われている。イスラエルの国家水利計画によるパイプラインがすぐそばを通り、キネレト湖の水を次の開発予定地であるネゲヴ砂漠南部に運んでいるものの、パレスチナ人に販売される割当量は、ガザ地区の需要の五パーセントをまかなうにすぎない。

一説によると、遺伝的にはほとんど同一の二つの民族が憎悪にとらわれたのは、アブラハム（コーランではイブラーヒーム）の嫉妬深い二人の妻、それぞれユダヤ人とアラブ人の祖を産んだサラとハガルが、乾いた細長い土地をめぐって争っていたからだという――歴史的、宗教的、政治的に、世界に対して桁外れの影響を及ぼす土地だったにもかかわらず。だが、もう一つの尺度からすると、つまり生態学的に見ると、海に面した彼らのちっぽけな砂場は、またすべてひっくるめても一二〇〇万人程度の人々――現在の人類の人口のかろうじて五八四分の一――は、人口一〇〇億人へと向かいつつある世界にとって、どれほどの意味を持つだろうか？

その世界で考えられているよりもはるかに大きな意味を持っていると、ヨシ・レシェムは信じている。空を見上げてみれば、それがわかる。

## 3　空

### 第三の疑問

人間の生活を維持するにはどの程度の生態系が必要だろうか？　あるいは、われわれの生存に欠かせないのは、どんな種や生態学的プロセスだろうか？

もしくはどの時点で、われわれの圧倒的な存在が、きわめて多くのほかの種に取って代わるだろうか？　そうした種があまりにも多いため、結局われわれは、自分自身の存在を支えてくれていることがわからなかった何かを、手遅れになるまで地球から消し去ってしまうのだ。われわれがそれなしでは絶対に生きられないものとは何だろうか？

実際には、ヨシ・レシェムはユダヤ山地のある崖から下界を見下ろすことでスタートを切った。本来なら、テルアヴィヴ大学鳥類学研究所で、生物学修士号を取るべく、ムシクイという鳥のくちばしの長さとその食餌の関連を調べているはずだった。ところが、自然のなかに飛び出したくてたまらなかった彼は、その代わりに、別の科学者がニシオオノスリを観察する手助けを買って出たのだ。がっしりした体で初めてニシオオノスリの巣の下へと懸垂下降し、三羽のヒナに脚輪をつけたとき、彼は猛禽《もうきん》に夢中になった。

彼は研究対象をムシクイからボネリークマタカに変えた。アフリカ、アジア、南欧に分布する猛禽だ。イスラエルでは少なくとも七〇のつがいが記録されていたのだが、一九八二年にはたった一六組しか残っていなかった。レシェムはその理由を突き止め、彼らを救う道があるかどうかを調べることにした。原因を発見するのに時間はかからなかった。

一九六〇年代、イスラエルはストリキニーネを添加した五万羽のニワトリを放した。ジャッカルの急増のせいで発生したとされる狂犬病を抑え込むためだ——その原因が人口の急増だったことは、あとで判明した。ジャッカルは、急拡大する農業廃棄物の処理場で、死んだシチメンチョウ、メンドリ、子ウシ、雌ウシなどをたらふく食べていた。ニワトリ作戦の成功——それは数えきれない野生生物を殺し、おそらくガラリヤのヒョウが絶滅する原因ともなったのだが——によって、役人たちは毒薬の有効性に大いに自信を深めた。人々の数が増え、農業が発展すると、DDTや有機リン酸化合物を散布する飛行機がイスラエルの空を覆った。ボネリークマタカは毒薬に汚染されたイワシャコやハトを餌にしたせいで、減少しはじめた。現在ではDDTは禁止されているものの、イスラエルにおける耕作地の単位面積あたりの農薬使用量は、先進国世界では依然として最も多い。二〇一一年、残っているボネリークマタカのつがいは八組だけである。

とはいえ、レシェムが最大の発見をしたのは、一九八〇年代初めのことだった。博士号を取るために、絶滅寸前の別の猛禽、ミミヒダハゲワシという強力な屍《し》肉食《にくしょく》動物を調査していたときのことだ。その生息数をより正確に把握しようと、レシェムは秋の渡りのあいだ、パイロットを雇ってイスラエル南部にあるネゲヴ砂漠の上空を飛んでみることにした。空の上で目にした光景に、彼は仰天した。大きな鳥、小さな鳥、その中間のあらゆる大きさの鳥が群れをなしていたのだ。数百万羽にのぼる鳥である。

パイロットの話によると、最近、ヘブロン付近でハチクマ［訳注：中型のタカ］がイスラエル空軍の五〇〇万ドルもするジェット機に衝突し、破壊してしまったという。突然、レシェムは何を研究すべきかを悟った。その後まもなく、彼はイスラエル空軍の本部で、軍用機の鳥との衝突《バードストライク》の記録に目を通した。平均すると、重大な衝突事故が毎年三件起こっていた。一九七二年から一九八二年にかけては、失われた飛行機の数、命を落としたパイロットの数とも、敵の攻撃よりも鳥との衝突によるもののほうが多いことがわかった。

「さまざまな渡り鳥が、さまざまな時期に、さまざまな高度で飛んできます」。四度の戦争を戦った古参兵にして予備役将校でもあるレシェムは、空軍にこう持ちかけた。「いつ、どこなのか、正確に知りたくはないですか？」

空軍は彼にエンジンつきのグライダーを提供した。それから二年にわたり、二七二日を費やして、レシェムは鳴き鳥、ガンのV字編隊、ツル、コウノトリ、ペリカンの群れなどの渦巻く大群が、ネゲヴ砂漠、ガラリヤの農場、ユダヤ国民基金でつくられた松林の上空を滑空するのを追跡した。彼は空軍本部にこんな報告を戻した。これは単なる渡り鳥のルートではなく、まさに唯一のルートなのだ、と。毎年、一〇億羽の鳥がイスラエルの領空を通過する。開水域には乗るべき上昇温暖気流が存在しないため、アフリカとヨーロッパまたは西アジアとのあいだを季節ごとに渡る多くの鳥は、地中海を避けている。一部はジブラルタル海峡を越えたり、チュニジアからシチリア島を経てイタリアへ飛んだりするが、大多数——二八〇にのぼるさまざまな種——は、三つの大陸の交差点であるイスラエルとパレスチナの真上を飛んでいく。ここでは暖気が地面から絶えず上昇しているからだ。

面積あたりで見ると、渡り鳥についても絶えず飛行している軍用機についても、イスラエルは世界記録を保持していると、レシェムは博士論文で書いている。致命的な衝突を避けるには二つのことが必要だと、彼は空軍に提言した。一つ目はレーダー基地。幸いなことに、当時、解体しつつあったソ連が軍用品のガレージセールを開催していた。イスラエル空軍は、一六〇〇万ドルの価値があるモルドヴァの天候追跡基地が二万ドルで売られているのを見つけた。それを運営していたソ連のユダヤ人の元将軍が、現地に来て鳥の調査に向くよう施設を改造してくれることになった。

もう一つ必要なのは、近隣諸国との協力だ。他国の野鳥観察者から、渡り鳥がイスラエルに向かうのはいつかを知らせてもらうためだ。レシェムはイスラエル空軍を説得して、トルコやヨルダンの空軍に渡りをつけてもらうとともに、パレスチナ人やヨルダン人の鳥類学者がイスラエルの同業者とデータを共有するようにしてもらった。彼はすでに、レバノン、エジプト、さらにはイランの鳥類学者とさえ交流があった。シリアからの情報も、アンマンにあるバードライフ・インターナショナルのオフィスを経由して、間接的に手に入れることができた。

こうした連携と、エルサレム—テルアヴィヴ高速道路から少し離れた場所にカムフラージュして設置されたレーダー基地のおかげで、衝突事故は七六パーセント減り、飛行機の亡失や破損による被害額は約七億五〇〇〇万ドル少なくなり、言うまでもなくパイロットの命——また鳥の命——が救われた。さらに、ことによるとはるかに多くのものが救われたのかもしれない。なんらかの要因によって、この狭い空中回廊の存続能力が、あるいはその下にある生態系——渡り鳥が羽を休めるときに餌を与え、かくまってくれる場所——が脅かされるようなことがあれば、その影響はイスラエルやパレスチナをはるかに越えた範囲に及ぶだろう。鳥はただ色鮮やかだったり歌声が美しかったりするだけではない。花粉媒介者であり、種子散布者であり、昆虫捕食者でもあるのだ。この狭い通路がなければ、アフリカやヨーロッパの大部分の生態系は想像できないし、おそらく崩壊してしまうはずである。

それを脅かすのはジェット戦闘機だけではない。ヨシ・レシェムが研究したミミヒダハゲワシは、ネゲヴ砂漠から姿を消した。かつて死海上空でマサダの崖に巣をかけた巨大なヒゲワシもそうだ。さらに多くの種が殺されないうちにと、レシェムは農薬に反対する全国的運動を組織し、鳥そのものをその代替手段に利用してきた。かつて木造の農舎に身を隠していたメンフクロウが、現代の金属建造物にはまともなねぐらをつくれないことがわかると、レシェム、同僚、数百人のイスラエル人、パレスチナ人、ヨルダン人の学童は、二〇〇〇近い巣箱を農場に設置した。

「フクロウのつがいは年に約五〇〇〇匹の齧歯《げっし》動物を食べます。その数字に二〇〇〇をかけてみてください」と、レシェムは言う。「これにより、農場主は大量の殺鼠剤《さっそ》を使うのをやめます。すべてやめるのは不可能かもしれません。しかし、イスラエルで使われている八二六の農薬のうち、最悪のものを減らせるのです」。彼は、グレーの巻き毛に載せたニットのヤムルカをかぶり直す。「われわれの精子の数はいまや四〇パーセント減っています。癌罹《がんり》患率《かん》はご存じのとおり上がっています。すべてはホルモンと農薬のせいです。フラ湖では非常に多くの化学薬品が使われてきたため、人々の認知能力に影響が出ています。彼らが二〇年にわたって子供たちをテストしてきたからだということを、われわれは知っています。いまや、彼らは孫をテストしているのです」

キネレト湖のすぐ北にあるフラ湖は、冬になるとツルがよく見られる場所だ。一九五〇年代、フラ湿原——近東において最も豊かな生物相を誇る場所——は干拓され、農業用地に転換された。もはや手遅れとなってから、イスラエルはその湿地が湖の濾過《ろか》装置として機能していたことに気づいた。その湿原がかつて吸収していた窒素やリンといった栄養素が、いまや邪魔されることなくキネレト湖に流れ込んでいた。きわめて多くの野ざらしの泥炭も一緒だったため、イスラエルの最も重要な水源は、酸欠の緑の汚泥《グリーンマック》に変質してしまう危機に陥った。

キネレト湖を死の淵から救うため、三〇〇〇ヘクタールのフラ湖にふたたび水を満たさねばならなかった。とはいえその規模は、渡ってくる水鳥を養っていたかつての湿地帯の一〇分の一にも満たなかった。農場主が、ピーナッツ畑を襲うすべてのツルを、またコイやテラ

イスラエル、フラ湖のツル（写真：maxmacs/Shutterstock.com）

ピアの養魚場を略奪する七万羽のペリカンと一〇万羽のコウノトリを毒殺するおそれがあった。そこでレシェムと同僚は、数千キログラムのトウモロコシとヒヨコマメをツルのためにばらまき、コウノトリやペリカンのためにフラ湖でカダヤシを育てる助成金を獲得した。

いまやその光景は、毎日やってくる冬の旅行者向けのアトラクションとなっている。雪に覆われたゴラン高原を背景に、ぬかるんだ地面にトウモロコシの粒を吐き出すトラクターが、キーキーと鳴く三万羽のツルをフラ湖のピーナッツ畑から誘導していく。これは、この乾ききった回廊における超現実的な見せ物だ。この回廊に鳥のための湿地はほとんど残されていない。彼らは世界一周の道程の三分の一を飛行してここで元気を取り戻す。万が一フラ湖が完全に消えてしまったら、その帰結として、ロシアから南アフリカにいたる生態学的惨事の連鎖が起こるかもしれない。

岩だらけの丘の中腹に、ヨシ・レシェムがイスラエルの国会《クネセト》の支持を得て設置したバンディング・ステーション［訳注：鳥を捕まえて標識をつけて放す施設］がある。彼はそこから、東を向いてエルサレムの先のヨルダンの方向を眺めつつ、預言者のエレミヤが次のように述べたときにここで目にしたに違いないものを想像してみる。「空のコウノトリはみずからに定められた時刻を知っているし、キジバトとツルとツバメはみずからの来るべき時刻を守っている」[1]

「彼にはレーダーなど必要ありませんでした。彼が見ていた空は、われわれがこんにち目にする少なくとも三倍の鳥で埋め尽くされていたからです」

当時のエルサレムの人口は二〇〇〇人にも満たなかった。眼下に広がる砂漠は、セージ、イモカタバミ、アザミの花に覆われていたはずだ。オーク、ピスタチオ、オリーヴの木々からなる緑の林冠《りんかん》［訳注：最上部の枝や葉が形成する層］は、ムシクイ、小鳥、ズアオアトリ、タイヨウチョウなどの声で騒がしかった。ジュデアン・ヒルズからは、チータ、ライオン、オオカミ、ヒョウがやってきて、アカシカ、ガゼル、オリックス、アフリカノロバ、アイベックスなどを狩っていたことだろう。現在でも一部の鳥は残っている。ほかの動物の大半はもはや姿を消してしまった。

「われわれの自然保護区はそうした古代の生態系の断片にすぎません」と、レシェムは言う。「わが国の広さはニュージャージー州と同じであり、北半分は完全に人口過剰です。道路と防護壁がいたるところにあり、この壁によって、ガゼルやアイベックスの群れがたがいに触れ合えない集団へと分断されています。オスのガゼルはメスの一団を支配する必要があるのですが、突如として出現するこの壁のせいで、メスの一団までたどりつけません。マングースやオオカミでも同じことです──彼らは獲物を探して一晩に七〇キロメートルも歩き回るのです。鳥は飛べますが、哺乳類や爬虫類は問題を抱えています」

彼はエルサレムの町の端に位置するジュデアン・ヒルズのほうを身ぶりで示す。そこには

(1) エレミヤ書　八章七節。

二〇頭のガゼルの群れが残されている。「野犬が彼らの子を追い回しています。その将来ははっきりしません」

人々の将来も同じだと、彼は付け加える。「パレスチナ人はひどく分断されています。野生動物のように」

## 4 砂漠

ネゲヴ砂漠の奥深く、イスラエル南端のすぐ北に位置するアラヴァ地溝の砂地に、生き残った哺乳類のための、フェンスで囲われた自然保護区がある。そうした哺乳類の一つが、十字軍の戦士にユニコーンと間違われたシロオリックスだ。ほかの大陸の動物園にいる少数の個体を除いて絶滅したものの、自然の生態系に再導入しようという願いのもと、この地で繁殖させられている。アラビアヒョウ、カラカル、オオカミ、ハイエナはここでは檻に入れられているが、オリックス、アイベックス、その他の有蹄類《ゆうてい》は、旅行者がドライブできる五キロメートルの環状路の周りを歩き回っている。ダチョウまでいるが、これはそもそも現地に生息していた亜種――一九六六年に最後の野生の姿が目撃されたアラビアダチョウ――のソマリにおける代役にすぎない。

そこから一〇分ほど離れた場所にケトラがある。ケトラはキブツ（農業共同体）の一つで、アラブ人とユダヤ人のための大学院生向け環境研究プログラムを持つアラヴァ研究所の所在地だ。再生可能エネルギー、国境を越えた水資源管理、持続可能な農業について教える教員は、イスラエル人とパレスチナ人である。多くの学生がほんの数キロメートル東のヨルダンからも通っている。アラヴァ研究所の指導理念は、環境は共有された生得権にして共有された危機であるというものだ。その危機の緊急性は、人々を隔てるあらゆる政治的・文化的・経済的相違を凌駕《りょうが》しているのである。

学生とキブツの住民向けの共用大食堂では、彼ら自身の運営する酪農場で搾った牛乳や、新鮮で豊富なキュウリ、トマト、青野菜が提供されている。一日三度の食事でサラダを食べるのは、イスラエル人とパレスチナ人に共通の習慣で、肉が贅沢品だった開拓時代以来のことだ。この習慣はまた、周囲にあふれる農薬にもかかわらず、両民族が世界最高レベルの平均寿命——八〇歳近く——を誇っている理由なのかもしれない。そうした農薬の一部はこの農場でも使われている。キブツ・ケトラの主な収入は、原生種ではないナツメヤシの果樹園によってもたらされている。ナツメヤシという種は甲虫の攻撃に弱い。メスの甲虫がその実の内側に卵を産みつけ、孵《かえ》った幼虫が幹に害を及ぼすからだ。化学物質を使ったナツメヤシの保守は、イスラエル人がやりたがらない仕事だ。また、パレスチナ人の移動の自由と労働許可は軍事占領下で大きく制限されているため、彼らはその仕事をやりたくてもできなかった。結果として、聖地の人口は、キブツ・ケトラでこの種の毒物を扱う仕事に携わる派遣団を含む数千人のタイ人農業労働者によってさらに圧迫されている。

低賃金のタイ人労働者は、故郷では猟師をしている。彼らはイスラエルでの食料の足しにするため、罠やパチンコで、ガゼル、アナグマ、ジャッカル、キツネ、ウサギ、イノシシ、さらには雌ウシやイヌまでを捕まえている。粘着式の罠を使って、齧歯類、鳥、カエル、サンショウウオ、ヘビ、トカゲをとっている。ユダヤ教の食物規定では、家畜を殺すことしか許されていないため、イスラエル人はほとんど狩猟をしない。しかし、アラヴァ研究所の創設者であるアロン・タルが著書『約束の地の汚染（*Pollution in a Promised Land*）』で書いているように、すでに希少になっている野生動物が、三万人のタイ人の罠猟師によって絶滅寸前に追い込まれている。彼の推定では、ゴラン高原だけで、生息するガゼルの九〇パーセントが殺されたという。

タルは、グレーのやぎひげを生やした五〇代初めのほっそりした男で、イスラエルでは物議をかもすあるテーマをあえて俎上《そじょう》に載せてきた数少ない環境問題専門家の一人だ。というのも、イスラエルが、殲滅《せんめつ》の標的とされた文化を救うために建設された国だからだ。「われわれの国土は満杯の状態です。未来の歴史家は、現在の行き詰まりをイスラエル最大の悲劇の一つと見なすかもしれません」。イスラエル緑の党の副党首を務めるタルによると、人口問題が行き詰まっているのは、超正統派の家族が子供を増やすことで与えられる助成金のためだという。「平均的な正統派のユダヤ人は、亡くなるときには一〇〇人の子孫を残します。おむつのことだけでも考えてみてください！」

そうしたおむつに具現されるプレッシャーは、環境に致命的影響を与えるだけではない。ユダヤ人とパレスチナ人が同じ不動産に対して権利を主張する際には、人々にとっても致命的なのだ。両者に共通する長寿という天恵は、競争相手となる国民の数をさらに増加させる。ベングリオン大学の生態学教授として、タルはパレスチナ人の研究者とともに、とりわけ共同で水資源を管理するための多くの環境プロジェクトを設計してきた。「しかし、すべての根底には人口の問題があります。その問題に早急に対処しなければ、手遅れになってしまうでしょう。われわれは生態学的に無力になり、社会を維持できなくなるはずです。この問題をテーブルに載せるためなら、ほかのすべてを放り出してもかまいません。しかし、それは非常に難しいのです」

アロン・タルはケトラから南へ向かって三〇分、イスラエル南端の町、エイラトへと車を走らせる。国境の向こうのヨルダン、アカバのデイズ・インで、アラヴァ研究所の卒業生を相手に話をすることになっているのだ。これらの卒業生は、若いヨルダン人、ユダヤ人、パレスチナ人で、いまでは政府や非営利組織で環境プランナーや科学者として働いている。途中、タルはアカバ湾に面したイスラエルの脱塩プラントを通り過ぎる。この施設で海水を飲料水に変えているのだ。タルによると、人々が人口過剰の脅威を否定したり無視したりする理由は、彼の国の技術的楽観主義にあるという。イスラエルは砂漠に花を咲かせられるという信念から、世界中のユダヤ人が寄付を寄せ、それが細流灌漑をはじめとする発明に結実した。ダヴィド・ベングリオンが、乳と蜜の流れる約束の地には、現代の中東にとって決定的な要素である石油が欠けていることに気づいたとき、国際的なユダヤ人物理学者たちに、自国にある豊富な資源、つまり太陽光の活用を呼びかけたことから、屋根の上に設置する太陽熱収集器が生み出された。

人間は、この土地の人口扶養能力の拡大方法を無限に見つけられるというこうした確信は、ユダヤ人だけのものではない。アラヴァ研究所の再生可能エネルギー・省エネルギーセンターを運営するパレスチナ人のタレク・アブ・ハメドは、キャンパスを光起電性パネルで埋め尽くそうとしている。彼の目標は太陽光発電を完全なものとすることだ。水の分子を構成要素である酸素と水素に分解してから水素をホウ素ベースの媒体に蓄え、需要に応じて無炭素燃料として放出できるようにするのである。

「この地域の日射量は世界最高です。われわれは公害を減らし、エネルギーを自給することができるのです」

だが、イスラエルとパレスチナの存続への障害をハイテクの力で取り除こうとする試みは、いくつかの現実にぶつかる。エイラトの脱塩プラントはいまや、巨大な塩の山に囲まれている。紅海《こうかい》の塩として水族館に売られたり、清浄な食卓塩として売られたりするものの、市場では限られた量しか処分できない。余った分はアカバ湾に戻されるが、これでは海洋生物にとって塩濃度の高すぎる状態になりかねない。また、逆浸透フィルターで海水を濾過するには膨大なエネルギーが必要だ。イスラエルには石油がないだけでなく、水力発電用のダムをつくる河川もないため、エネルギーは地中海沿岸にひしめく石炭火力発電所から送られてくる。二〇一一年、水不足がきわめて深刻になったため、緊急命令によって、イスラエルの脱塩プラントは二四時間ぶっ通しで稼働しはじめ、燃やされる石炭の量はさらに増えたのだった。

より多くの太陽エネルギーが救いとなるのは明らかだと思えるだろう。だが、中東の太陽光によるメリットは次の事実によって損なわれてしまう。摂氏四五度になると——アラヴァではこの気温に達することは珍しくない——ソーラーパネルの効率が落ちてしまうのだ。「われわれはその問題の解決に取り組んでいるところです」と、タレク・アブ・ハメドは坊主頭をぬぐいながら言う。

しかし、気温は上がりつづけている。イスラエル人の祖であるヤコブが戻ってきたとしたら——彼が四〇〇〇年前にこの近くを通ったのは、エジプト人に食糧不足の到来を警告していた息子のヨセフと再会しに行く途中のことだった——はるかに少なくなった野生生物は別として、景色は依然として見慣れたものであることだろう。主要な植物は、当時もいまも、ガゼル、アイベックス、昆虫、鳥の食料源で、乾燥に強いアカシアだ。「アラヴァ地溝のあらゆる農業の土台となるのが、この植物です」と語るのは、アブ・ハメドの同僚の生態学者、エリ・グロナーだ。「それは土壌を適所に保ち、また土壌の含む水を保持しています」

問題は、降水量の減少のせいで、アカシアが滅びつつあるということだ。

「アカシアがなくなれば、生態系全体が崩壊してしまうでしょう。これは生態学者がステージ・シフトと呼ぶもので、ある状態から新たな状態への移行です。その新たな状態がどんなものかはわかりません。誰にも予想がつかないのです」

イスラエルの自然保護局は、アカシアに水をやるよう提案してきた。この地で長期的生態調査を指揮するグロナーは、細いメタルフレームの眼鏡を外すと、干上がった谷のほうを身ぶりで示す。「キネレト湖からの水でしょうか？　それとも脱塩プラントからの？」

「イスラエルの林野庁は」と彼は付け加える。「彼らが知っているただ一つのことをしました。新たなアカシアを植えはじめたのです。ユダヤ国民基金への寄付者はいまや、イスラエルのアカシアの木の持ち主となって、枯れた木と植え替えることができるのです」

個体群生態学者はよく、〈オランダの誤謬《ごびゅう》〉について語る。ぎっしりと密集して暮らす多くのオランダ人が、あれほど高い生活水準を保っている事実は、人間は本質的に不自然で人工的な環境でも繁栄できるという証拠ではない。誰もがそうであるように、オランダ人も生態系にしか提供できない事物を必要としている。幸いにも彼らは、そうした事物をほかの場所から購入するだけの余裕がある。同じようにイスラエルも、他人の余剰（と贈与）のおかげで生き延びているのだ。

だが、こう仮定してみよう。バナナ、ブルーベリー、穀物などを、大洋のかなたから運ぶための輸送燃料の費用が、資源の不足、あるいは燃料を燃やすことで大気に加わるものが原因で、法外に高くなったらどうだろうか。万が一、イスラエル、パレスチナ、あるいは地球上のどんな場所であれ自給自足を強制されたら、他者に依存している多くの人々の問題——また、繁殖のために十分な土壌と水を必要とするほかの生物に人間が依存しているという事実——に向き合わざるをえなくなる。

イスラエル人とパレスチナ人だけではない。この聖地では、彼らは最も子だくさんですらないのだ。アロン・タルの推測によると、かつてベドウィンの一家は平均して一四人もの子供をつくっていた可能性がある。これは世界でも最多だったはずだ。彼らはつねに放浪する砂漠の遊牧民《ノマド》だったので、確かなことは誰にもわからなかった。だが、多くのベドウィンが存在するのだ。

町や軍事基地をさらに建設しようとすれば、ネゲヴ砂漠しか場所がないため、イスラエルはベドウィンが昔から家畜を放牧していた土地の権利を主張している。ベドウィンに選択の余地はほとんどなく、イスラエルが彼らのために建設している町に移住しつつある。

ラハトという新しいベドウィンの町で、学校の教師でアロン・タルの「緑の同志」の一人でもあるアフマド・アムラニが、自分の家族のさまざまなメンバーとともに暮らす四階建ての家の平らな屋根の上に立っている。実のところ、アムラニの一族は街路一帯に住んでいる。「あちらのすべての通りに別々の家族がいます」。自分の住む開発途上の町を指して彼は言う。そこには、風に舞う砂ぼこりとプラスチックくずに囲まれて、一三のモスクが建っている。

エルサレムの磨かれた石灰岩を表面に貼った彼の家は、ほとんど空っぽだ。その背後にベドウィンのテントがあり、親族たちは絨毯に座って甘いお茶を飲みながら、大半の時間をそこで過ごしていた。父や祖父と違い、アフマドはカフタン［訳注：長袖・前あきの丈の長い服］やカフィエ［訳注：肩まである頭巾］を身につけておらず、ジーンズにレザージャケットといういでたちだ。彼はまた、家族のなかで初めて大学に通った人物でもある。

「ベングリオン大学に通っていた一〇年前、私は四人のベドウィン学生の一人でした。いまでは、その数は四〇〇人になっています」。少し間を置いて、彼はこう付け加える。「そのうち、三五〇人が女性です」

彼によれば、ラクダの背中にまたがって広大な砂漠でヤギを追う生活のあとで、都会暮らしに適応するのは、ベドウィンの男にとって容易ではないという。もはや、誰も家長になることはない。ほとんどの男は働きも養いもしないため、女性がその役割を引き受けるようになっている。若い女性はいち早く、教育を受ければ受けるほどうまくいくことに気づいているのだ。

いまや大きな問題は、教育を受けたこれらの女性が誰と結婚するかということだ。「それはデリケートな問題です」と、アムラニは言う。「こうした女性は自尊心が高いので、ふさわしい相手を探すのに苦労します。独身のままの女性が増えています。一四人の子供をつくる人はもはやいません」。彼はお茶とアーモンド・クッキーをとりにテントへ向かう。教師をしている妻と一人息子が、まもなく帰ってくるのだ。

イスラエルとパレスチナをあとにする前に、投げかけるべき疑問がもう一つある。だがその答えがいっそう明瞭に浮かび上がるのは、ここ中東の白熱する火薬庫を越えた場所でのことだろう。ここ中東では、人間の神聖にして荒々しい感情が、単なる人口統計に還元されることに抗《あらが》うからだ。それでも、創世記の時代には数千人が暮らしていたにすぎないこの地で、拡大する部族が貴重な井戸をめぐってすでに戦いを繰り広げていたという事実は、思い起こすに値する。

## 第四の疑問

地球にとって持続可能な人口が、われわれが達しようとしている一〇〇億人よりも、あるいはすでに達している七〇億人よりも少ないことがわかった場合、人口の減少とその後の安定を前提とした経済――言い換えれば、絶え間ない成長に依存せずとも繁栄できる経済――を設計するにはどうすればいいだろうか？

# 第二章　はち切れそうな世界——さまざまな限界

一九九四年六月、ケープカナヴェラル。六〇〇人の科学者とエンジニアが、エアコンの効いた青と白のバスの隊列に分乗し、ジョン・F・ケネディ宇宙センターを見学している。世界水素エネルギー会議に出席するため、三四の国々から集まったこの人々は、一つの夢を共有している。汚染を生む石炭や石油を燃料とする経済から、クリーンな水素を基に運営される経済に地球を転換するという夢だ。彼らは、すべてが無公害の自動車、消防車、航空機、暖房装置、冷房装置、さらには産業全体の設計図を携えてやってきたのだ。

彼らにとって、これは霊感をもたらす巡礼の旅である。スペースシャトル・コロンビアがまもなく宇宙へ向けて飛び立とうとしている発射台に載った白い球形タンクは、純粋な水素で満たされている。月ロケットが打ち上げられる前でさえ、NASAの宇宙飛行士が宇宙空間で使う動力は水素燃料電池によるものだった。再充電可能なこの装置は、バッテリーと同じく、エネルギー源を化学的に直接電気に変換する。NASAが利用する水素は天然ガスから取り出されていたため、その抽出プロセスでは二酸化炭素も発生してしまう。だが、この会議の参加者は、まもなくソーラー技術の効率が向上し、炭化水素ではなく水の分子が供給原料になるはずだという希望を抱いていた。

二〇年近くを経てもなお、彼らに加え、アラヴァ研究所のタレク・アブ・ハメドのような新世代の研究者たちは、クリーンな水素エネルギーを生み出す経済的な方法を待ち望んでいることだろう。もどかしいのは、宇宙にはほかのすべての元素の合計よりも多くの水素が存在することだ。内燃機関で燃やされようと、燃料電池に注入されようと、その排出ガスはただの水蒸気にすぎない。理論的には、このガスは回収され、圧縮され、水素をつくるために際限なく再利用できる可能性がある。完全な閉鎖系である――ただし、頭の痛いある小さな問題を除いては。すなわち、この宇宙で使用可能な量の純粋な水素ガスが自然に発生するのは、太陽のような場所に限られるのだ。地球上では、水素は例外なく酸素、炭素、窒素、硫黄といったほかの元素としっかり結合している。この結合を破壊して水素を自由にする――$H_2O$からHを取り出す――には、水素が生み出す以上のエネルギーが必要となる。われわれの文明を運営できるだけの水素を水から搾り取るのに必要なソーラーパネルの数は、とても現実的なものではない。長年の努力を重ねたあとでも依然として、水素を引き出す最も有効な方法は、過熱状態の蒸気を利用して天然ガスから水素をはぎ取ることだ。だが、そのプロセスを通じてあの厄介な汚染物質の$CO_2$も排出されるのである。

それがとりわけ不都合なのは、一九九四年の水素会議の昼食会におけるあいさつで、NA

SA長官のダニエル・ゴールディンが告げたある憂慮すべきニュースのためだ。衛星データから、過去一〇年のあいだに世界の海水面が一インチ（約二・五センチメートル）近く上昇したことがわかったというのだ。この特別な聴衆のために、それ以上の説明は必要なかった。彼らには、海面の上昇、地球温暖化、人工エネルギーの利用によって放出される二酸化炭素の関連がわかっていたからだ。われわれが世界中で使うエネルギーの五分の四は、古代の有機廃棄物に由来している。それは自然による地球の運営に必要なかったため、問題なく埋蔵された。計り知れない歳月を経て、埋蔵された有機物は圧縮され、高濃度の石炭や石油になった。それから三世紀足らずのあいだに、人間は数億年分のそうした燃料を掘り出して燃やした。その排出ガスとともに大気に放出された二酸化炭素の量は、少なくとも過去三〇〇万年のあいだに地球が経験したことのないものだった――この期間、世界はほどほどに穏やかだったものの、海洋は一〇〇フィート（約三〇メートル）上昇したのである。

これが、水素研究者が化石燃料の代替手段に没頭していた二つの理由の一つだった。もう一つの理由が、その日の午後、アルバート・バートレットという物理学者によって発表された。コロラド大学名誉教授であるバートレットは、水素についてはほとんど知らないが、基本的な算数についてなら少しはわかると言った。彼はとりわけ、物事が倍増しはじめるときに何が起こるかに興味を持っていた。

「こう想像してみてください。ある種のバクテリアは二分割することによって増殖します。その二匹のバクテリアが四匹に、四匹が八匹に、と続きます。さて、午前一一時に一匹のバクテリアを瓶に入れるとしましょう。正午には、瓶がいっぱいになっていることが観察されます。では、どの時点で、バクテリアは瓶の半分まで増えたのでしょうか？」

答えは、なんと、午前一一時五九分なのだ。

聴衆がこの事実に気づくと、バートレットはそうだとばかりにうなずいた。禿《は》げた頭はわずかに残る灰色の髪で囲まれている。「さて」と彼は続けた。「あなたが瓶のなかのバクテリアだとしたら、どの時点でスペースがなくなりつつあることに気づくでしょうか？　午前一一時五五分には、瓶は三二分の一しか満たされておらず、九七パーセントは空いていますから、増殖することを願うでしょうか？」

一同はくすくすと笑った。「ここで、こう仮定してみましょう。最後の一分で、バクテリアはすみかとなる三本の瓶を新たに見つけます。彼らはほっとため息をつきます。これまで住んでいた瓶の三倍が手に入ったのですから、空間資源は四倍になります。これで、スペースを自給できるようになる。そうですね？」

もちろん、そうではない。バートレットが言わんとしているのは、きっかり二分後には四本の瓶がすべていっぱいになってしまうということなのだ。

彼によると、幾何級数的な倍増はスペースを食い尽くすだけではないという。一九七七年、合衆国大統領のジミー・カーターは、国民に対するスピーチでこう語った。「一九五〇年代、人々は一九四〇年代の二倍の石油を使いました。一九六〇年代には一九五〇年代の二倍の石油を使いました。そして、それぞれの一〇年に消費された石油は、それ以前の人類の歴史を通じて消費された量より多かったのです」。だが、世紀の終わりが近づくにつれて、そのペースが鈍化するのは避けられなかった。

「われわれは低い位置になっている果物をもいできました」と、バートレットは言った。「さらに多くの果物を見つけるのはどんどん難しくなります」

当時、アルバート・バートレットは二一世紀のテクノロジーを知らなかった。たとえば、岩盤を破壊して閉じ込められている天然ガスを放出させるとか、タールサンド［訳注：石油を含んだ砂岩］から石油を搾り取るといった技術だ。石油の価格が一バレル一六ドル程度だったその時代、彼が知っていたのは、それらのテクノロジーにかかるコストは法外に高いものになりそうだということだった。高い位置になっている果物を取るようなものだ。だが、たとえそうだとしても、それは何本かの新しい瓶を見つけるのと同じことにすぎない。中国やインドといった国々が合衆国を超えて急成長し、需要が幾何級数的に増加しつづければ、そうしたテクノロジーはせいぜい数十年の猶予を与えてくれるだけだ——それも、はるかに多くの $CO_2$ とともに。

すでに八〇代後半のアルバート・バートレットは、学生、科学者、政策立案者、話を聞きたいというあらゆるグループを相手にこのバクテリアと瓶の話をしてきた。その数は一五〇〇回を超える。「それでも彼らはわかっていないようなのです」と彼は嘆き、化石燃料が枯渇するまでにどれほどのダメージがあるかを確かめるべく、競い合っているかのようだと批判する。というのも、人間は最も汚染を生む化石燃料を手に入れようとさらに深く地面を掘っているからだ。

彼が驚いたのは、人々が幾何級数的な倍増という考え方を当てにならないと見なすことだ。さらに別の例を挙げて興趣を添えても、それは変わらない。そうした例の一つはこんな話だ。中国のある皇帝が、臣民の一人が発明したチェスという新しいゲームに夢中になっている。皇帝は発明者を呼びつけると「褒美を選ぶがよい」と命じる。「なんなりと望みのものを申してみよ」

「私の望みは家族を養えるだけのコメです」と、彼は言った。

「よろしい」と皇帝。「どのくらい必要だ？」

「ほんの少しで結構です。実は、陛下はチェス盤でそれを計ることができます。一粒のコメを最初のマスに入れてください。次のマスに二粒、それ以降、それぞれのマスに二倍のコメを置いてください。それで十分です」

皇帝はうっかりしていた。チェスを考えつくほどの者なら、数字に強い抜け目ない男に違いないと考えるべきだったのだ。チェス盤の最初の列の終わりにあたる八マス目で、その発明者は一二八粒のコメを手にした。やっと一口分といったところだ。だが、一六マス目では三万二七六八粒が手に入った。三列目が終わると、勘定は八三八万八六〇八粒になった。宮殿の米蔵を空《から》にするのに十分な量だ。チェス盤の半分までで、中国のすべてのコメに権利を持つことになるだろう。最後のマスでコメは一八京粒に達する。過去に地球全体で生産された量を超えてしまう。もちろん、事態は到底そこまでは進まなかった。そのずっと前に、皇帝は男の首をはねたからだ。

こうした話はほかにもあるが、驚くようなものばかりだ。たとえば一枚の紙を半分に折り、さらに折りつづけることができれば（ふつうは七つ折りが物理的な限界）、四二回折ったところで、その厚さは月にまで達するはずである。だが、自分もそうした倍増要素の一つであることに気づくと、幾何級数的倍増の娯楽的価値は下がりはじめる。コロラド州ボールダーに住むアルバート・バートレットがこうした話をするようになったのは、一九六〇年代のことだった。当時、彼が目にした商工会議所のパンフレットに、誇らしげにこう書かれていたのだ。「一〇年で人口は倍増しました。ボールダーは、とても安定した、裕福なコミュニティーです」

バートレットは簡単な計算によって、同じペースで倍増が続けば、ボールダーは二〇〇〇年までにニューヨークより大きくなってしまうことに気づいた。なんらかの安定は実現するかもしれない。幸いにも、人口増加のペースは落ちた。ボールダーの住民が、町を取り巻く未開発地という空き瓶をすべて開発してしまうことを拒んだからだ。そもそもその地で暮らす理由である景観が——その町へ供給される水とともに——消えてなくならないようにするためだ。

バートレットは近年、合衆国が人間に飲み込まれる前に移民をやめるよう提案し、論争を巻き起こしてきた。だが、そうした措置の倫理的、実際的、社会的、環境的な複雑さを問題視する批評家でさえ、彼の計算に異議を挟むことはない――とりわけ、何が起きているかが見失われるほど規模が大きくなる場合は。たとえば惑星規模。一九〇〇年、地球には一六億の人間がいた。二〇世紀のあいだに世界の人口は倍増し、その後ふたたび倍増した。だとすれば、われわれの瓶にはどれくらいのスペースが残っているのだろうか？　実のところ、すでに瓶がいっぱいになっているかどうかは、どうすればわかるのだろうか？

スペースシャトルは、ケープカナヴェラルから飛び立つのをやめている。フロリダでは、少なくともいまのところ、止まっているものがほかにもある。史上最大の一戸建て住宅供給ブームだ。一九九九年、『タンパ・トリビューン』は、フロリダ州の四七〇に及ぶ町と郡の土地利用計画で、一億一〇〇〇万人の居住者が想定されることになりそうだと伝えた。それが意味するのは「カリフォルニア、テキサス、ニューヨーク、ペンシルヴェニアの住民をフロリダの州境の内側に詰め込む」ということだ。この数字には、果樹園、農場、森林地、野生生物、湖沼、河川、そして、帯水層に対するフロリダの都市設計者のいつもながらの無関心が、正確に反映されていたのかもしれない。

一〇年後、彼らがそれ以上のものをおろそかにしていることが、地球上で最も希少な生態系の一つであるエヴァグレーズを侵食する幽霊村によって証明された。スペインタイル張りの空室のコンドミニアム、抵当流れのショッピングセンター、未完成の病院などが立ち並ぶ荒れ果てた土地は、前進する沃土《よくど》に飲み込まれつつあった。一〇年前には、トマト畑に縁取られた、アメリカトキコウや絶滅寸前のハマヒメドリがあふれる沼沢地だった場所のてっぺんの土地だ。

ここは、二〇〇八年のサブプライム・ローンの破綻で生じた、アメリカのサンベルトに散在するいくつかのグラウンド・ゼロの一つだ。合衆国の中産階級の仕事が外注されるようになったせいで、適格な住宅購入者が不足に陥ったため、銀行はある幻想に基づく住宅ローンを発明した。六パーセントのローンの月々の支払いができない者が、どういうわけか、七～一〇年後には膨らんだ利率で支払いができるというのだから不思議な話だ。銀行は、数千に及ぶこうしたいかがわしいローンをデリヴァティヴという印象的な名のパッケージに紛れ込ませると、世界中のまぬけな投資家に売りまくったのだ（おまけにそうしたパッケージを空売りしていたから、それに価値がないとわかったとき、相当な利益を手にできた）。

おそらく、いまなら世界はもっと分別があるはずだ。もっとも、経済の崩壊によってフロリダに三〇万戸の空き家が残されたにもかかわらず、その後、地方政府はさらに五五万戸の家を建てる区画設定を認可したのだからあきれてしまう。現実からのこうした明らかな乖離《かいり》によってわかるのは、心理学者であれば人口と経済の機能不全的共依存と呼ぶような状況だ。われわれがよくやるように、毎月の住宅着工件数によって経済の健全性を評価するなら、その後建てられた家に誰かが住み、家具を備えつけ、家を飾り、管理・維持するのに必要なものを買いそろえなければならない。こうした多くの製品はそれぞれ、それらをつくったり売ったりする人々の仕事があることを意味する。仕事が増えれば増えるほど、それをこなすためにより多くの労働者が――彼らがどこに住んでいようとも――必要になった。製品が増えれば増えるほど、それらを買うためにより多くの顧客が必要になった。これは申し分のない循環のように思えるし、事実そうかもしれない――より多くの土地が必要になったことを別にすれば。

どこかの時点で、結局は何かが底を突くことになる。住宅市場の崩壊の際は、不足したのはローンを払える資金を持つ人々であり、そのせいで無数の抵当流れが起きた。とはいえ、合衆国においても世界においても、人々の数は増えつづけている。だとすれば、その人々に衣食住を提供する地球の経済も成長しつづけなければならない。また、そうした必需品を与えるだけでなく、人々が必要としたり望んだりする多様な方法で、また、人々の必要とする新しくおもしろいものがあるとマーケターが人々を説得できるほど多様な方法で、彼らを満足させ、楽しませなければならない。したがって、こうした動きは円状ではなく螺《ら》旋《せん》状に進む。人々の数は螺旋状に増大し、都市は螺旋状に拡大し、住宅は増加し、その後突如として不規則に広がっていく。開発業者にとってはともかく、こうした状況は行き過ぎており、ありがたいものではない。

一九五〇年、三分の二の人々はまだ田舎に住んでいた。こんにちでは、半数を超える人々が都市に住んでいる。都会の住人は農場での働き手を必要としないため、つくる子供の数は減っている。実際、人類の増加するスピードはようやく鈍ってきた。だが、鈍ってはいても増えていないわけではない。都市化によって人口過剰が解決されたと言う人は、次の事実を見逃している。世界の大半の地域で、馬小屋の戸が閉じたのは、馬が逃げ出したあとになってようやくのことだったのだ。

こんにちの子育て世代が一家族あたりにつくる子供が減っているとしても、彼らの祖父母や両親が非常に多くの子供をつくったせいで、四・五日ごとに一〇〇万人を超える人間が地球上に誕生している。小学生が聞いても、持続が簡単な数字ではないことがわかるだろう。

現在、一〇〇万人以上の人口を抱える都市は五〇〇近く存在する。二七の都市が一〇〇〇万人を超える人口を抱えており、そのうちの一二の都市は二〇〇〇万人を超える人口を擁している（最大の都市地域である東京圏には三五〇〇万人が住んでいる）。現在の減速ペースが今世紀の半ばまで続いたとしても、すでに存在する人々の半分近くがさらに上乗せされ、人口は九〇億人から一〇〇億人程度に、ことによるとさらに増えるだろう。[1] その全員が老廃物を排泄《はいせつ》し、二酸化炭素を排出し、食料、燃料、生活空間、多種多様なサービスを――また最近地方から都市に移った人々は、携帯電話を充電したり、必需品のテレビにプラグをつないだりするための相当な量の電気を――要求する。

$CO_2$が増え、さらにそれが続くとどうなるのだろうか。オレゴン州立大学の科学者であるポール・マートーとマイケル・シュラックスによる二〇〇八年の研究では、こんな見積もりが出されている。合衆国の現在の状況下で一人の母親の子孫が最終的に排出する$CO_2$を予測すると「それぞれの子供は平均的な女性の炭素遺産に約九四四一トンの二酸化炭素を加える。これは、女性が生涯に排出する量の五・七倍に相当する」。五〇〇年に一度というレベルの洪水や嵐が、同じ一〇年のあいだに二度も三度も来襲するようになれば、物理学者の数学力がなくても何かがゆがんでいることは推定できる。近年、人が住んでいるあらゆる大陸や群島で、生徒たちは学校が水没する様子を目の当たりにしてきたのだ。

　われわれはすでに、七〇億の人口を維持することに四苦八苦し、中国から大洋を渡ってくるほど大きな砂塵《さじん》嵐や、北米西部、シベリア、オーストラリアの森林大火災といった驚くべき現象に気づいている。将来の人口が一〇〇億人を超えるという事態は想像を絶するだけでなく、サブプライム・ローンの貸付のように現実をも破壊しかねない。生物学の歴史を通じて、みずからの資源ベースを超えて増大するあらゆる種が集団的消滅——ときには種全体にとって致命的ともなる事態——を経験している。問題は、われわれが成長を止める必要があるかどうかだけではないかもしれない。われわれ自身が生き延びるために、現在の人口を、文字どおり全員が生きられる人数まで、思いやりをもって減らさねばならないかどうかなのだ。

　われわれが認めようと認めまいと、今世紀には、地球にとって最も望ましい人口はどれくらいかが決まることになりそうだ。この望ましい人口は、二つのうちどちらかの方法で実現するだろう。

---

（1）広く受け入れられているこの概算は国連人口部による。

つまり、人間がみずからの数を管理し、文明のグラフ上のあらゆるデータを適正な範囲内に収めようと決意するか、さもなくば、人間に代わって自然が、飢饉《ききん》、水不足、異常気象、生態系の崩壊、日和見《ひよりみ》疾患、減少する資源をめぐる戦争——最終的に人間に身の程を思い知らせる事態——といった形で同じことをするかだ。中国が試みてきたような人口管理は、われわれの寝室や保育園にまで侵入してくる高圧的な政府といった恐ろしいイメージを喚起する。だが、驚くほど多様な文化によって、より小さな家族は社会の利益のみならず自分自身の利益にもなることを人々に納得させる非侵入的な方法が見出されてきたのだ。

では、地球にとって最高の利益とは何だろうか？

「人間の数の増加が地球を破壊するという考え方はナンセンスだ。しかし、過剰な消費は地球を破壊するだろう」。二〇一〇年の『プロスペクト・マガジン』に載った「人口過剰の神話」と題された記事の一節だ。多くの人が以下の点に同意するだろう。生活で使う物資の量を減らそう。ほかのあらゆるものを踏みつぶしてしまわないように、足跡を小さくしよう。そして、分かち合うことを学ぼう。われわれが育てる食物を公平に分配すれば、すべての人が十分な量を手にするはずだ。

これらは価値ある目標だ。とはいえ、あらゆる人の消費衝動を近い将来に抑制できるという考えは、おそらく甘い願望だろう。地球の救済が、貪欲な人間本性を変えること——とりわけ商業広告の莫大な予算を削ること——にかかっているとすれば、いつの日かそれが達成されるはるか以前に、地球はしゃぶり尽くされてしまいそうだ。

食物の公平な分配に関してはこう問いたい。その対象にはあらゆる生物種が含まれるのだろうか、それともわれわれだけの話だろうか？　神がノアに、人類を再生させるには自分の家族だけでなくすべての動物を救わねばならないと告げて以来、われわれは動物のいない世界を手にすることはできないものと理解すべきだ。ところが現在、凍結していない地表の約四〇パーセントが人間のための食糧生産に使われ、さらに道路、都市、町が加わるのだから、われわれは地球の半分近くを一つの種、つまり人間だけのものとしてきたことになる。ほかのあらゆる生物が生きていくには、どうすればいいのだろうか？

誰もが菜食主義者だったら必要なのはその土地の四分の一だけだと、草食動物は主張する。というのも、それ以外のすべての土地は現在、家畜を放牧するか、その飼料を育てるためのものだからだ（一キログラムの牛肉を生産すると平均的な車が一六〇マイル〔約二五七キロメートル〕を走る場合と同程度の二酸化炭素が排出され、一キログラムのコムギを育てる場合の一〇倍の水が使われる）。まったくそのとおりだ――だがまたしても、事はそう簡単ではない。世界の肉の需要は依然として増えており、減ってはいないのもまた事実なのだ。ほとんどの人々は、ようやく肉を食べられる余裕ができると、どうしても食べたいと思うものだ。より健康的であろうとなかろうと、近いうちに菜食主義者が主流になることはないかもしれない。

人口は主に最貧国で増えており、赤ん坊を産むのは貧しい女性なのだから、最も強い人々の与えたダメージから世界を救うことを最も弱い人々に期待するのは、ひどく不公正に思える。二〇〇六年に発表された論文『人口過剰』を再考すべき一〇の理由」には、「環境悪化を人口過剰のせいにすれば、真犯人を逃がしてしまう」と書かれている。この論文が掲載されたPopDevというウェブサイトを運営するのは、ハンプシャー・カレッジ人口・開発プログラムの責任者にして女性の健康を守る活動家であるベッツィ・ハートマンだ。「資源の消費だけに関して言えば」と、その論文は続く。「世界で最も裕福な五分の一の人々が、最も貧しい五分の一の人々の六六倍も消費している。合衆国は地球温暖化の原因である温室効果ガスの最大の排出国だが、それをどうにかしようという気はさらさらない」

いまや中国の炭酸ガス放出が合衆国を上回っていること、富裕層に有利な状況がさらに進んでいることを除いて、こうした議論には依然として説得力がある。しかし、公正であろうとなかろうと、こんにちの地球生態系においてはあらゆる人の存在が問題となる。人間の数が増えているせいで、われわれは原罪という概念を本質的に再定義するところまで来ている。誰よりも謙虚な人でさえ、生まれた瞬間から、食物、薪、屋根をまずは必要とすることで、世界に山積する問題を悪化させるのだ。文字どおりにも比喩的にも、われわれはみな$CO_2$を吐き出しており、ほかの種を追いつめている。合衆国はひどい汚染者であるだけでなく、依然としてほかのどの先進国より速く人口を増やしている。合衆国を考慮しない人口減少の議論はいずれも、人種差別的であるばかりか意味がないだろう。

さらに、ばら色の意見が存在する。発明が必要なときにはつねに発明が起こるものだし、テクノロジーを生むわれわれの創造的な才覚が将来の問題を解決するのは間違いないというのだ——イスラエルのテクノロジー楽観主義である。「われわれはより深く掘る方法、より速くポンプでくみ上げる方法を学ぶ。また、新たなエネルギー源を発明する」。メリーランド大学の経済学者であるジュリアン・サイモンは、一九九六年の著書『究極の資源2（*The Ultimate Resource 2*）』でそう書いている。彼の言う究極の資源とは人間の発明の才のことであり、それがもっと手に入るようにと、彼は人口の増加を擁護したのだ。

だが、テクノロジーの飛躍が、予期せぬ別の問題を引き起こすことなく何かを解決したためしはない。しかも、それらが難題であることは、水素コミュニティーの知るとおりだ。そうしたケースの一つに、水素を基にしたエネルギーの別の形である常温核融合——基本的には制御された水素爆弾——がある。計画されているその実現時期は、いつまでたっても四〇年先のままのようだ。いままでのところ、最善の代替エネルギー源は太陽光と風だ。それらを応用する方法は、現に行なわれているものよりもはるかに多様であるにもかかわらず、われわれはほとんど手をつけてこなかった。世界最大の企業は地殻から最後の一滴まで石油を搾り取ることに没頭し、状況を大きく改善しようとはしていない。エネルギー効率を大きく向上させたとしても、あらゆる輸送機関や産業の需要を、また中国やインドの需要を満たすところまで、太陽や風のエネルギーを増やそうとすれば、現段階でのそれらの供給能力をはるかに超えてしまうだろう。

しかも、本当に無限で、何も排出しないエネルギー源をどうにかして生み出したとしても、それによって、交通、スプロール現象、騒音にかかわる公害がなくることはないだろう。必然的に、より多くの資源への渇望が刺激されるだけのことだ。だが、われわれの集団的影響を実際に減らせる一つのテクノロジーが、すでに手元にある。つまり、消費者の数を抑制するテクノロジーだ。

家族計画——産児制限を表すより穏当な表現——は、あらゆることを解決できるわけではない。われわれは依然として、可能なかぎりあらゆる人を、特に来《きた》るべき世代を、エネルギー中毒の肉食動物から、分かち合いの精神を持ち、環境に敏感で、低炭素で暮らす維持者へと転向させるよう努力すべきだ。家族計画には危険もつきまとう。人間のほかの行為と同様、優生学のような悪事のために誤用されうるし、されてきた過去がある。人口の減少に経済の縮小がともなうとすれば、われわれはすでにそれにひどくおびえている。だが、たとえば人口がすでに縮小しつつある日本で起こっているように、人の数が減るとき、繁栄を手にする新たな好機が到来するかもしれない。この繁栄は、われわれが成長に次ぐ成長に向かって、現実を突き破るまで猛進するなかで失ってしまったものだ。

その一つが、物事を従来よりもはるかに平等にするチャンスだ。そこで、適正人口の定義を、大部分の人が許容できると見なす生活水準を享受できる人の数、としてみよう。そうした生活水準とは、たとえば、ユーロ危機(2)以前のヨーロッパとほぼ同じレベルだ。すなわち、エネルギー集約度は合衆国や中国よりもはるかに低く、アフリカや東南アジアよりはるかに快適で、教養のある有能な女性の割合がきわめて高い——これは何より有効な避妊法かもしれない——といった状態である。

では、その人数はどれくらいなのだろうか？　それを達成するにはどうすればいいのだろうか？

ホモ・サピエンスが初めて姿を現してから、一八一五年頃にわれわれの人口が一〇億人に届くまでに、二〇万年近くかかった。いまや、われわれは突如として、その七倍もの人口を抱えている——いったい、いかにしてそんなことが起きたのだろうか？　われわれはどうやってここに至ったのだろうか？

## （2）同じ住宅ローン破綻の帰結。

# 第三章　人員総数と食糧のパラドックス——エーリックとボーローグ

## 1　人員総数

遺伝的証拠から、五万年から一〇万年前のある時点で、われわれホモ・サピエンスの祖先の人口はたかだか一万人程度だったらしいことがわかる。その後、彼らはアフリカからさまよい出し、種の回廊を北上してこんにちのイスラエルとパレスチナを抜けると、ヨーロッパ、アジア、さらにその先へと分かれていった。分布を広げるにつれて新たに食べ物を発見したため、人口は増えはじめたものの、その数は微々たるものだった。ワールドウォッチ研究所のロバート・エンゲルマンは、『もっと多く（*More*）』という著書のなかで、彼らが現代の成長率（目下のところ世界全体で年に一・一パーセント、つまり六三年ごとに倍増するペース）で増えていたら、数千年足らずで、地球どころか太陽系全体をもってしても収容し切れなくなったはずだと指摘している。

人類の歴史において最近まで人口が少なかった理由は単純だ。人は生まれるのと同じくらいのペースで死んだのである。数万年のあいだ、人類の大半は一歳の誕生日を迎えることはなかったようだ。出生率は高かったものの、幼児死亡率も同じくらい高かった。一人の女性は七人の子供を産んだが、生き残るのは二人だった。

二人、つまり一組の男女が二人の子供を育てれば、人口は基本的に維持される[1]。二人を超えれば、人口は増加する。二世紀ほど前まで人口の増加が緩慢だったという事実は、みずから子をなすまでに成長する子供の平均数がかろうじて二を超えていたことを意味する。大人になるまで生き延びる子供が三人以上いるあらゆる家庭に対して、ほかの家庭ではそういう子供が一人だけ、あるいは一人もいなかったことになる——二人を下回れば人口は減少する。ときには、たとえば黒死病《ペスト》が大流行した際などに、人口が急減することもある。一四世紀半ばには、この病気によって人類の四分の一が亡くなったと推定されている。しかし、伝染病の尋常ならざる流行がなかった時期でさえ、あらゆる家庭に迫っていたありふれた死の影が晴れはじめるのは、一七九六年になってからのことだった。その年、イギリスの外科医エドワード・ジェンナーが、天然痘《てんねんとう》のワクチンを発見したのだ。天然痘は、毎年数百万単位で

(1) 現代の人口統計学者によれば、人口を維持できる出生率は二を若干上回るという（先進国では女性一人あたり平均二・一）。一部の子供が死亡するのは避けられないからだ。発展途上国では先進国より子供を守りにくいため、その数はもっと多い。人口を維持できる出生率は、世界平均で二・三三人である。

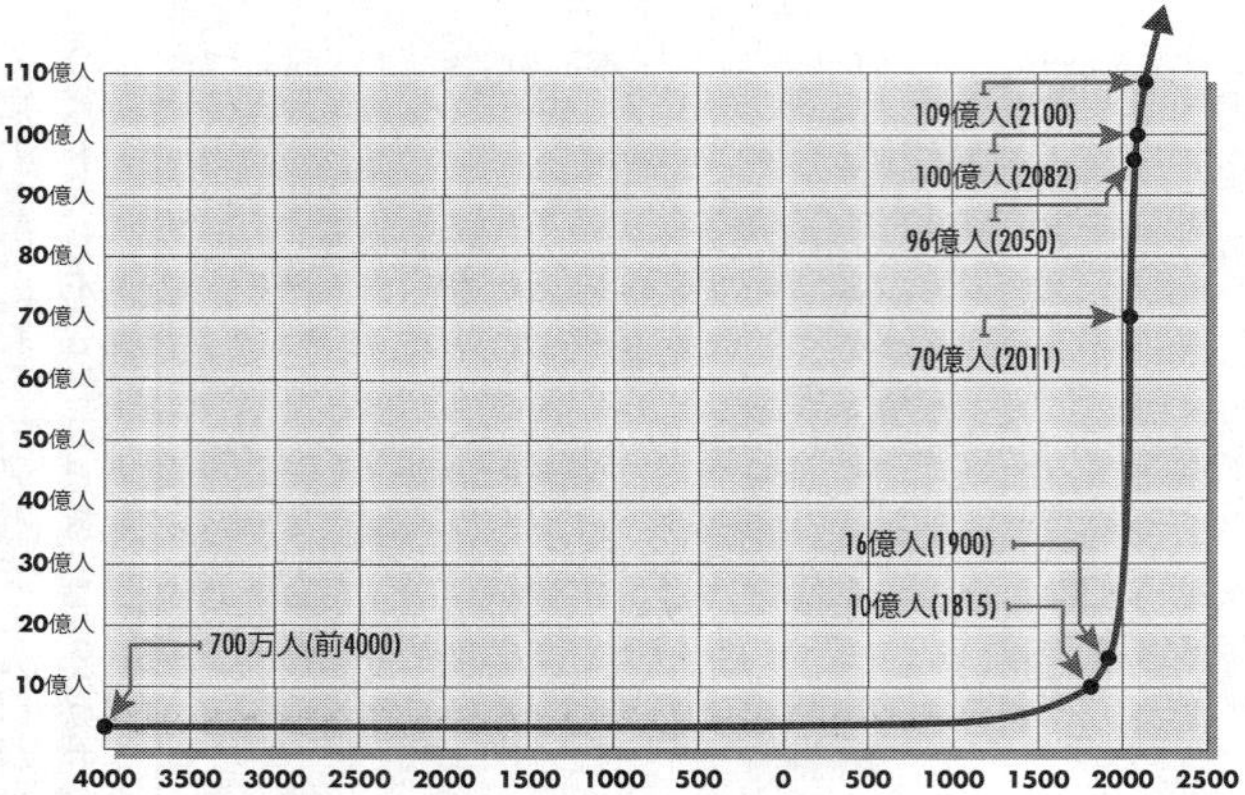


世界人口の推移

人間の数を減らしていた病気だ。ジェンナーの療法は、その対象を問わずワクチンが初めて使われた例だった。これに触発され、一九世紀のフランスの化学者ルイ・パスツールは、狂犬病や炭疽《たんそ》病といった別の病気のワクチンを開発した。パスツールは、人類の存続に対してそれ以外に二つの重要な貢献をした。一つは現代の乳製品業者がいまだに使っている、よく知られた低温殺菌法《パスチャライゼーション》だ。それによって牛乳の保存可能期間が長くなったおかげで、栄養状態が改善され、病原菌――たとえばサルモネラ菌や、猩紅《しょうこう》熱、ジフテリア、結核などを引き起こす病原菌――への感染が減ったのである。

パスツールはさらに、病気は摩訶不思議にも自然に発生するわけではなく、病原菌によって拡散することを人類に納得させるのに一役買った。一九世紀には、手洗い用の石鹸《せっけん》が家庭でも病院でも一般的に利用されるようになった。それ以前は、外科医の殺菌されていない手やメスからの感染によって死ぬ患者が、治療しようとしている病気で死ぬ患者と同じくらいいたのだ。外科手術において消毒薬が初めて使用された例の一つが、ウィーンの分娩室におけるものだ。医師が塩素溶液で手を洗うことにより、赤ん坊と母親の死亡率がともに一〇分の一に下がったのである。生存する人間の数に直接影響するイノヴェーションだったわけだ。

二〇世紀、医学は進歩を続けた。そうした進歩の一つ一つがより多くの人命を救い、寿命を延ばした。キューバの微生物学者カルロス・フィンレーが黄熱病ウイルスの運び屋《キャリア》を特定すると、アメリカ人医師のウィリアム・ゴーガスとウォルター・リードは、世界初の大規模な蚊の駆除作戦を展開した。それなしには、パナマ運河が完成することはなかっただろう。さらに、ジフテリア、破傷風《はしょうふう》、ついには小児麻痺《ポリオ》のワクチンが開発され、抗生物質の発明という決定的事件が起こると、これらすべてのおかげで、死亡率は下がり、寿命は延びた。すなわち、老いも若きも、全体としていっそう多くの人々が生きることになったのだ。一八〇〇年には、大半の人間の出生時平均余命は四〇年だった。こんにちでは、世界の多くの地域で、その数字はほぼ倍になっている。

若死にする人が減り、長生きする人が増える。それに文句をつける者がいるだろうか？「死亡率を下げるという人道的な目標は、私にとって非常に重要です」と、アルバート・バートレットは愉快そうに認める。「私の死亡率を下げてくれるなら、ということですが」

四〇歳を超えた者に異論はない。彼らはこうした医学的勝利がなければ生きていないかもしれないからだ。おそらく、不平を言う者はほかにもいないだろう。したがって、人類の適正人口をめぐるいかなる議論も、最善の医療を前提としなければならない。人口を制限するために医療水準を引き下げるという考えは、選択的な間引《まび》きによって人口を減らすことと同じく受け入れがたい。

しかし、だからといって、医学のいっそうの進歩の結果として起こる倫理的議論が片づくわけではない。現代の最大の難問のいずれか——たとえばマラリアやＨＩＶの治療法の発見——がうまく解決されれば、人口調査の数字は跳ね上がるはずだ。マラリアだけでも三〇秒に一人の子供が亡くなっている。子供がマラリアで命を落とすことがなくなれば、彼らは生き延びてより多くの子供をつくり、その子供たちもはやマラリアで死ぬことはない。人間の数を抑制するためだけにマラリア撲滅に反対するのは、良心に照らして受け入れがたいことだろう。そのため、マラリアやＨＩＶ研究への資金提供者は——人間の数の影響によって人間生活の生態学的基盤そのものが脅かされないように——家族計画にも資金を提供する道徳的義務を負うかどうかが問題となる。

これまでのところ、人間の絶滅を防止するワクチンはないのだ。

## 2　華やかで新たな豊饒《ほうじょう》

前世紀に人類が突如として急増したもう一つの理由は、前例のない食糧供給の増加だった。地球上のあらゆる人間を養えることの道徳的な意味は、またしても単純なものに思える。ところが、こちらは少しばかり厄介な問題だ。それが引き起こすパラドックスは、人口の幾何級数的な倍増の予期せぬ結果と同じく、当初から直観に反するように感じられるのだ。

人口の増加は、労働集約的なヨーロッパの産業革命の成功にとってきわめて重要だった。だが同時に、その人口を養うために、ヨーロッパはかつてない量の食糧を生産せざるをえなくなった。ドイツ人化学者のユストゥス・フォン・リービヒは、そのために二つの貢献をなしたとされている——一つは巨大な貢献、もう一つは歴史的な貢献だ。前者は世界初の調製粉乳の開発である。フォン・リービヒのつくりだしたものが、彼が主張したように、栄養的に母乳と等価かどうかはいまだに激しい論争の的だ。にもかかわらず、彼の発明のおかげで、多くの母親がいつまでも母乳を与えつづけるという骨の折れる仕事から解放され、赤ん坊は早期に離乳しても生き延びられるようになった。また、乳が分泌されると排卵を抑制する傾向のあるホルモンが放出されるため、授乳が減った結果、妊娠がさらに増えたのである。

ユストゥス・フォン・リービヒによる第二の歴史的な発見は、リン、カリウムと並んで窒素が、植物にとって必須の栄養素の一つだということだった。彼は化学肥料の発明者と見なされているが、こんにち利用されている人工窒素肥料には貢献していない。人工窒素肥料はおそらく、近代史において人間活動の道筋を変えたイノヴェーションとしては、自動車やコンピューターを超えるものだろう。それが世に現れるのはまだ先のことだった。フォン・リービヒの時代、商業用の窒素肥料には主として海鳥やコウモリの糞《ふん》が使われていた。とりわけ貴重だったのはペルー沖の島々でとれる鳥糞石《グアノ》だった。そこでは、巨大な群れをなす栄養豊富なカタクチイワシを餌とする鵜《う》、ペリカン、カツオドリが、一五〇フィート（約四五メートル）もの厚さの白い糞の層を堆積させていた。一九世紀には、ガレオン船［訳注：貿易用の大型帆船］や蒸気船が二〇〇〇万トンを超えるグアノを、ホーン岬を回ってヨーロッパへと運んでいたのだ。

フォン・リービヒは自分の発見の特許取得を怠っていたため、それによるもうけはほとんど得られなかった。のちに、ネスレをはじめとするライバルが手にした富に悔しい思いをしたものの、フォン・リービヒは最後の一つの発明に関する権利は確保した。人間の栄養摂取に貢献したかどうかには異論もあるその発明とは、固形のビーフ・ブイヨンだった。

本質的な栄養素である窒素は比較的不活性なガスなので、水素とは違い、その多くが遊離状態で大気中に漂っている。実際、われわれが呼吸する空気の四分の三以上は純粋な窒素だ。人間の肺のなかには窒素と化学的に結合するものがないので、われわれは害を受けずにそれを吐き出せる。自然界全体で見ても、空気中の窒素を固定できる――すなわち、吸収し、非ガス形態、たとえば植物の栄養になるアンモニアに化学的に変換できる――のは一つの族の酵素だけだ。こうした酵素を持つバクテリアの宿主となるごく一部の植物が、その見返りに、根にできた根粒から栄養を受け取るのだ。

そうした植物は主にマメ科植物だ。たとえば、レンズマメ、ビーン、クローヴァー、ダイズ、エンドウ、ムラサキウマゴヤシ、アラビアゴムノキ、ピーナッツなどである。合成肥料ができるまでは、共生関係にある植物とバクテリアのこうしたペアが土壌中の主な窒素源であり、地球が生み出せる植物の総量を制限していた。事実上、成育する緑の植物はマメ科の植物が固定した窒素を利用していたのだ。そのため、農夫は昔から穀物とマメ類を交互に栽培したり、一緒に育てたり（たとえばラテンアメリカにおけるトウモロコシとビーン）、窒素の豊富なクローヴァーのような被覆作物を農地に鋤《す》き込んで窒素を補充したりした。

ユストゥス・フォン・リービヒはいまや、地球の反対側から運ばれてくる肥料の素にさらに窒素を添加していたが、その肥料も天然資源を基にしているため、生物的食物連鎖の制限を受けていた。二〇世紀の初めには、ペルー諸島の容易に採取できる鳥の糞はすでに枯渇し、新たなグアノの生成も人間の赤ん坊の誕生には追いつかなかった。次に開発されるべき窒素源は硝石《しょうせき》だった。すなわち、カリフォルニア州のデスヴァレーやチリのアタカマ砂漠といった極度に乾燥した環境でのみ大量に産出される硝酸ナトリウムの結晶だ。その後、一九一三年に、農業技術は自然の天井を突き破った。これもまたドイツ人のフリッツ・ハーバーとカール・ボッシュが、空気中の窒素を捕らえ、フォン・リービヒが想像もしなかった量を植物に与える方法を考え出したのだ。二人はそれぞれ、ハーバー・ボッシュ法として有名になる技法への貢献によって、ノーベル賞を授与された。ハーバー・ボッシュ法は世界を別の場所に変えた。

一八六八年、フリッツ・ハーバーは、プロイセンのユダヤ教ハシド派の商人の家に生まれ、ロベルト・ブンゼンの下で化学を学んだ。ブンゼンは、その名を冠したブンゼン・バーナーによって、研究室における研究を大きく向上させた人物だ。一九〇五年、カールスルーエ大学で教壇に立ち、熱力学を研究していたとき、ハーバーは摂氏一〇〇〇度で鉄触媒に窒素と水素を通すと、少量のアンモニアが生産できることを発見した。のちには、高圧を加えることによって半分の温度でそれを実現した。

ハーバーが自分の発見を公表したあとで、その技法の権利を取得したのがドイツの染料メーカー、BASFだった。BASFは若きエンジニアのカール・ボッシュに、研究室におけるハーバーのアンモニア実験を産業規模にまでスケールアップする仕事を任せた。ボッシュは四年を費やし、高圧でも爆発しない二重管、純度を高めた鉄触媒、高温高圧の両方に対応できる溶鉱炉を設計した。

一九一三年、BASFは最初のアンモニア合成プラントを稼働させた。アンモニアは窒素肥料である硫酸アンモニウムの原料だった。かつての染料メーカーはいまやまったく新しいビジネス、農産業を手がけていた。数年のうちに、BASFの新たな人工栄養素はすでに歴史的偉業を成し遂げつつあった。第一次世界大戦中、連合国による封鎖のせいでドイツがチリ硝石を入手できなくなった際のことだ。ドイツはいまや自給自足を続けられたばかりでない。硝酸アンモニウムは合成硝石に転換できたため、BASFはそれを使ってただちに火薬や爆薬の製造に取りかかったのだ。ハーバー・ボッシュ法がなければ、第一次世界大戦ははるかに短期間で終わっていたことだろう。

フリッツ・ハーバーによる肥料合成法の発見はきわめて偉大な業績だったから、ノーベル化学賞の受賞は当然だったはずだ。ところが、第一次世界大戦が終わった一九一八年になると、異論が巻き起こった。ハーバーは戦時中、敵の塹壕《ざんごう》を化学兵器で攻撃するよう最初に提案し、次いでそれを指揮したことでドイツ軍の大尉に任官していた。化学者でもあった彼の妻は、ハーバーが塩素ガスやマスタードガスによる攻撃に責任があると知って、自殺した（のちに、化学者だった息子も同じ理由で命を絶つことになる）。

農芸化学の発展に貢献し、悪しき目的へも転用されたハーバーの才覚は、そこで枯れてしまったわけではない。穀物の貯蔵用につくったシアン系薫蒸《くんじょう》殺虫剤のチクロンAは、のちにナチスの化学者によっていっそう強力なチクロンBへと精製され、絶滅収容所で使われた。ハーバーはユダヤ人として生まれたものの、自分の発明の直接の犠牲者とはならなかった。学生時代にルター派に改宗していたこと、また軍へ多大な貢献をしていたこともあり、一九三三年、彼の研究所の一二人のユダヤ人の仕事を奪ったナチス新政権の命令も、ハーバーには適用されないことが保証された。同僚の解雇に抗議して研究所を退職したとき、ハーバーは残された選択肢が亡命しかないことに気づいて愕然《がくぜん》とした。自分の才能を化学戦争に活用して良心の呵責《かしやく》を感じなかった愛国者ではあったが、ドイツ国外では失意の人になった。一年足らずのち、ハーバーはパレスチナへ向かう途中で世を去った。シオニストでやがてイスラエル大統領になるハイム・ヴァイツマンの招きで、現在その名が冠されているヴァイツマン科学研究所のトップに就くことになっていたのだ。

カール・ボッシュは、BASFを買収したコングロマリットのIG・ファルベンの役員に任命され、ドイツでも有数の実業家となった。一九三一年にボッシュ自身が受けたノーベル賞は、高圧化学における業績に対するものだった。その一つが、水素を製造するために天然ガスの水蒸気改質を発明したことだった。第三帝国［訳注：ナチス統治下のドイツ］に危惧を感じ、あるときボッシュは、ドイツをふたたび戦争に導くことを思いとどまらせようとヒトラーに会った。だがヒトラー総統は考えを改めるどころか、IG・ファルベンからボッシュを追い出すよう仕組んだだけだった。IG・ファルベンはのちにチクロンBを製造することになる。落胆したボッシュはアルコールにおぼれ、一九四〇年に世を去った。

ハーバーとボッシュの業績がひどく長引かせることになった二つの戦争のあいだに、彼らの肥料合成法は世界中に広まり、やがて農業に革命をもたらした。人工肥料をつくるには高温高圧が必要だ。つまり、相当なエネルギーを投入しなければならない（現時点では世界の総エネルギーの一パーセント）。水素成分を得るために天然ガスも必要となるから、二重の意味で化石燃料に依存している。したがって、人工的に固定された窒素の供給は、化石燃料の供給が続くあいだしか維持できない。だが、化石燃料が手に入るかぎり、人工的に固定された窒素は、自然が供給できる植物栄養素の量をほぼ二倍にする。それがなければ、われわれの半分近くは存在できなかったはずだ。

人工的な窒素肥料が広く利用できるようになる以前、世界の人口はおよそ二〇億人だった。そうした肥料がもはや使えなくなった——あるいはその使用をやめることにした——場合、われわれの人口は自然にその程度の数へと落ち込んでいくのかもしれない。

## 3　飢餓

一九五四年八月、二九歳のビル・ワッソンは、神の存在を再確認した。アリゾナ州フェニックスの敬虔で慈悲深いカトリックの家庭で育った彼に、それを疑う理由はまったくなかった——宣教師になろうと準備していた神学校での最終学年に、ベネディクト修道会から除籍されるまでは。甲状腺《こうじょうせん》の半分を除去する緊急手術を受けたため、聖職者は体力的に無理と判断されたのだ。

ワッソンは打ちひしがれて故郷へ戻った。家族はひどく沈み込んだ息子を説得し、大学院に進学させた。ワッソンは法律と社会学の修士号を得たが、相変わらず痩《や》せすぎで、ふさぎ込んだままだった。あるとき、メキシコでの休暇中に病気がぶり返し、あわや悲惨な事態になりかけた。だがそれも、メキシコシティのある医師によって、常用している甲状腺薬を知らず知らずに飲み過ぎていると診断されるまでのことだった。突然、ワッソンは過去数年間になかったほど気分が良くなった。信頼できる医師に出会えたことに感謝して、ワッソンはメキシコにとどまると、アメリカズ大学で心理学と犯罪学を教えることにした。

それでもワッソンは、貧しい人々に尽くす司祭になる夢を失ったことを悲しんでいた。彼はついに、カトリックの司祭でもある精神分析医のもとを訪れた。「あなたは頭がおかしいわけではありません」と、医師はワッソンに告げた。精神療法を施す代わりに医師が下した処方は、メキシコシティから南に一時間の町、クエルナバカの新任司教と面談するというものだった。セルジオ・メンデス・アルセオ司教は、赴任して一年目の一九五三年、街頭音楽《マリアッチ》団を大聖堂の日曜ミサに参加させたことで、すでに富裕な教区民を憤慨させ、貧しい人々から慕われていた。ひょろりとした金髪のアメリカ人を二時間にわたり質問攻めにしたあとで、アルセオ司教はワッソンに準備を整えるよう告げた。「四カ月のうちに、あなたを司祭に任命しよう」

司教はワッソンをクエルナバカ市場《いちば》にある教会、テペタテスの担当とした。ワッソンはそこが大いに気に入った。彼は自分の宿舎の半分を無料診療所と無料食堂に変えた。慈善箱の金をくすねた泥棒がホームレスのみなし児だとわかると、警察がその子を投獄することに反対した。「あの子は犯罪者ではありません。空腹なだけです」

代わりに、彼はその少年を引き取った。翌日、ドアをノックする者がいた。警官だった。留置場から八人のみなし児を連れて来ていた。「罪のない浮浪児だとお考えなら、この子たちもお願いします」

ワッソンは大急ぎで準備に取りかかった。その晩には、全員が眠れる、空き家になったビール倉庫を見つけていた。噂《うわさ》はすぐに広まった。白人の司祭が身寄りのない少年を引き取っている、と。一カ月足らずで三〇人、三カ月足らずで八三人が集まった。これほど大勢のみなし児がいるのかと、ワッソンは驚いた。彼は一人残らずみなし児を見つけ出したいと思った。

一九五四年、メキシコの人口は二五〇〇万人を超えたところだった。メキシコの人口は地球の人口の二倍の速さで急増しており、半世紀後には四倍を超えてしまいそうだった。ワッソンはやがて、少年たちの多くに一〇人を超えるきょうだいがいることを知った。カサス・チカスと呼ばれる家に住む異父母きょうだい——父親と一緒に暮らす家族——を含めれば、二〇人を超える者もいた。たいていは大勢の子供を一人で育てることに疲れ果てて母親が亡くなると、父親は姿をくらますことが多かった。

ある晩、ワッソンが戻ると少年たちがラジオを囲み、ベラクルスのハリケーンのニュースに耳を傾けていた。みなし児になった子供たちが水浸しになった町をさまよっているという。「神父さま、この子たちを助けて」と、彼らはせがんだ。

少年たちは寄付された食料を食べ、床に毛布を敷いて暮らしていた。「マメもトルティーヤも毛布も、自分たちの分だけで精いっぱいだろう——」と、ワッソンは反論しはじめた。だが、子供たちはもう決めていた。「みんなで分けあうよ」

ワッソンはさらに三〇人を連れて戻ってきた。幸いなことに、ワッソンがやっていることを知った人々ばかりか、すべての子供を引き取りつづけるのは無理だと忠告してくれた人々も、ワッソンが無視しているあいだに、食料や資金の調達を支援してくれていた。破壊されたメキシコ湾岸から新しく来た少年の何人かが、残してきた兄弟のことを心配しているのに気づき、ワッソンは彼らを見つけに戻った。少年たちには姉や妹もいたから、ワッソンの女性秘書が仕事を辞めて彼を手伝いはじめたときには、家族は二〇〇人近くになっていた。

一九七五年までに、ヌエストロス・ペケニョス・エルマノス（われらの幼き兄弟姉妹）の収容人数は一二〇〇人に達し、世界最大の孤児院になっていた。メキシコシティは世界最大の都市であり、六〇〇〇万の人口を擁するメキシコは地上最速で人口が増えている国だった。あまりに速く増えていたため、政府はその年、カトリック教会を無視して全国的な家族計画プログラムを開始したほどだ。まもなく、ラバにまたがった者たちが山を登り、谷を下るようになった。彼らのポリスチレン製の鞍袋《くらぶくろ》には、コンドームや経口避妊薬――またポリオとジフテリア・百日咳《ひゃくにちぜき》・破傷風の混合ワクチン――が入っていた。女性たちは、命を奪いかねない病気の予防接種を生きている子供に受けさせられるかぎり、経口避妊薬をもらいに村の診療所まではるばる歩いて来るのを厭《いと》わなかった。

一〇年足らずのうちに、メキシコの人口の倍加速度は、一五年ごとから二四年ごとに低下した。それが低下しつづけなかったら、理論的には、二二世紀までにメキシコ人は一〇億人に達していたかもしれない。もっとも、それは物理的に不可能な数字であり、そこにいたるはるか以前に、環境も、メキシコ人を締め出すために北の隣人が設けるはずの障壁も破壊されてしまったことだろう。こんにち、メキシコの平均的家庭の子供の数は二・二人にすぎない。ほぼ人口を維持できる出生率だ。そうだとしても、すでに生まれている人々が自身の子供をつくるため、人口増加のまったくの惰性によって、メキシコの人口は今後数十年にわたって増えつづけるのだ。

ビル・ワッソン神父はすでに、養い切れないほどの子供を抱えていた。大半の時間、彼は本来の職務を離れると、子供たちを食べさせ、服を着せ、学校に行かせるための資金集めに奔走した。一九七〇年代末、ワッソンはクエルナバカの南に位置する、寄付されたかつてのサトウキビ大農場《アシエンダ》へ大所帯を引っ越しさせた。そこは、一九一〇年のメキシコ革命の際にエミリアーノ・サパタの軍隊が獲得した土地だった。計画では、子供たち全員を養えるだけのトウモロコシ、マメ、野菜を栽培することになっていた。スペイン語の頭文字を取ってCIMMYT[2]と呼ばれる国際コムギ・トウモロコシ改良センターを退職したばかりのエドウィン・ヴェルハウゼン博士が、一肌脱ごうと事業に加わった。メキシコシティの北東、有名なテオティワカンのピラミッドの近くにロックフェラー財団によって設立されたCIMMYTは、現在ではいわゆる緑の革命の発祥地と見なされている。その所長を務めた故ノーマン・ボーローグ博士は、病気に強く収穫の多い矮性《わいせい》コムギを開発したことでノーベル平和賞を授与された（矮性にしたのは、普通のコムギだと、ボーローグが遺伝子的に選別した品種が実らせる豊富な穀粒の重みで倒れてしまうからだ）。

(2) スペイン語の表記は Centro Internacional de Mejoramiento de Maíz y Trigo。

エドウィン・ヴェルハウゼンはCIMMYTに所属するトウモロコシ栽培の専門家だった。彼が開発した高リシン・トウモロコシの品種は、ヌエストロス・ペケニョス・エルマノスの子供たちが毎食食べるトルティーヤのたんぱく質レベルを大幅に向上させることになった。背が高く、痩せており、麦わらのソンブレロをかぶって眼鏡をかけたヴェルハウゼンは、数百もの白い麻袋を積んだトレーラートラックでやってきた。寄付された種子が入った袋もあれば、硝酸アンモニウムや尿素、つまり窒素肥料が入った袋もあった。残りの袋には殺虫剤や防カビ剤が入っていた。というのも、緑の革命による研究室育ちの交配種は、速やかな世代交代を重ねて一定の好ましい特質を強化されていたが、各種の害虫に対する抵抗力を失ってしまっていたからだ。こうした抵抗力は、メキシコ原産のトウモロコシなどの穀物が数千年にわたる進化を通じて獲得したものだった。

そのころには、ワッソン神父は大勢のスタッフを抱えていた。この施設で育った多くの子供たちもそこに含まれており、ヌエストロス・ペケニョス・エルマノスの次の世代の育成・教育を手伝っていた。一部には毒性もあるこれらの化学薬品が出てきたことで、子供たちや寄付された大農場の土壌への潜在的脅威をめぐって議論が起きた。もう一つの懸念はコストだった。このトラックいっぱいの荷は寄贈品だったが、孤児院の設立から四半世紀を経たいま、慈善行為が永久に続くことはまずないこともわかっていた。

議論はすぐに終わった。食べさせねばならない子供が多すぎた。心配は後回しにすることにしたのだ。

メキシコシティからCIMMYTへ向から二五マイル（約四〇キロメートル）のドライブの途中、高速道路は驚くような場所をしばし通り過ぎる。空き地だ。その荒涼とした塩性沼沢はテスココ湖の名残《なごり》である。テスココ湖は、エルナン・コルテス率いるスペイン軍が初めて目にしたときには、中央メキシコのこの高原の盆地いっぱいに広がる五つの湖のなかで最大のものだった。アステカ王国のテノチティトランという首都はその湖の島の一つにあり、土を盛り上げた土手道で岸とつながっていた。スペイン人はこの地を征服すると、湖を干拓した。やがて、この盆地はふたたび満たされ、あふれかえった——人によって。現在、二四〇〇万の人々が、地上有数の広大で切れ目のないコンクリートとアスファルトの上で暮らしている。この地域にはメキシコの「連邦区（メキシコシティ）」と周囲の五つの州の一部が含まれている。水をくみ上げすぎた帯水層の上にある都市は、まさにみずからの重みでひどく沈下し、下水溝はもはや外部に流れていない。特に、雨が降るとメキシコシティはみずからの廃水で溺死するおそれがあるため、世界最長の下水管の設置が必要となっている。それは直径二三フィート（約七メートル）、全長三七マイル（約六〇キロメートル）のトンネルで、五〇〇フィート（約一五二メートル）近くを下って下流の谷へ排水するのだ。

乾燥した湖底の灰色の有刺低木林と、自動車の残骸だけでできたいくつかの小高い丘を通過すると、ふたたび都会の景色が現れる。やがて道は、農業研究センターを取り囲むコムギとトウモロコシの畑に達する。入り口近くの看板に、二〇〇九年に九五歳で亡くなったノーマン・ボーローグの姿がある。カーキ色のシャツにズボンといういでたちで、ノートを手に、腰までの高さの矮性コムギのなかに立っている。CIMMYTの緑と白のロゴの上部には、ボーローグの受けた数々の国際的な賞が記されている。一九七〇年のノーベル平和賞もその一つだ。ボーローグと彼のチームが、メキシコで開発した交配種をインドとパキスタンで試験的に栽培したのは、そのわずか五年前のことだった。インドとパキスタンは合衆国から大量の穀物を輸入していたにもかかわらず、飢饉《ききん》に陥りつつあった。一九七〇年までに両国の収穫は倍増し、目前に迫っていた惨事は回避された。緑の革命が生んだ作物と栽培技術は世界中に広がりはじめた。二〇〇七年、合衆国は、歴史上の誰よりも多くの人命を救った功績で、ボーローグに議会名誉黄金勲章を贈った。

ボーローグはまた、トマス・ロバート・マルサスによる重苦しい予言を葬ったとして広く称賛されてもいる。イギリスの経済学者にして教区司祭だったマルサスは、一七九八年の代表作『人口論』(斉藤悦則訳、光文社ほか)において、人口は食料の供給力をつねに上回る速度で増加すると警告した。つまり、大衆は困窮する運命から逃れられないと、マルサスは結論したのだ。急増する人間の数で、分配されるわずかなパイをさらに割ることになるからである。多くの科学者がマルサスの研究からじかに影響を受けた。最も明白なのがチャールズ・ダーウィンだ。しかし、ほとんどの経済学者は、成長——マルサスの時代には特に労働力の成長——にまるでいいところがないというマルサスの提言を鼻で笑った。マルサスの見解は本質的に陰鬱《いんうつ》で、世界に命を増やしたいという自然の欲求に反するように思えるため、その学術的な論文はあまねく悪評を被ることになった。二世紀あまりが過ぎても、不安をかき立てる力と悪評は衰えず、彼の名は通常は軽蔑的ニュアンスを含む言葉「マルサス主義者」に残されている。

一九六八年、マルサスの不吉な警告は、スタンフォード大学の生態学者、ポール・エーリックの著書『人口爆弾』（宮川毅訳、河出書房新社、一九七四年）によってよみがえった。そのときまでに、世界の人口は三五億人に達していた――現在の半分である。チョウの個体群動態を研究した昆虫学者のエーリックは、妻であり共同研究者でもあるアンとインドへ旅したあとで、人口についての講義や執筆を始めた。二人の著書では、広範な飢饉とそれにともなう災害が一九七〇年代に始まると予言されていた。

『人口爆弾』が刊行された年は、人類が初めて、地表をはるかに離れて振り返り、地球の写真を撮った年でもあった。アポロ八号の宇宙飛行士ビル・アンダーズが撮影した月の地平線の向こうにのぼる地球は、周囲の暗黒の虚空と比べて生気に満ちていた。この写真をきっかけに、『沈黙の春』（青木簗一訳、新潮社、一九七四年）――レイチェル・カーソンが一六年前に著し、大きな影響を及ぼした殺虫剤をめぐる著作――以降くすぶっていた大衆的な環境運動が燃え上がることになった。翌年、国連は世界初の「アース・デー（地球の日）」を宣

(3) アン・エーリックは、出版社の判断により『人口爆弾』の共著者として名前を挙げられてはいない。その後の多くの著作や論文は、ポールとアンの連名で発表されている。

言した。一九七〇年までに、アース・デーは世界的な運動になった。

エーリックの著作のおかげで、人口問題は殺虫剤、環境汚染と並んで環境問題の目玉になった。『人口爆弾』は数百万部売れた。ポール・エーリックは合衆国で有名人になり、『ザ・トゥナイト・ショー・スターリング・ジョニー・カーソン』［訳注：NBCで放送されていた人気深夜トーク番組］に二〇回を超える出演を果たした。マルサスの名前と同じく、エーリックの著書のタイトルは多くの言語の日常表現に入り込み、いまだに使われている——一刻を争う問題だという主張が間違いらしいとわかったあとも。エーリックの著書で予想された、数億人のアジア人が一〇年足らずで死ぬという飢饉は起こらなかった。エーリック夫妻は、ノーマン・ボーローグの驚くべき緑の革命によって、世界の食糧供給が増大するなどとは予想していなかったのだ。

その後数十年のあいだ、エーリックとボーローグの名前は、概してエーリックをけなす人々によって決まって結びつけられた。デューク大学の工学教授、ダニエル・ヴァレロは『エンジニアのための生物医学倫理（*Biomedical Ethics for Engineers*）』という二〇〇七年版の教科書でこう書いている。「エーリックは『人類を食べさせるための戦いは決着がついている』と思い込んでいた。インドは一九八〇年までに増加する二億人の人々に食糧を供給できないと、彼は主張した」「エーリックは間違っていた——ノーマン・ボーローグをはじめとする生物工学者のおかげだ」。これはよく見られる「野次」だった。悲観論者のエーリックがインドやパキスタンの飢餓を予言していたとき、ボーローグは一九七〇年代半ばまでに両国がコムギを自給自足できるようにしつつあったというのだ。

「技術的楽観主義」に基づいて、ヴァレロはこう付け加えた。「エンジニアたちは、これ（すなわち、ボーローグによるエーリックの予想の無効化）を達成する方法を見つけ出し、マルサス主義者の予想曲線をぶち壊したのだ」。これは典型的な結論だった。さらに数百万人が食べ、生きられるようにすることで、ノーマン・ボーローグは、エーリックとマルサスによる過剰人口の恐怖をあおる言説の誤りを証明したというのだ。

　しかし、ボーローグ自身はその結論に与《くみ》しなかった。彼のノーベル平和賞受賞講演の締めくくりは、勝利ではなく警告の言葉だった。

> ……われわれは二つの対立する力、すなわち、食糧生産という科学の力と人間の生殖という生物の力に対処しようとしています。人間は近年、これら二つの競合する力を支配する潜在能力を驚くほど向上させました。科学、発明、テクノロジーが与えてくれた材料や方法によって、食糧の供給量をかなり、ときには目を見張るほど増やせるようになったのです……人間はまた、生殖率を効果的かつ人道的に低下させる手段を手にしました。人間はみずからの力を使って、食糧の生産効率と生産量を増大させています。しかし、依然として、人間の生殖率を下げるために持てる力を十分に活用してはいません……
> ……。

　食糧増産のために奮闘する機関と、人口抑制のために奮闘する機関が一致団結するまで、飢えとの闘いで永久に優位に立ちつづけることはできないのです。

ボーローグがしばしば口にしたように、緑の革命の本質は、人口問題を解決するための一世代か二世代を世界にもたらしたことにある。晩年のボーローグは、自分の業績が世界の人口調査に付け加えた数百万人に食糧を供給すべく農作物の研究を続けた一方で、人口問題にかかわるいくつかの機関の役員として活動したのである。

## 4　二世代後

二階建てのCIMMYT本部ビルにある、ノーマン・ボーローグの広々としたかつてのオフィスの片隅で、ハンス・ヨアヒム・ブラウンは硬材製の会議テーブルの縁に腰掛け、デルのノートパソコン上でパワーポイントのスライドを探している。ブラウンはパソコンをマシュー・レノルズの前に置く。画面にはこんな文章が表示されている。「この先の五〇年で、人類の歴史全体を通じて消費されたのと同じ量の食糧を生産する必要がある」

レノルズはうなずく。議論の余地はない。

ブラウンはこのオフィスとともに、CIMMYT世界コムギプログラム・ディレクターというボーローグの肩書も受け継いでいた。同僚のレノルズは、遺伝学者、生化学者、穀物栽培者、彼自身と同じ植物生理学者からなる国際的なコンソーシアムを統括し、膨張する人口が胃に収めるスピードよりも速くコムギの収穫量を増やそうと奮闘している。ボーローグの半矮性コムギは飛躍的な増産を実現し、収穫量を六倍まで増やした。だがその後、増産率は急落し、年間一パーセントを切っている。一方、世界の人口はそれをしのぐスピードでなおも増えつづけ、近い将来ピークに達することはない。二一世紀の最初の一〇年のうち七年は、コムギの消費量が生産量を上回った。後れを取らないようにするには、二〇二〇年まで、どうにかして年率一・六パーセントで収穫量を増やさなければならないと、彼らは見積もっている。

それを達成するにはどうすればいいのだろうか？　さらに森林を伐採するわけにはいかない――木がなくなれば水もなくなるというのが唯一の理由だとしても。ブラウンは国連で最近開かれた会議にまだ腹の虫が治まらない。「われわれは地球温暖化を話題にし、あらゆる問題を話題にしますが、根本的な最大の問題、つまり人口の増加には一度も触れられなかったのです」。灰色のひげを蓄えた顎をしゃくって、彼はノートパソコンを示す。

さまざまな問題は相互に関連している。たいていの農作物と同じく、コムギも温度に敏感だ。農学者の計算によると、温度が摂氏一度上がるごとに、地球の腹部に当たる高温地域でコムギの収穫量は一〇パーセント落ちる。多くの農学者（また経済学者）は期待を込めて、地球温暖化によって冷涼地域の収穫量が増えるかもしれないと推測していた。しかし、最近ヨーロッパとロシアを熱波が襲った際、収穫量は三〇パーセントを超えて減少したのだ。温度上昇にともなって間違いなく増加する唯一のものは、農作物を食い荒らす昆虫の数である。

ブラウンもレノルズも意見が一致しているように、気温が上昇しているのは、燃料を燃やし、そうしてつくった食物を食べる人々が増えているからだ。人の数が増えているのは、手に入る食物が増えているからだ。緑の革命の二つの最大の成功物語は、その幸運のせいで窒息してしまう危険がある。二〇二五年になる前に、インドは中国を抜いて世界最多の人口を抱える国になる。パキスタンでは現在、地球上でも有数の速度で人口が増えており、一九七〇年から三倍の一億八七〇〇万人になっている。それに見合うだけの、とりわけ数百万人のいら立つ若者の仕事を生み出せないせいで、パキスタンは世界で最も不安定な国の一つである――さらに、あいにく核保有国だ。

しかし、ただ人口が増えているだけではない。逆説的だが、食糧の生産が増強された結果、地球上には飢えた人々がかつてないほど増えているのだ。その数は約一〇億人に及ぶ。農業技術のおかげで、栄養失調の人々の割合は低下してきた。しかし、マルサスの予言が無気味にこだますするなか、生き延びて子供を産む人の数が、食物が食卓に達するペースを上回りつづけているのだ。

ノーマン・ボーローグは一九九七年にこう語っている。「収穫量が増えつづけることは確信しているが、莫大な人口を養えるところまで増えるかどうかは別問題だ。農業生産性の向上がきわめて堅調に維持されないかぎり、次の世紀に人間は悲惨な事態に直面するはずだ。それは、数字の上では、過去に起こった最悪の事態を上回るものとなるだろう」

ボーローグの後継者たちが迅速に手を打てなければ、世界中の飢えた人々は数においても割合においても増大し、彼らのいら立ちも募る。しかし、試せる策はあまり残されていない。「月に達することは工学的な問題です」と、ブラウンは言う。「この先の四〇年間に必要となる食糧を生産することは、はるかに複雑な問題です。解決するには、アポロ計画に投じられたより多くの投資が必要になります。全部でいくらかかるかもわかりません」

彼らがとりわけ懸念しているのは、コムギに対する研究費が不十分なことだという。彼らによれば、コメやトウモロコシより高たんぱくなコムギは、最も重要な食用作物だ。研究費が不十分なのは、トウモロコシと違ってコムギは自家受粉するため、農民が収穫した種子を次の植え付けに利用できるためだ。「トウモロコシには五倍もの資金が投じられました」と、レノルズは語る。「というのも、農民はトウモロコシの種子を毎年買わなければならないからです。コムギの場合は、同じ種子を取っておきます。つまり、食糧安全保障の問題ではないのです。金もうけの問題なのです！」。レノルズは机をこぶしでどんと叩いた。「食糧安全保障を真剣に考えているなら、コムギとトウモロコシの研究費はもっと近づくはずではないでしょうか？」

農業を推進するインセンティヴが食糧の供給ではなく金もうけなのかと思うと、レノルズは腹が立って仕方がない。彼は立ち上がると、ゆっくり窓へ近づいていく。レノルズもブラウンも、この施設でキャリアを積んできた。ボーローグ博士と並んで仕事をし、共同で論文を書いた。ノーベル平和賞受賞者であっても、人間の文明を始動させ、それがいまなお依存している正真正銘の生命の糧について研究を続けるための資金は、きわめて乏しい。一二月の茶色の畑を見つめながら、レノルズはフリースのベストをかき合わせる。交配種トウモロコシを試験的に植えた畝《うね》のそれぞれに、複雑な交配系統を説明する看板が立てられている。その畝の向こうでは、青いCIMMYTの帽子をかぶった一二人ほどのメキシコ人大学院生が、環境への最少の負荷でより多くの食糧を生産する環境保全型農業の実験を評価している。

ここで保全されているのは土地の肥沃度と、おそらくは大気だろう。つまり、これは近年のトレンドである不耕起《ふこうき》栽培のCIMMYT版だ。通常、農民は収穫後に有機廃棄物を燃やしたり、家畜に食べさせたりしたあと、土地を鋤《すき》で耕し、馬鍬《ハロー》でならす。雑草の種を取り除き、肥料を混ぜ込み、種まきに備えて土をほぐすためだ。その手段が鍬であれ、役畜であれ、トラクターであれ、作業には時間がかかるし――たいていは一週間以上――エネルギーも要る。また、ミミズ、昆虫、バクテリアなどがつくりだした土壌構造も壊れてしまう。

しかし、鋤を使わなければ土壌とその生物活性は元のままだ。収穫後の残存物をその場に残せば、栄養を含んだ保水性のあるスポンジのようになる。理論的には、不耕起栽培では二酸化炭素は大地に結びついたままだ。

CIMMYTの三二枚の不耕起栽培の試験区画で、学生たちは水分、作物の生育状態、雑草、ミミズ、マメの輪作による追加的利益、温室効果ガスの排気を測定する。残念ながら、炭素保持効果は十分には証明されていないが、トラクターの燃料が節約されるのは明らかだ。雑草の防除はもう一つの頭痛の種である。耕さないことで、より多くの除草剤が必要となるためだ。しかし、自然の状態と同じように、このシステムの生産性はきわめて高い。直前の収穫後の落葉落枝を貫くために開発された道具で種をまいた畝のコムギは、昔ながらに鋤できちんと耕され管理された畝の二倍も青々としている。しかし、これは有機耕作ではない。使用される道具は――手で操作するものも、機械化されたものもあるが――土壌に窒素肥料も注入する。学生たちの計算によれば、不耕起の効果はあるが、十分とは言えない。養うべき人々はあまりにも多く、世界のカロリーの半分は穀物から摂取されるので、化学物質を使った穀物を無理に食べさせつづけることなく世界の混沌《こんとん》を回避する方法は、CIMMYTにもわからないのだ。

成果を生むかもしれない一つの魔法――それは、マシュー・レノルズが統括する世界的コンソーシアムがそのための資金を必要としている技術でもある――は、植物がまず初めに空気と日光をバイオマスに変える方法、つまり光合成を加速することだろう。光合成のある程度の増進は、物理学的に想像をめぐらせれば簡単に実現できるかもしれない。レノルズのもとには一人の中国人数学者がいて、コムギ畑のなかで光が跳ね返る様子を研究している。「林冠《りんかん》では」と、彼は説明する。「下層の葉に届く光は、十分な陽光のもとで葉が受ける光とはまったく違います。それらの葉が獲得する窒素の量も違います。畑というのはそうした林冠の小宇宙です――それについて理解が深まれば、光と窒素をより適切に配分するだけで、光合成の効率を改善できます」

しかし、できることは限られている。ボーローグの改良コムギはすでに、受け取る太陽エネルギーの九〇パーセントを取り込んでいる。唯一残されているのはルビスコ(4)――大気中の二酸化炭素を実際にセルロース、リグニン、糖類に変える酵素——の応用を研究することだ。ルビスコは、本質的に、すべての動植物の生命の基盤である。その炭素固定能力を高めるには、遺伝子組み換えが必要だろう。

光合成のメカニズムに関して、コムギとイネはC３植物——取り込んだ二酸化炭素から形成される最初の基本要素である炭化水素分子が、三つの炭素原子を持つという意味——として知られている。遅れて進化したトウモロコシやモロコシはC４植物だ。ＣＩＭＭＹＴの姉妹研究機関であるフィリピンの国際イネ研究所（ＩＲＲＩ）では、植物遺伝学者が、イネの葉の細胞構造を配列し直すことによってイネをC３植物からC４植物へ格上げしようと試みている。これにより、光合成の効率が最大五〇パーセント向上する可能性がある。成功すれば、同じ手法がコムギにも使えるのではないかとＣＩＭＭＹＴは期待している。しかしＩＲＲＩの科学者たちは、商業ベースに乗るC４イネが生産できるまでには、少なくとも二〇年はかかると予想している。彼らの目標はもう一つある。収穫量を増やすとともに、大気中の窒素をみずから固定できるだけのエネルギーを持つようイネを改良し、合成肥料の供給原料である高価な化石燃料への依存を弱める、あるいはなくしてしまおうというのだ。ＩＲＲＩが生み出す技術をコムギに応用するにはさらに長い時間がかかるかもしれないから、食糧戦争が勃発する前に、より多くのパキスタン人に食糧を供給するという目の前の課題には役立たないかもしれない。

レノルズの知り合いのあるイギリス人研究者が最近、たった一つの細菌酵素を操作することによって、タバコのバイオマスの成長を四〇パーセント向上させた。これがコムギにも有効かどうかを知るにも、貴重な時間と資金が必要になる。何をやるにしてもそうだ。植物を異種交配させて新たな品種を導入するだけでも一〇～一二年かかる。コムギにうまく遺伝子を挿入するには、二倍の時間と二五〇〇万～一億ドルの費用がかかるだろう——これらはすべて、国際的規制という難関や遺伝子組み換え作物に対する消費者の懸念に向き合う以前に生じるのである。

ヴェルハウゼン・アンダーソン遺伝資源センターは、CIMMYT傘下にあるコムギおよびトウモロコシの生殖質の遺伝子銀行であり、床から天井まであるホワイトメタルの棚には、トウモロコシの在来種の世界最大のコレクションが収められている。およそ二万八〇〇〇種の在来種の大半は、原産地であるラテンアメリカで採集されたものだ。在来種とは農民自身が数千年にわたって栽培し、選別してきた品種である。すべての品種が、ブタモロコシと呼ばれるイネ科の雑草を起源としている。ブタモロコシはメキシコに生息するトウモロコシの野生の先祖であり、それもここに保存されている。黄、白、青、赤のトウモロコシの品種がプラスチックの瓶に貯蔵されている。世界中から集められた約一四万種の現代の栽培品種と古代の在来種のコムギのコレクションは、アルミ容器に密封され、細長い段ボール箱に収め

(4) リブロース -1,5- ビスリン酸カルボキシラーゼ／オキシゲナーゼの省略形。

られている。すべてにバーコードがつけられ、摂氏零度で保存されており、階下には摂氏マイナス一八度でバックアップ用の長期コレクションが保管されている。

同一のセットが、コロラド州フォートコリンズの国立遺伝資源保存センターにあるうえ、さらにもう一つが、ノルウェーの永久凍土層の奥深くの大洞窟のスヴァールバル世界種子貯蔵庫にある。これは、万一ほかの種子銀行が災害や戦争でなくなったり、気候変動に屈して資源の多様性が失われたりした場合に、いわゆる最後の審判の日に地上の植物の多様性を守るための貯蔵庫だ。この遺伝子銀行の目的は、新たな品種を開発している育種家に一度に五グラムずつの遺伝物資を分け与えることだ。だが、この銀行は緊急事態に対する防衛手段でもある。たとえば、コムギに寄生する恐ろしい菌類が引き起こす黒さび病が、一九九九年にウガンダで大発生したケースだ。このとき、CIMMYTは耐性のある数百キロの種子を東アフリカに空輸したのである。

CIMMYTは今後数年にわたり、生殖質のコレクション全体を遺伝子学的観点から分類することにしている。CIMMYTが保有している種子は、歴史上重要な品種に加え、ノーマン・ボーローグが緑の革命にいたるあらゆる段階で保管したものである。ボーローグは、やがてバイオテクノロジーによって、自分たちが過去数十年にわたってコムギの改良のためにしたことが、正確に理解できるようになると考えていたのだ。CIMMYTは、有用な特質——収穫率が高い、病害や干ばつへの耐性があるなど——がすでに確認されている数千の系統から始めることにしている。各系統の種子を採取し、それぞれ少なくとも一本の苗を温室で育て、それから、新鮮な葉を遺伝子型判定サービスに送る。ＤＮＡを抽出し、すべての系統について遺伝子配列を明らかにするためだ。

ＣＩＭＭＹＴは、この膨大な遺伝子遺産を解読することによって次の点を明らかにしたいと願っている。すなわち、遺伝子組み換えやより巧妙な交配を通じて、この惑星の大地をこれ以上耕すことなく、世界の収穫量を増加させつづけるにはどうすればいいかということだ。これは広く共有された生態学上の緊急課題だが、ＣＩＭＭＹＴにとっては誇りの問題でもある。緑の革命における化石燃料の大量消費、河川を汚染する肥料、毒性のある薬物への依存、単一作物栽培の生物多様性への脅威などをめぐる環境面での厳しい非難に対してしばしば繰り返される弁明は、改良された作物品種がなければ、すべての人々を食べさせるために、世界の森林や草地がさらに数十億エーカーも掘り起こされていたはずだというものだ。

この弁明は、樹木や自然の植物相を失いつつある世界は危機に瀕《ひん》している世界であることを認める主張だ。しかし、空腹な人間は樹木や植物相に脅威を与える存在であり、その人数が過剰であることへのＣＩＭＭＹＴ自体の責任には目をつぶっている。歴史上かつてないほど多くの命を救えば、多くの命を存在させることになる――そして、それがさらに多くの命を生み出す。ＣＩＭＭＹＴのジレンマは世界のジレンマの縮図だ。つまり、拡大しない空間で、ますます増加する人々を養いつづけるにはどうすればいいか、ということである。

個々の新たな成功は事態をいっそう逼迫《ひっぱく》させ、さらに多くのものへの需要を高めるにすぎない。遺伝子の配列を解明するという精緻な数学的技法をもってしても、イタチごっこにけりをつけることはできないのだ。

ヌエストロス・ペケニョス・エルマノスが、メキシコはモレロス州の寄付された大農場を、みなし児を養うための家および緑の革命の農場に変えてから、三〇年以上が経過した。ビル・ワッソン神父も二〇〇六年に八二歳でこの世を去った――しかし、そのときには、ホンジュラス、ハイチ、ドミニカ共和国、グアテマラ、エルサルバドル、ニカラグア、ボリビア、ペルーに分院が設立されていた。いまではワッソンが育てた一万五〇〇〇人にも達する子供たちの多くが、こうした新たな施設の運営を手伝っている。

発祥の地であるメキシコの施設はいまでもいちばんの規模だが、収容人員はピーク時の一二〇〇人から約八〇〇人に減っている。この変化はメキシコそのものの人口統計的な推移を反映したものだ。つまり、一九五四年にワッソンが初めてみなし児を引き取った当時は二〇年ごとに人口が倍増していたが、現在の年間人口増加率は一パーセントを切っている。このペースが続けば、メキシコの人口は七一年後にふたたび倍になるだろうが、人口をかろうじて維持できる現在の出生率はなおも低下しつつある。メキシコでは家族計画が定着したため、女性は産む子供の数を減らす選択をし、その娘も子供の数をさらに減らしている。ほとんどのメキシコ人はいまや都会で暮らしている。都会では、家畜の世話をしたり薪を拾いに行ったりする余分な働き手は必要ない。メキシコの女性の大半は働きたがっているか、あるいは働く必要があるため、八人の子供のいる家庭に縛りつけることはできない。

たいていの女性は子供が二人できたところでやめるとしても、祖母の世代はそうではなかった。みなし児の農園を取り囲む農村はいまや都市と重なりあっている。大農園のかつてのサトウキビ小屋は現在では寄宿舎となり、小学校や中学校も併設されている。子供たちがバレーボールに興じる芝生の向こうには、ここで育った彫刻家、カルロス・アヤラの手になる三体の等身大のブロンズ像がある。腰を下ろしたビル・ワッソン神父に、彼と語らう少年と少女だ。

寄宿舎の裏には畑がある。トタン張りのサイロの隣で、五人の少女が白トウモロコシの小山のてっぺんで実の皮をむいている。サイロのなかには窒素肥料の袋がいくつかある。ドイツのある篤志家《とくしか》から贈られたものだ。養魚池とテラピアの孵化《ふか》場の周りでは羊が草を食んでいる。数棟の豚舎と一棟の鶏舎がある。新たに寄付された温室では、一〇人あまりの子供たちが二種類の冬トマトの種をまいている。点滴灌漑《かんがい》式の野菜畑では、ビート、スイカ、キャベツ、レタス、トウガラシ、カリフラワー、ニンジンが栽培されている。別々の子供たちがそれぞれの畝の植え付けや除草を担当している。

農場の責任者である獣医のルイス・モレノが、トウモロコシの穂を調べている。いまでも八ヘクタールの植え付けをしている原種トウモロコシ四〇種の今年の作柄がまずまずだったので、モレノは感謝している。それでも、一二トンの収穫は一〇〇日分のトルティーヤをまかなえるにすぎない。ここで暮らす子供の数が減っているのは望ましいことだ。というのも、三年前にやってきたとき、モレノは土壌の状態にショックを受けたからだ。数十年にわたって徹底的に化学物質がまかれたせいで、畑は「ナパーム弾で焼き払われたようなありさまだった。場所によっては雑草すら生えなかったのだ。モレノは、かつて本で読んだことのある一九三〇年代のオクラホマ黄塵地帯《ダストボウル》を思い出した。近隣の住民や年長の子供たちから、かつてこの地でどれだけのトウモロコシが育てられたかを聞いても、彼にはほとんど信じられなかった。

モレノは不耕起栽培に転換し、農地を小区画化した。近隣の肥料工場の所有者は、ある種の農業上の改宗をし、いまでは有益なバクテリアや菌類によって滴定《てきてい》された有機肥料を販売している。モレノはこれを合成窒素肥料と半々に混ぜて使っている。温室の市場向け野菜農園では、すべてを有機肥料に切り替えようとしている。

「いつの日か、完全な自然にしたいと願っています。有機肥料は効果が出るまで時間がかかりますが、その分長持ちします。化学肥料は二〇日で効果がなくなり、あとにはあらゆる塩類が残ります」。動物の排泄物《はいせつ》やトウモロコシの廃物をまくことによって、彼らは残りの大地をよみがえらせつつある。鳥やミミズも戻ってきている。

モレノは、プラスチックのバケツに白トウモロコシの穀粒を詰めている少女たちに目を向ける。「子供たちにはもうダストボウルで暮らしてほしくないのです」

# 第四章　人口扶養能力と揺りかご――地球にとっての適正数

## 1　神、国土、サンガー夫人

一九四八年、ホセ・フィゲレス・フェレールは、世界初のクーデターとも言える事件を起こした。不正な大統領選挙の直後、身長はわずか一五八センチのコーヒー農園主だったフィゲレスは、七〇〇人からなる不正規軍を急ごしらえし、コスタリカ政府を転覆させたのだ。続いて新たな暫定政府のリーダーになると、軍の最高司令官として最初に行なったのは、軍を廃止することだった。

フィゲレスは、市民をなだめておくには、内政不安を抑えるための常備軍を置くよりも、学校、医療、社会保障を充実させるほうが簡単だし、費用もかからないと判断したのだ。コスタリカ南部で経営するコーヒー農園でフィゲレスが学んだのは、労働者に十分な賃金を支払ったり、医療や、自分の酪農場でできるミルクを子供のために無料で提供したりすれば、忠実な従業員が確保できるということだった。クーデターから一年足らずで、フィゲレスは兵舎を学校に変え、選挙を実施し、暫定的な大統領の地位から降りた。数年後、彼は選挙で民主的に選ばれ、その後も二度再選された。

彼の革命の成功は、幸運なタイミングのおかげでもあった。資本主義世界と共産主義世界のあいだの冷戦が拡大したため、合衆国は朝鮮半島の深刻な状況に目を奪われ、中米の停滞には気が回らなかった。コスタリカのクーデターが五年後、つまり朝鮮戦争のあとに起きていたとしたら、フィゲレスはグアテマラ大統領のハコボ・アルベンス・グスマンと同じ運命をたどっていたかもしれない。アルベンスは、土地改革によってユナイテッド・フルーツ・カンパニーのバナナ・プランテーションを接収しようとしたため、それが完了する前の一九五四年、CIAによって排除されてしまったのだ。あるいは、イランの石油産業を国営化したため一九五三年にやはりCIAによって追放された、イラン首相のモハンマド・モサッデクと同じ目に遭っていたかもしれない。

そのころには、フィゲレスはかなり以前から国内の銀行を国営化し、女性と黒人に選挙権を与え、公共医療を拡充し、国中で教育レベルの向上を保証していた。その結果として生じた社会の安定が労働者にも企業にも大いに称賛されていたため、合衆国は彼のうさんくさいポピュリズムを大目に見た。フィデル・カストロによる一九五九年のキューバ革命以降は、特にそうだ。ソヴィエトの資金が、ラテンアメリカにおける共産主義の広告板のようなキューバを下支えしていたため、合衆国は資本主義の広告板を必要としていた。その地域における最も信頼できる民主主義国が選ばれるのは当然のことだった。一九六一年、ケネディ大統領は米国国際開発庁（USAID）を創設し、合衆国に利益をもたらす国々を厚遇することにした。コスタリカにおけるUSAIDの任務はその最大のものの一つで、一人あたりの対外援助はほかのラテンアメリカ諸国と比べて八倍も多かった。

コスタリカは、合衆国が避妊薬を送った最初の場所の一つでもあった。当時、コスタリカは世界でも屈指の速さで人口が増えており、各家庭は平均して七人か八人の子供を抱えていた。フィゲレスが公共医療を改善したおかげで、いまやほとんどの子供は生き延びるようになっていた――この天恵が子供の数の予期せぬ急増につながったのだ。海外の家族計画にアメリカが手出しすることには、外国の友情を金で買おうという政策と同じく、議論がなかったわけではない。一九六六年にUSAIDがコスタリカで配布しはじめた経口避妊薬《ピル》は、カリブ海のある島で行なわれた治験の帰結だった。この治験はこんにちでもなお、性と生殖に関する健康《リプロダクティヴヘルス》の大義を汚しているのだ。

一九三四年、合衆国は政府による初めての産児制限プログラムをスタートさせた――それも、プエルトリコで。セオドア・ローズヴェルトが政府を説得し、一八九八年の米西戦争の戦利品としてプエルトリコを獲得していたのだ。ローズヴェルトはプエルトリコを合衆国の海軍基地および給炭港とする計画を立てていた。彼は中米の地峡を掘り抜いて運河をつくることを夢見ており、その運河を航行する船舶に利用させようというのだ。結局、そのすべてが現実のものとなった。パナマ運河のおかげで合衆国は世界の経済センターとなり、プエルトリコ東岸のアメリカ最大の海軍基地は合衆国が世界の軍事大国となるのに一役買った。

プエルトリコは、現在帰属している大陸を横断する国とは異なり、幅一〇〇マイル（約一六一キロメートル）、奥行き三五マイル（約五六キロメートル）にすぎない島で、人口が拡大する余地はあまりなかった。ところが、プエルトリコはとにかく人口を増やしていた。一九世紀の初めには一五万人だったものが、この世紀の末には一〇〇万人に達していたのだ。英語を話さない褐色の肌の人々でいっぱいの小さな島を獲得したことで、少なからぬアメリカ人が警戒感を抱いた。植民地主義に反抗して誕生した合衆国自身がいまや宗主国になっているという非難を抑えるためもあって、プエルトリコ人は一九一七年に市民権を認められるのだが、こんにちでさえ、連邦議会あるいは国政選挙での投票を認められていない。

だが、プエルトリコ人は有用だった。第一次世界大戦以来、彼らは徴兵され、合衆国の対外戦争で多くの人が命を落としてきた。第二次世界大戦の際には、プエルトリコ人の兵士が実験的にマスタードガスを浴びせられた。白人よりも抵抗力があるかどうかを確かめるためだ。そして一九五〇年代、プエルトリコ人の女性が実験用の人間マウスにされ、産児制限用のピルがテストされた。それが、のちにコスタリカに送られることになる——もっともそのときには、プエルトリコの実験で使われたピルと比べ、エストロゲンは三分の一、プロゲステロンは一〇〇分の一になっていたのだが。

当初の高用量ピルを飲んだ多くのプエルトリコ人女性は、吐き気、めまい、頭痛、かすみ目、むくみ、嘔吐などに襲われた。血栓や脳卒中になった人もいた。亡くなった人が検死されることは決してなかった。広く報じられているところでは、ボストンでの短い実験を除いて、G・D・サール・アンド・カンパニーの新しい薬剤が実地試験されていないこと——また、自分たちが実験台であること——を知らされた者はいなかった。女性たちは、その錠剤が妊娠を防ぐと教えられていただけだった。

真相が明らかになったとき、とりたてて驚く者はいなかった。プエルトリコ人女性はすでに、ナチスのシャワーヘッドからチクロンBが噴き出しはじめるまでは、優生学に基づくものとして最も大がかりだった政策に従わされていたからだ。優生学とは、自然淘汰というチャールズ・ダーウィンの理論を歪曲した疑似科学である。二〇世紀の最初の三〇年のあいだ、優生学はハーヴァードやイェールを含む欧米の数百もの大学で教えられた。その支持者には、セオドア・ローズヴェルト、ウィンストン・チャーチル、アレグザンダー・グレアム・ベル、朝食用シリアル王のJ・H・ケロッグ、スカンジナヴィアのいくつかの政府、そして、米国家族計画連盟の創始者であるマーガレット・サンガーがいた。ダーウィン自身が提唱したわけではなかったものの、彼の息子のレナードは、ロンドンで開かれた第一回国際優生学会議の議長を務めている。

優生学という言葉を初めて用いたのは、ダーウィンのいとこのフランシス・ゴールトン卿だ。科学者だった彼は、イギリスの支配階級はその地位にふさわしい生物学的な根拠を持っていると主張した。すなわち優れた遺伝子である。こうした主張はすぐに、社会ダーウィニズムと呼ばれる社会的・経済的な適者生存の理論へと浸透していった。科学的と称されるその論理は、一部の人種、とりわけ肌の色が濃い被植民者はほかの人種よりも劣っているとして、エリートを安心させるものだった。アメリカでは優生学が偏見を合法化する口実となり、いくつかの州では異人種間結婚禁止法が成立した。優生学から生まれた組織の一つがケロッグの人種改良基金だった。この基金は、遺伝子プールの汚染を防ぐため、人種分離による慎重な生殖を通じて人類を改善するよう奨励したのだ。

マーガレット・サンガーが信奉した優生学は、育まれるべき性質よりもむしろ、排除されるべき性質にかかわっていた。「精神的に不適格」な人々は断種すべきであるという彼女の信念は、マイノリティーのグループの産児を制限しようとする彼女の活動と一体になって、米国家族計画連盟は人種差別やマイノリティーの大量殺戮をたくらんでいるという疑いを呼び起こした。彼女の支持者のなかにはマーティン・ルーサー・キングのような先覚者がいたというのに、こうした非難はいまだに現れる。彼女がピルの開発とプエルトリコでの実地試験の資金確保に手を貸したのは確かだが、大量殺戮だという主張が問題としていたのは、彼女が直接にはほとんど関与していない事柄だった。すなわち、一九三〇年代にプエルトリコで始まり、ついに終わることのなかった大規模断種プログラムである。

その厄介な背景は、反植民地主義だった合衆国が、その能力もないのに植民地の保有に携わったことだった。一九四〇年代末まで、プエルトリコの総督は全員、任命された本土人の白人男性だった。総督はプエルトリコの立法府が定めたいかなる法令も拒否できた。その島の連邦裁判所では英語の使用が義務づけられており（いまでもそうだ）、学校でも同じだった。その結果、スペイン語話者の教師がスペイン語話者の生徒を相手に、ともに十分には理解できない言葉で教えることを強いられたのだ。

優生学が広く受け入れられたことが一因となり、プエルトリコ人はどういうわけか劣っているという偏見が本土に広がった。優生学の最も熱烈な信奉者であるヒトラーが登場するまで、それを提案した科学者の示す基準が疑問視されることはなかった。数年のあいだ、ハーヴァードで遺伝学を学ぶ学生は、アルコール依存症、犯罪行動、「精神薄弱」——マーガレット・サンガーも使った用語——は遺伝形質であり、品種改良によって根絶されるべきだと教わっていた。ハーヴァードの科学史家のエヴェレット・メンデルゾーンによると、彼らが使っていた教科書には「生物学的に最も劣った要素」は「知的・文化的な要素」よりも速く増殖する、と書かれていたという。

こうした不利な状況にもかかわらず、プエルトリコはひどい人口過剰に陥りつつあるのが現実だった。一九三〇年代までに、さらに一〇〇万人近くが増えていたのだ（地球の人口と同様、プエルトリコの人口は二〇世紀に四倍になる。目下の人口は四〇〇万人だが、合衆国本土で暮らすさらに四〇〇万人のプエルトリコ人は含まれていない——彼らは合衆国市民として自由に移住できるのだ）。一九三四年、人口と同じ速さで増える失業者数に対応するため、連邦政府資金による六七の避妊指導所が、特別プエルトリコ緊急救済基金を通じて島に開設された。状況は緊急を要したため、医師たちは文字どおり、迅速な精管切除術を施すよう奨励された。

その当時、信頼できる避妊法の選択肢は多くなかった。マーガレット・サンガー自身は、一八七三年のカムストック法に公然と反抗してペッサリーとフレンチ・ペッサリー——子宮頸管《けいかん》キャップ——を初めて合衆国に輸入した。この法律は「猥褻《わいせつ》、みだら、扇情的」な用具の郵送を禁止するものだった。コンドームでさえ、その役割が病気の予防にあると認める判決をサンガーが最終的に勝ち取るまでは、違法だったのだ（悲しいかな、第一次世界大戦を戦った軍人に恩恵をもたらすには遅すぎた。彼らの淋病《りんびょう》と梅毒《ばいどく》への罹患《りかん》率は連合軍のなかで最高だった）。アイルランド系アメリカ人のカトリック教徒だったサンガーは、看護師にして女性の権利を求める改革家だった。彼女の母親は一一人の子を産み、それ以上の流産を経験したあとで、四〇歳で亡くなった。サンガーが投獄されるたびに、避妊という大義への支持は増えていった。だが、そうした支持者には優生学推進論者、つまり「不適格者」が増えつづけるありさまにぞっとしている人々も含まれていた。

合衆国のいくつかの州で、卵管結紮《けっさつ》——女性の卵管の切断あるいは閉鎖——が許されていたのは、精神障害とされる者、犯罪者、不適切な遺伝子を持つと思われるその他の人々（生まれつき身体障害のある者を含む）に対する強制断種の場合だった。プエルトリコでは、サンガーの尽力で最終的に合法化されたコンドームやペッサリーよりも、断種のほうが簡単で信頼できると考えられていた。通常は、ある女性の直近の妊娠が最後の妊娠になるように、出産後に行なわれるのが普通だった。ところが、例のごとく、女性はそれが恒久的なものであることを知らされていなかった（断種の押し付けに反対する女性グループによると、「卵管を縛《しば》る」という婉曲表現は、その処置が元へ戻せることをほのめかすものだったという）。ヒトラー・ショックによってアメリカの優生学運動が縮小したあとでさえ、[1] プエルトリコのプログラムは拡大した。多くの研究によると、一九六〇年代の半ばまでに、出産適齢期にあるプエルトリコ人女性の三分の一以上が断種されたという。これは本土の一〇倍の割合だった。視野を広げれば、一九七七年、インドにおいて強制的な大規模断種プログラムのせいでインディラ・ガンディー政権が倒れたとき、その数字は五パーセントだった。

こんにちのプエルトリコで、「手術」という言葉は依然として断種の同義語である。しかし、フェミニストやプエルトリコ独立主義者が、宗主国の人種差別と性差別の証拠としてそれを挙げるとしても、大半のプエルトリコ人女性は肩をすくめるだけの反応しかしない。この数十年のあいだ、彼女たちはほとんど都会で暮らし、仕事を求め、子供は二人までで——あるいはもっと少なくても——いいと思っている。プエルトリコの出生率はいまや、女性一人あたり一・六二まで下がっているのだ。卵管結紮は、男性にコンドームをつけさせたり、つねにピルを用意したり——あるいは買わねばならなかったり——するよりも簡単である。虐待調査を通じて最終的には島と本土の双方で断種ガイドラインが定められるに至ったにも

（1）注目すべき例外は以下のとおり。強制断種で合衆国を先導したカリフォルニア州は、一九六〇年代になるまでそれを続けた。ノースカロライナ州の優生学委員会は一九七七年まで活動していた。

かかわらず、「手術」を受けたプエルトリコ人の割合は、一九八〇年代までに世界最高の四五パーセント超に上昇した。人類学者のアイリス・ロペスによれば、プエルトリコ人女性のあいだでは、住んでいる場所に関係なく「それはもはや伝統なのだ」という。

ロナルド・レーガンは、大統領として初めてラテンアメリカを訪問した際、驚きとともにこう述べることになる。「あちらの国々はみな異なっている」。ラテンアメリカ諸国の家族計画に対する態度は、場所によってさまざまだ。コスタリカはプエルトリコと違い、合衆国の植民地ではなく広告板だった。独立国であるコスタリカに対し、卵管結紮の押し付けという強制的な人口抑制策をとることは、ポスター国家を扱うのにふさわしいやり方ではなかったはずだ。

「実際、この国で断種するには大変な努力が必要でした。医師は緊急の必要性があることに同意しなければなりませんでした。夫の許可も求められました。そして、断種が認められるのは、女性がすでに三人の子を持っている場合に限られていたのです」。茶色のフレームの眼鏡で机をこつこつと叩きながら、イルダ・ピカードは言う。一九九八年の法律によってようやく、コスタリカの女性は理由のいかんを問わず断種を選ぶ権利を与えられた。とはいえ、いまだにカトリックを正式な国教とする国のことなので、性と生殖に関する権利を勝ち取る歩みは遅々としたものだった。

イルダ・ピカードは、コスタリカ人口統計学協会の会長である。彼女のオフィスが入っているパステル色のコンドミニアムは、ラ・ウルカにある。かつては、首都サンホセの北東部に位置する中央高原のコーヒー農園だった場所だ。二世代前、サンホセは小さな町だったので、中央市場に積み上げられたコーヒー豆の香りが町中に広がっていたほどだった。その後、地球上に並ぶ者のないスピードで子孫を増やしてきたコスタリカ人女性の子供たちが成人し、自分自身の家族をつくった。サンホセはあっというまに、ラ・ウルカを含む周囲の村々を一〇ほども飲み込んだ。そしていまや、その地に漂っているのは主にディーゼルエンジンと湿ったコンクリートの匂いである。

イルダ・ピカードの父親は一二人きょうだいの一人だった。おじのうちの二人も一二人の子をなしていた。「一二人はそれほど多くありませんでした。一六人、一八人、二〇人の子供がいる家庭を知っていましたから」。一九六〇年に生まれたピカードは、六人きょうだいだった。彼女の母親はもっと多くの子を産んでいたはずだったが、一九六〇年代の終わり近くに二つの事件が起きた。

一つ目の事件は、一九六六年、ＵＳＡＩＤがフィゲレス大統領のつくった診療所にピルを導入するとともに、現在イルダが統括している組織の設立資金を拠出したことだった。

この事件が、第二ヴァチカン公会議の終了直後に起こったのは決して偶然ではない。第二ヴァチカン公会議は、教皇ヨハネ二三世によって五年の任期の初期に召集されたもので、カトリック教会の慣習の近代化を目的としていた。その会議において、以前はすべてラテン語で行なわれていたミサで現地語を使うことが認められ、世界教会主義《エキュメニズム》が承認され、女性のヴェール着用義務が解除された。この会議は、精神のすがすがしい蘇生だとして広く歓迎された。多くのカトリック知識人、神学者、僧侶でさえも、特に最近のピルの登場にともなって、避妊に関する教会の教義が大きく変更されることはもはや避けられないと考えていた。教皇はその問題を研究するための委員会を設置したほどだった。ヨハネ二三世はこの研究の完了を待たずに胃ガンで世を去ったものの、変化の気運は高まっていたようだ。彼の後継者でより保守的なパウロ六世でさえ、第二ヴァチカン公会議を継続し、避妊の研究を拡大した。大方の予想では、教会による産児制限の禁止は覆されるものと見られていた。

その状況が特に当てはまるのが、ラテンアメリカだった。ラテンアメリカでは、解放の神学と呼ばれる運動において、第二ヴァチカン公会議とキューバ革命の相異なる精神が交差していた。その地域のいたるところで、尼僧は従来の習慣を捨ててみずからが奉仕する人々と同じような服装をし、司祭は社会的・経済的不正に反対する説教をした。解放の神学は、抑圧された人々として特に女性を擁護した。この高揚した空気のなかで、コスタリカとその近隣諸国へ経口避妊薬が導入されても、カトリックの聖職者からわずかに反対の声が上がっただけだった。

一九六六年、「人口と産児制限に関する教皇庁委員会」は、教会による産児制限の禁止を取り消すことを六九対一〇で票決した。五人の少数派委員が反対意見を出した。その意見の大部分は、ポーランド人大司教のカロル・ヴォイティワの著作を基にしていた。カロル・ヴォイティワはのちにみずから教皇となる人物だ。産児制限の禁止を覆せば、教皇の不謬性《ふびゅう》を傷つけることになるというのが、反対者たちの考えだった。教皇がなんらかの措置をとる前に両方の意見がマスコミに漏れてしまったあとで、怒ったパウロ六世は「人間の命について」という回勅《かいちょく》を出した。それは少数派に味方するものだった。

「人間の命について」は衝撃だったが、あまりにも遅すぎた。一九六八年までに、ピルはあらゆる場所に行き渡っていたのだ。正式にはカトリック国であるコスタリカでも、保健省までが新設された人口局を通じてピルを配布していた。この家族計画プログラムの人気が高かったのは、イルダ・ピカードの母にさらに子供を産むことを思いとどまらせた二つ目の出来事のおかげでもあった。すなわち、あるメッセージがラジオを通じてピカード家の台所に流れてきたのだ。それは、コスタリカの放送ではかつて聞かれたことのないものだった。

「神がためらわずにお創りになったものについて、ためらわずに語り合いましょう」

それは教会公認の性教育プログラムで、避妊具の入手と使用に関する情報を含んでいた。だが、放送を支えていたのはカトリック教徒ではなかった。「人間の命について」が公表されたあと、避妊具を使うよう信者に勧める司祭や尼僧は、破門を覚悟でそうしていたからだ。

「それは福音でした！」。イルダ・ピカードは当時を思い出して顔を輝かせる。彼らはペンテコステ派、バプテスト派、メソジスト派、モラヴィア派、メノー派、長老派といったさまざまな宗派に属する人々で、ホセ・フィゲレスの平和的なクーデターに続いて、コスタリカ福音同盟を形成しようと団結していたのだ。彼らは、この統一戦線を通じて公認のカトリック教会からの反プロテスタントの圧力に抵抗しながら、新しいコスタリカで選ばれる余地を手にしたいと願っていた。ピルが登場もしないうちから、彼らはライバルの弱点を見抜き、利用しはじめていた。

一九六〇年代の初めには、福音主義に基づく「善意のキャラバン」が国中を巡回していた。ゴスペルとともに避妊に関するアドヴァイスを広め、精管切除術まで施していたのだ。ピルが手に入るようになると、ラジオ番組でその情報をほかの良いニュースとともに流し、政府によるピルの配布を手助けした。彼らはリスナーにこう断言した。神は、彼らが快く育てられる数の子供を持ちたいと望むがゆえに、彼らを愛するのだと。誰も地獄に堕《お》ちたくはなかったし、理にかなった行為のために赦しを請うことさえ望んでいなかった。子供を減らせば貧困を避けられる可能性が高まると、彼らは言った。そもそも妊娠を防ぐことが中絶を避ける最善の方法であると強調することによって、彼らはカトリック教徒の得意分野で相手を打ち負かしたのだ。

「神は、あなた自身の人生で何をすべきかを決める自由をお与えになっています」と、エホバの証人の信者であるイルダ・ピカードは言う。コスタリカの出生率の信じがたい反転——一九六〇年に一家族あたり七・三人だったものが、一九七五年には三・七人、二〇一一年には一・九三人へ下がった——をある程度説明するために、また、ラテンアメリカのほぼすべての国々が人口置換出生率（人口を維持できる出生率）に近づきつつある理由を説明するために、彼女は、この五〇年に福音主義の宗派に加わったカトリック教徒の同時離反率を示す。いくつかの推定によると、今世紀が終わる前に、ラテンアメリカではプロテスタントが多数派になるはずだというのだ。

ピカードは目下、事後用ピルを合法化すべく、オプス・デイをはじめとする保守的なカトリック団体と闘っている。「何であれ利用している避妊法に問題が起きれば、バックアップが必要です。コンドームが破れれば、精液があふれ出します。女性がピルを飲み忘れることもあります。最も重要なのは、レイプされた女性にそれが必要であることです」

彼女は敵対者に次のことを思い出させる。事後用ピルがなければ、それ以外のバックアップは中絶しかない。だが、コスタリカでは中絶は違法だし、ピカードも彼女の組織も支援していない。コスタリカ人口統計学協会が、国際家族計画連盟の支部であるにもかかわらず、だ。彼女が挙げる二〇〇七年の研究によると、コスタリカでは年に二万七〇〇〇件の違法な中絶が行なわれていると推定されるという。どの国でもそうだが、交通事故を除き、緊急入院に中絶手術が占める割合は何よりも多いのである。

「家族計画が盛んになればなるほど、中絶は減ります。この真理は水の存在と同じくらい単純な話です」。ラテンアメリカにおいて自国がキューバに次いで人口置換出生率に達したことを、彼女は誇りに思っている。所属する教会が自分の仕事を支援してくれることも、誇りに思っている。彼女によれば、エホバの証人の信者のなかには、環境破壊や世界の緊張の高まりを終末の時の兆候だと考え、子供をつくろうとしない者がいるという。避妊ができるおかげで、地上での永遠の復活が始まったあとに家族をつくるため、彼らは簡単に待つことができるのだ。

「それは道理にかなった宗教であり、人の気分を害するものではありません」

## 2　リヴェットを抜く者

サンホセから南へ五時間。グレッチェン・デイリーは、パナマとの国境のすぐ北にあるコーヒー畑にたたずみ、動くのをためらっている。彼女の人さし指からぶら下がった妊娠中のフルーツコウモリが眠りに落ちたのは明らかだったので、起こしたくなかったのだ。「ねえ、君たち、私はここにどれくらい立っていればいいのかしら?」。スタンフォード大学の教え子である二人の大学院生に、彼女はそうたずねる。二人は、そばにあるプラスチック製の白い野外用テーブルに腰掛けている。

チェイス・メンデンホールとダニー・カープは、カリパス［訳注：内外径などを測るコンパス状の器具］で測定している標本にヘッドランプを向けながら、顔を見合わせてにやりと笑い、答えない。

日が暮れてから一時間が過ぎている。コスタリカの研究者と、さらに多くのスタンフォードの生物学専攻の学生が、二〇張りのかすみ網から獲物を集めている。彼らはかすみ網を一日に二度――鳥を捕らえるために午前四時三〇分に、コウモリを捕らえるために夕暮れ時に――仕掛けているのだ。長さ一二メートルのクモの巣のような網は、人間の髪の毛ほどの太さの黒いポリエステルの糸で織られており、日の出前と日没後は目に見えない。学生たちはそれを、ちょっと見るとバレーボールのネットのように、竹竿《たけざお》を使ってコーヒーの木の列のあいだに張り渡す。そうやって、プランテーションの縁に点在する森の影を結ぶ飛行路を遮るのだ。

コウモリが目を覚ますのを待ちながら、今回は大猟だと、グレッチェンは思う。このコウモリはかすみ網に絡めとられたストレスで疲れてしまったようなので、識別票をつけたあとで、チェイスが「コウモリ用集中治療室」――湯たんぽを入れた段ボール箱――に収容し、落ち着くのを待った。それからグレッチェンの指にぶら下げたのだが、コウモリは飛び去るどころか、静かに体を揺らし、眠り込んでしまったのだ。そのあいだにも、学生たちは柔らかい綿のバッグから次々に獲物を取り出し、チェイスに手渡している。テントコウモリ、シロスジコウモリ、オレンジネクターコウモリ、ヘラコウモリ、ソーウェルタンビコウモリ、小型で食虫性のヘアリーレッグドホオヒゲコウモリ、クリイロタンビコウモリ。またしても、スピックススイツキコウモリ――耳の長い、赤褐色や淡黄色の美しい動物で、丸まったヘリコニアの葉の内側にしがみついている――は見当たらない。だが、それがこのあたりに生息することはわかっている。研究者たちはその鳴き声を記録しているのだ。ここには六一の在来種のコウモリ――花蜜を吸う種、種子を食べる種、虫を食べる種、果実を食べる種――がいるが、孤立した帯状の土地を除き、彼らのすむ森はコーヒー農園に変わってしまった。

ここコト・ブルスは、コスタリカ南部の太平洋側の分水界にある三六〇平方マイル（約九三二平方キロメートル）の郡だ。一九五〇年代の初めまで、現地のグアイミ族の猟師を除き、このジャングルにはほとんど人の手が入っていなかった。その後、第二次世界大戦で農場を失ったイタリア人の数家族が、自作農場援助金を与えられ、表面上は何もないこの土地に移住した。その見返りはコスタリカに忠誠を誓うことだった。コスタリカはパナマの領土拡大への関心を失わせる必要があったのだ。

一〇年足らずのうちに、人口の急増のせいで現地のコスタリカ人がこの辺鄙《へんぴ》な前哨《ぜんしょう》へと押し出されるようになった。土地を開墾することが所有権を主張する方法だったため、彼らはできるかぎり手っ取り早い方法を利用した。「焼き打ち」として記憶されている事態のあいだに煙のなかに消えた貴重な熱帯広葉樹の金銭的・生態学的価値は、計り知れない。一九七〇年代の末までに、熱帯雨林の四分の三が失われた。残った森の大半は、勾配がきつすぎて耕作できない土地だった。

スタンフォードの研究者たちは、この断片化した田園地帯でどれくらいの生物多様性が維持されているか、また、その生物多様性がなんらかの点で農業の成功に寄与しているかどうかを判定しようとしている。もしも、森にいちばん近いコーヒーの木がいちばん健康だと――つまり、コーヒー豆を食べるアフリカの小さな黒い虫で最近コスタリカに現れた「ラ・ブロカ」のような害虫がついていないと――わかれば、森にすむ何かがそれを食べているものと考えられる。コーヒーの原産地であるアフリカでは、ラ・ブロカの天敵はちっぽけなハチだ。ブラジルは、天然の害虫防除策としてそのハチを移入しようとしたのだが、ブラジルでは繁殖しなかった。コスタリカのコーヒーが最近まで被害を受けなかったという事実は、いくつかの小型食虫鳥類——クリボウシアメリカムシクイ、ハイムネオナガカマドドリ、ムナジロオナガカマドドリ、あるいは熱帯ブユムシクイ——のいずれかのおかげかもしれないと、グレッチェン・デイリーのチームは推測している。そうした鳥は、この緑の風景の最も荒れた部分に残る細長い森にすんでいる。あるいは、それはこれらのコウモリのおかげかもしれない。そこで、この先の数週間にわたり、ダニー・カープは目を覚ましている時間のほとんどを費やして、かすみ網の下に敷いたビニールシートからコウモリと鳥の糞《ふん》を集めて保存し、網にぶら下がっているどの種がどの糞の山の主かを注意深く記録しようとしている。その糞をスタンフォードに持ち帰り、研究所の検査技師と協力してラ・ブロカのＤＮＡが含まれているかどうかを分析するのだ。

　これは大変な仕事だ。チェイスは、農場主の畑に残っている一本の木から得られる利益を定量化する研究を進めている。グレッチェン本人が書いているところでは、この地で一年にわたり顕微鏡を覗きつづけたせいで、目がほとんど見えなくなってしまったという。約六〇〇種の原産のハチを、頭部の毛の伸び方のわずかな違いによって見分けようとしたためだ。ヨーロッパのミツバチがアフリカミツバチと交配して人を殺すようになったため、ここではもはや飼うことができない。そこで彼女は、原産の授粉媒介者となりうるハチを探していたのだ。

　ようやくのことで、彼女はコーヒーの花粉を体に付着させたハチを二〇種ほど発見した。すべてが森にすんでおり、森を離れて遠くまで飛んでいくのを好まない。彼女とそのチームが農業普及事務所で、コスタリカの最も重要な商品作物であるコーヒーが、花粉の運搬に利用できるハチの数に影響されるかどうかを調べていると説明すると、もちろん影響などされないと言われた。つまり、現代の栽培品種は自家受粉するので、昆虫の助けは必要ないというのだ。豊かなブロンドの髪とすらりとした体つきからして、とても四〇代後半には見えないデイリーは、授粉は無関係だというこの主張を、政府による最新のたわ言だと受け取った。自分のキャリアを通じ、母国を含むさまざまな国でその手の話はいやというほど聞かされてきた。彼女が目を通した最近の研究によると、コーヒーの産出量が最も少ないのは、残されている熱帯雨林が最も少ない熱帯諸国だという。アメリカ大陸でコーヒーが育つ場所はいずれも以前は熱帯雨林があったので、その違いは消えてしまった授粉媒介者のせいではないかと、彼女は予感していた。

そこでデイリーのチームは、点在する森からさまざまな距離にある、別々の数十のコーヒーの茂みで取れるコーヒー豆を数えてきた。「熱帯雨林に近接した茂みの産出量は、一キロメートル離れた木々の産出量を二〇パーセント上回ることがわかりました」と、彼女は言う。人さし指からぶら下がっていたフルーツコウモリがついに目を覚まし、夜の闇のなかへ飛び去った。「一つの農園で見た場合、熱帯雨林が生み出す差額は年に六万ドルに達したのです」

次に、ハチはもちろん鳥もまた農業の助けとなるかどうかを調べた。そしていま、コウモリが加わったのだ。継続的に捕獲して識別票をつけるという作業に加え、数年をかけて在来種の分布範囲を特定することも、鳥の調査の一環だった。その方法は、付けまつげの糊《のり》を使って、M&Msのチョコレートくらいの大きさの無線応答機を二五〇羽の鳥——体重約九・五グラムのシロエリマイコドリやアオボウシマイコドリといった小型の鳥も含まれていた——に接着するというものだった。

　これらのあらゆる骨折りを重ねているのは、グレッチェン・デイリーとスタンフォード大学保全生物学研究センターの同僚がこう信じているからだ。生物多様性の将来は、地球の熱帯地域に広がる農業地帯で何が起こるかによって決まると。凍結していない大地の四〇パーセントが耕地か牧草地という世界において、この考え方はもっともである。だが、多くの自然保護主義者にとって、人間が変えた生態系によって生物多様性が支えられると示唆することは、冒瀆行為なのだ。

「論文を発表するといつも」と、デイリーは言う。「一部の批評者がそれは危険だと、あるいは『きわめて情緒的』だと評します。私たちは、自然保護主義者として、希少中の希少種を救うことに集中すべきだと言われているのです」

　デイリーは、そうしようとするどんな人の努力にも異論はない。だが、残念ながら、「希少中の希少種」とは機能的には絶滅したカリフォルニアコンドルのような種を指すことが多い。そうした種の個体はほとんど残っていないので、生態系のなかでもはや役割を果たしていないのだ。一方で、いまでも役割を果たしているあらゆる種が、自分が暮らす惑星にこれまで以上に心もとなくしがみついている。彼らが依然として彼女の注意を引きつけるのは間違いない。それらの種の一つは彼女――われわれ――自身なのだから、なおさらだ。そのうえ、彼女は論争には慣れている。彼女は、論争にかけてはまぎれもなく王家と言える学統に属しているのである。

グレッチェン・デイリーが一生の仕事に出会ったのは、ある人違い事件を通じてのことだった。一九八〇年代の半ば、彼女はスタンフォード大学の学部生で、まだいくつかの専攻科目を試しており、授業料を稼ぐための仕事を必要としていた。ある掲示が彼女の目にとまった。ポール・エーリックという名の教授が、自分の研究用のデータ入力をチェックするスタッフを募集していたのだ。グレッチェンはその名前に見覚えがあった――あるいはそう思った。米陸軍の軍医の娘である彼女は、成長過程の一時期をドイツで過ごした。その地で、ワクチンや薬剤を規制する連邦政府機関がパウル・エールリヒ研究所だ。化学療法の開発によってノーベル賞を受けた、その研究所に名前を冠する創設者が一九一五年に亡くなっていることに、彼女は気づかなかった。

彼女は仕事を手にし、それが別のポール・エーリックであることを知った。こちらは、やせこけて冗談好きの生物学者だった。彼女が渡されたのは、一九五九年までさかのぼる数千に及ぶカリフォルニアシマヒョウモンモドキの記録だった。彼がコロラドで捕らえたもので、記録が正確かどうかを確かめるためには照合する必要があった。それは楽な仕事だった。エーリック教授はあらゆるものをきちんと記録していたからだ。だがデイリーは、彼の綿密な研究に好奇心をそそられた。長年にわたって積み重ねられたデータから、これらの美しい昆虫とそれが生息する山々に関する興味深い詳細が浮かび上がってくるのだ。

彼女は専攻を生物学に変え、自分の雇い主と徐々に親しくなった。すぐにわかったのは、エーリックはチョウの個体数に熱中していたというのに、彼をさらに有名――悪名と言う人もいた――にしていたのは、人口の生態学への進出だということだった。彼が妻のアンとともに書いた最新作の『絶滅のゆくえ』（戸田清ほか訳、新曜社、一九九二年）を読んだあとで、グレッチェンはそのつながりがすっかり腑に落ちた。そのはしがきは寓話として書かれていて、生態学の学界内では、外の世界にとっての『人口爆弾』と同じくらい広く知られるようになった。

その寓話はこんな場面を想像するものだった。ある乗客が、自分の乗っている飛行機の翼から機械工がリヴェット［訳注：金属製のびょう］をぽんぽん抜いているのに気づく。機械工によれば、航空会社がそれらのリヴェットを高値で売るのだという。肝をつぶした乗客に向かって、しかしそれで問題はないのだと、彼は断言する。数千本というリヴェットが使われているため、飛行機から何本かなくなってもどうということはない。実際、彼はしばらくこうしてきたが、翼はまだ落ちていないのだ。

問題は、何本までなら大丈夫なのかを知る方法がないことだ。乗客にとっては、一本抜くことさえ正気の沙汰ではない。だが、エーリック夫妻はこう指摘する。地球という宇宙船の上で人間はリヴェットをぽんぽん抜いており、その頻度《ひんど》はますます高くなっているのだと。

「生態学者がある生物種の絶滅の帰結を予測できないのは、飛行機の乗客が一本のリヴェットの損失を評価できないのと同じである」

グレッチェン・デイリーが理解するに至ったとおり、ポール・エーリックがチョウに取りつかれていた一つの理由は、鳥と同じく、それが貴重な環境指標だということだった。チョウは簡単に同定できるし、変化——とりわけ人間が引き起こす変化——に敏感だからだ。遅かれ早かれ、チョウに影響を及ぼす変化は、人間にも影響を及ぼすようになるはずだ。

エーリックはグレッチェンをロッキーマウンテン生物学研究所の試験場に招待した。コロラド州クレステッドビュートの近くで、彼とアンは毎年夏にそこを訪れていた。二人は、ごく一時期を除いて雪が消えることのない尾根に挟まれた、九五〇〇フィート（約二・九キロメートル）にわたる高山谷の小屋で暮らしていた。夜明けに起きると、トウヒやアメリカヤマナラシの木立のあいだを、またヒマワリ、ヤグルマソウ、キバナカタクリ、ムラサキヒエンソウで埋まった草原を飛び回る鳥とカリフォルニアシマヒョウモンモドキを追いかけた。グレッチェンは夕方に、二人のほか、ポールの親友でカリフォルニア大学バークレー校のひげを生やしたエンジニアにして物理学者のジョン・ホルドレン——彼はエネルギーに関する本を執筆中だった——と、彼の妻で生物学者のシェリーに合流し、ディナーをともにした。食卓に供されたマスは、ポールとシェリーがチョウを捕まえているあいだに、ホルドレンとアン・エーリックが捕らえたものだった。

グレッチェンは、テーブルを挟んで会話する知性に圧倒された。彼女は現地のリンゴとサクランボを使った手作りのパイを持参し、うっとりと、また遠慮がちに話に聞き入った。これらの才能あふれる人々のおかげで、警戒心はすっかり薄らいでいた。背が高く黒髪で、自分よりずっと小柄な妻を気にかけ愛情を注ぐポール。知的なまなざしのジョン・ホルドレン。アンとシェリーの紅潮する肌は内面の輝きの反映だと、グレッチェンには思えた。シェリーは環境有害物質に関する本を書いていた。アンは娘の誕生が足かせとなって学位を取っていなかったが、多くの論文や本を出していたので、二つの名誉博士号を授与されていた。全員がとても健康で、愉快で、ざっくばらんで、そのうえ想像力が豊かだったので、グレッチェンは彼らのようになりたいと思ったほどだった。

『人口爆弾』が刊行されて一年後の一九六九年、ポール・エーリックとジョン・ホルドレンは『バイオサイエンス』という雑誌で、この本に対するよくある反論に回答した。その反論によると、現代のテクノロジーをもってすれば、ポールとアンが人口が増えつづけた場合に起こると予測した、食糧、水、エネルギー、海産物の不足は間違いなく解決できるというのだ。

ホルドレンが提示した計算は、拡大しつづける人類文明を養うために無限に必要とされる合成肥料の憂慮すべきトン数と、その避けがたい化学的帰結を推定するものだった。彼の算定によると、未来への解答として当時喧伝《けんでん》されていた原子力発電所は、世界を原子力で動かせるようになるかなり前に、ウランを使い果たしてしまうとされていた。

彼はまた、一九六〇年代にはあまり注目されていなかったある事実に言及した。二〇世紀の初め以降、大気中の$CO_2$が一〇パーセント増加したというのだ。そのニュースに加え、増大するエネルギー需要と自動車を含む動力装置からの廃熱を考慮に入れて、ホルドレンとエーリックはこう推定した。一世紀足らずのうちに、地球は、破滅的ではないとしても激しい気候変動に見舞われるはずだ、と。

その後二年にわたり、エーリックとホルドレンは『サタデーレヴュー』という全国雑誌に一八の記事を書き、素人にもわかる言葉で人口過剰の好ましくない結果について論じた。彼らは環境に対する人間の影響を一つの表現に要約した。人々の数、人々の消費水準、人々が消費するあらゆるものの生産に必要なテクノロジーを掛けたのだ。こうしてできた方程式は誰でも理解できるほど単純なもので、いまや生態学における基準となっている。

*I*=*PAT*

(impact(影響)= population(人口)× affluence(豊かさ)× technology(テクノロジー))

一九七七年、彼らはアン・エーリックとともに『エコサイエンス(*Ecoscience*)』という教科書を出版した。一〇五一ページに及ぶその本は、地球の陸地、海、大気が相互にどう影響しあっているかを概説したものだ。エーリック夫妻の生物学的研究に、ジョン・ホルドレンが具体的な数字とエネルギーに関する専門知識を付け加えたのは、人類が自分以外の自然と持続可能な関係を築くには何が必要か見極めるためだった。『エコサイエンス』は、いかに急速に資源水準が変化しているかを示し、文明が進路を変えるにはどれくらいの時間がかかるかを予想していた。また、人間の数が急増しつづけた場合、ある程度の生活水準を維持するにはテクノロジーがどれくらいのスピードで進歩する必要があるかを推測していた。

この教科書はきわめてわかりやすく、成功を収めたのだが、一方で大学の世界を超えて知られるようにもなった。止めどもない人口増加を鈍らせる方法をめぐる分析のためだ。三〇年後、科学者として、著者たちはこれまでに持ち出されたあらゆる理論的可能性を探究した。その一部が都合よく呼び戻されることになった。バラク・オバマ大統領がホルドレンを科学技術担当補佐官に任命すると、その一部が都合よく呼び戻されることになった。

ホルドレンを攻撃する人々が無視していた事実は、飲料水や主食への不妊薬の添加を論じた文章のなかで、彼とエーリック夫妻は、国民と彼ら自身にとってぞっとする話だとしてそれを拒絶したことだ。別の選択肢で構想されたのは、思春期の女性に三〇年のあいだ避妊カプセルを埋め込み、「限られた数の出産のために当局から許可を受けて」取り外せるようにするという方法だった。著者たちはその恐ろしさを認め、嫌悪を催させるそうした憶説を取り上げる理由を繰り返し述べている。つまり、現在の出生率の動向が反転しなければ、近いうちに一部の国が強制的な産児制限に踏み切るかもしれないということだ。『エコサイエンス』が出版されて一年後、中国は一人っ子政策を発表した。

エーリック夫妻とホルドレンはこう認めている。避妊カプセルの埋め込みは、女性の意思でいつでも取り外すことができて、その後出産のあとに元に戻されるのならば、受け入れられるかもしれないと。これによって、多くの家族計画立案者が最大の問題と呼ぶものが解決されるはずだ。つまり、現在でもさまざまな調査からわかるように、すべての妊娠の約半分が意図されたものではないという事実である。

「望まれない出産と中絶の問題はともに完全に回避されるはずだ」と、彼らは書いている。だが、女性の全人口に継続的にステロイドの投与を続けるという事業計画は、この有望な避妊法をとても高価なものにすると、彼らは付け加えている。それにもかかわらず、一九八三年にノルプラントが登場した。これはホルモンを放出するカプセルで、上腕の皮下に埋め込むと効果が五年続く。いくつかのほかのカプセルとともに、それはいまだに広く使われている。

ホルドレンとエーリック夫妻は、人口に関する法律の法的根拠について考察した。合衆国憲法は個人の権利と社会の切実な利益のバランスを取っているので、家族の規模の制限を命じるのは、軍役に服すよう人々に求めるのと同じく不当かもしれない。だが、個人の生活に対する政府の最小限の干渉と、強力な国防をともに主張する保守主義者のあいだでは、この意見に対して激怒という反応が起きるだろうという彼らの予測は正しかった。

怒号を予測しながら、彼らはこう結論した。「家族の規模を強制的に管理するというアイデアは不快なものだが、ほかの選択肢のほうがはるかに恐ろしいかもしれない」

あまりに恐ろしいので、ことによると、そうした管理が現実に求められる日が来るかもしれないと、彼らは警告した。食糧難が到来し、治安が悪化して食糧暴動や水戦争へと発展する前に「われわれの見るところ、はるかに優れた選択肢は、家族の規模の選び方に影響を与えるもっと穏健な方法を拡大する一方で、地球上のあらゆる人が産児制限の手段を確実に利用できるようにする努力を、できるだけ短期間で一段と強めることだ」

ジョン・ホルドレンは、ハーヴァード大学ケネディ行政大学院の教授に就任し、米国科学振興協会の会長となった。全米科学アカデミー、全米技術アカデミー、米国芸術科学アカデミーのメンバーにも選ばれた。一九九五年にはノーベル平和賞を共同受賞し、受賞講演を行なった。オバマの科学顧問への任命は早い時期のことだったので、オバマは上院で過半数の支持を得ており、野党の麻痺戦略はまだ形をなしていなかった。おかげで、政府高官審査会を無事に乗り切ることができた。ホルドレンは審査会の際、共和党のある上院議員に対する返答で、強制的な断種や人口抑制の強要が正当な行為だとは思っていないと述べた。

彼はまた、『エコサイエンス』の最後で提起された問題に答えた。彼と共著者は「地球政権」なる超大型機関を仮定していた。この機関がいつの日か、国連の環境と人口のプログラムを合同させ、あらゆる天然資源を管理するために海洋法と呼ばれる国連条約を拡大するかもしれない。この機関は国際公共財の財産管理人であり、大気、海洋、越境水の汚染を管理する権限を与えられている。それはまた「世界の最適な人口を決定する責任を与えられるかもしれない」と、彼らは付け加えた。

政府高官審査会でホルドレンは、最適な人口の決定が政府にふさわしい役割だとは思わないと証言した。

彼らがこの超大型機関に与えた資格が、オバマの敵にとって格好のネタになった。彼らは、オバマ政権が世界社会主義者の陰謀に加担している証拠を探していたのだ。ある人が『エコサイエンス』からの引用をインターネット上で吹聴《ふいちょう》すると、ポールとアンのエーリック夫妻は、自分たちやかつての同僚の見解の文脈を無視した抜粋に応答した。

「われわれは当時も、これまでも、そして現在も、この小さな活字の詰まった本書の六十数ページで述べられた――しかし勧められてはいない――厳格な人口制限措置の『提唱者』ではありません。この部分は、ありとあらゆる人口政策の目録となっています。当時、一部の国で試されていたり、一部の評論家によって分析されたりしていたものです」

グレッチェン・デイリーにとって、ロッキーマウンテン生物学研究所で過ごす二度目の夏だった。ポール・エーリックとともに交尾しているチョウの数を一日記録したあとの午後、歩いて戻ってくる途中で、二人はオスのアカエリシルスイキツツキを発見した。北米西部に生息する小型のキツツキで、ヤナギの樹皮に矩形の穴を開け、むき出しになった露出面を流れる甘い樹液を吸う。周囲の枝に別の樹液の穴がぽつぽつと空いていることから、シルスイキツツキがそこで定期的に食事を楽しんでいることがわかる。

次に戻ってきたとき、グレッチェンはサメズアカアメリカムシクイと二種類のハチドリが、その穴で樹液を吸っているのを見つけた。さらなる観察――師の激励を受けて五〇時間以上をかけた――から明らかになったのは、四〇種の鳥、昆虫、リス、シマリスが、シルスイキツツキの労働を利用して樹液を吸っていることだった。

夏のあいだに、彼女にとって、高山の生態学の入り組んだ発展の型が明らかとなった。シルスイキツツキは、自分自身と幼鳥を養うためにヤナギを、隠れ家として周囲のヤマナラシの木立を必要としていた。また、木の芯につく真菌を頼りとしてもいた。それがヤマナラシの幹を腐らせるおかげで、営巣用のうろを彫ることができるからだ。シルスイキツツキがこの場所で生存するには、ヤナギ、ヤマナラシ、真菌が同時に存在しなければならなかった。裏付けのために、デイリーとエーリックは、ヤナギの木立からさまざまな距離にある一万三〇〇〇本のアメリカヤマナラシを調べてみた。すると、見てそれとわかるシルスイキツツキの穴があったのは、いちばん近くにある木々だった。二人はまたヤナギをすべて検査してみた。すると、ヤマナラシから遠く離れたヤナギにはシルスイキツツキの穴がなかった。

シルスイキツツキは、続いて、ほかの多くの動物に重要な食料源を提供していた。彼らは毎年新しい巣穴を彫ったので、以前のねぐらは、自分では彫ることのできないほかの七種の鳥に利用されていた。そのうちの二種のツバメは、シルスイキツツキがいる場所でしか見られなかった。動植物のコミュニティー全体が、複雑に関与しあう中枢種、すなわちシルスイキツツキ、ヤマナラシ、ヤナギ、真菌に依存していた。このどれか一つを取り去ってしまえば、ほかの種は減るか消えるかすることだろう。

植物、鳥、虫、哺乳類のあいだのこうした相互依存をテーマに、デイリーは最初の専門的論文をエーリックと共同で書き上げた。ちょうど、彼女が修士課程をスタートさせようというときのことだった。これが、一つの種の喪失が連鎖反応を誘発しかねないという彼女の認識の出発点だった。かつて暮らしたドイツで、バイエルンの森への酸性雨の影響を見るために一年過ごしたあと、デイリーは博士課程を始めるためにスタンフォードに戻り、エーリック夫妻に合流した。二人がいたのは、通年使える別の研究施設、コスタリカのコト・ブルスにあるラス・クルーセス生物実験所だった。

そこは、森が消えると野生生物に何が起こるかを記録するのに絶好の場所だと、ポールはデイリーに言った。大規模なハチの研究のために、彼女は何カ月ものあいだ顕微鏡に拘束されることになった。この研究を主導したのは、エーリックと彼の師であるカンザス大学のチャールズ・D・ミッチェナーだった。ミッチェナーは、存命中の人物としては世界最高のハチの権威だ。(2) 森にすむハチが農作物を受粉することが確証されただけでなく、ほかにも驚くべきことが明らかになった。空き地になった場所で、ハチの生息数は実は増えていたのだ。チョウやガも増えていることを、エーリックは発見していた。

彼らはこう考えた。もしかするとこれは、飛ぶ昆虫は変化した環境と実際に暮らしている土地のあいだを簡単に移動するからではないか、と。彼らはその後数年にわたり、もっと移動性の低い爬虫類、両生類、飛ばない哺乳類を調べてみた。カエル、ヒキガエル、ヘビ、トカゲ、アリクイ、ヒメリス、キタオポッサム、ナマケモノ、パカ、オナガオコジョ、ピューマ、オセロット、カワウソ、二種のサルを観察し、罠で捕らえた。これらすべてのことからわかったのは、田舎の農地には、危急種や絶滅危惧種さえも維持する予想を超える高い能力があるということだった。

あらゆるケースにおいてカギは木立にあることに、彼らはようやく気づいた。農場主がある程度の木立を残していた場所では、生物多様性が維持されていたのだ。

人間が手を加えた環境が自然の森の代わりをしていたわけではない。七つの種――ジャガー、バク、クチジロペッカリー、ホエザル、クモザル、オオアリクイ、ミズオポッサム――は姿を消していた。だが、世界の土地のきわめて大きな部分がいまや人々によって利用されているとはいえ、自然の植物による隠れ家が残っている田園地帯では、自然の動物相が驚くべき割合で維持できることを、彼らは理解しはじめていた。そうした土地は依然として、人間が必要とするサービスを提供できるかもしれない。すなわち、水を保持して濾過し、土壌を補充し、農作物を受粉して害虫を抑制する生き物のすみかとなるのだ。

多くの科学者からこんな抗議の声が上がることは、彼らにもわかっていた。この結論は、貴重な種のために残された原生地を保存しようという、世界的な自然保護運動の努力に水を

(2) 大作『世界のミツバチ（*The Bees of the World*）』の著者であるミッチェナーは、二〇一三年、九四歳にしていまだ現役である。

差すものだ、と。だが、地球上のごくわずかな自然保護区だけでは、世界の生物多様性のほんの一部しか救えない。保護という概念は、自然保護区以外の土地にも同じように広げられるべきだ。課題は、そこで暮らす人々に次の点を納得してもらうことだった。いまでもそこに棲んでいるほかのあらゆる生き物と共存することは、彼らの利益にもなるのである。

一九九二年、グレッチェン・デイリーは、ジョン・ホルドレンのいるバークレーのエネルギー・資源グループの博士研究員となった。彼女はエネルギーについて学ぶ必要があった。大地を変貌させている現代の農業は、地球の都会生活のエンジンに補給されるのと同じ燃料で駆動されていたからだ。緑の革命による肥料を使った大規模な単式農法は、いっさいの木を——換金作物を除くあらゆるものを——残さなかった。それは石油を食糧に変えたが、その化学交換の際に放出される炭素を肥料にすることはできなかった。

バークレーで、ホルドレンは彼女に逆の命題について考えさせた。すなわち、農業は燃料をつくれるか、ということだ。九〇年代の新たな合言葉は「持続可能性」だった。この合言葉にしたがって、化石になった先祖ではなく生きている植物が、現代文明が依存している炭化水素の供給原料になれば、新たな各世代の植物は前の世代が燃やされたときに放出した$CO_2$を吸い込むはずだ。理論的には、それらの植物が大気に付加する炭素はゼロである。だが、本当にそうなるだろうか？　植物を収穫・精製して生物燃料をつくるには、どれくらいのエネルギーが必要だろうか？　それは食糧生産とどこまで競合するだろうか？　食用作物と同じ土地で燃料作物を育てることに意味はあるだろうか？　生物燃料が低質な土地でしかつくれないとしたら、そこで育つ植物は、価値を認めるに値するだけのエネルギーを生み出せるだろうか？

同年、一〇〇人を超える国家元首と数千人の科学者、活動家、ジャーナリスト、政治家、産業界の使者が、リオデジャネイロに集まった。UNCED、すなわち一九九二年の国連環境開発会議に出席するためだ。地球サミットとして知られるようになるこの会議は、重大な分岐点とされていた。それによって、地球の生態系の運命と人類の存続の両方が決定されるかもしれないからだ。

この会議の前の二年間、地球サミットの結果に利害関係を持つ加盟国と数千に及ぶ組織や個人のあいだで、激しいやり取りがあった。そこには、環境団体に加え、女性のネットワーク、人権擁護者、シャーマンからローマ教皇庁の当局者にいたる宗教指導者までが含まれていた。最も大きな五〇の多国籍企業が勢力を結集し、生態学的影響を減らしても経済成長は鈍らせないという希望のもとに「持続可能な開発のための経済人会議」を創設したりもした。

地球上のあらゆる問題が俎上《そじょう》に載せられた——ある一つを除いて。地球サミットの事務局長であるモーリス・ストロングが、「われわれは世界の人口を自発的に減らします。さもなくば自然がわれわれのためにそうしてくれるでしょうが、それは残酷なものとなるはずです」と宣言したにもかかわらず、地球サミットの開催までにその話題は事実上タブーとなった。リオデジャネイロに集まった群衆のなかには、国際人口アクション、人口研究所、ポール・エーリックが設立した人口ゼロ成長といった名称の団体があったものの、それらはみずからの主張にふさわしく、数で圧倒されていたのだ。

それらを「人口抑圧団体」と呼ぶ中傷者のなかには、世界の環境災害の責任を負わされることに抵抗する発展途上国も含まれていた。それらの国々は、真犯人が裕福な国々の止めどもない消費なのは明らかだと主張し、貧しい国の最大の強みである人数の制限はある種の解決策として勧められるという考え方を、人種差別的な新植民地主義として拒否した。さらにフェミニストは、貧しい国々の女性は二重に虐待されていると主張した。つまり、昔から搾取されてきたうえに、今度は不本意な断種を、あるいは自分では除去できないノルプラントの埋め込みを受け入れるよう強いられているというのだ。

人口問題の主張者は、自分たちを非難する人々の不平に、また彼らの目的におおむね同意しているというジレンマを抱えていた。貧困の撲滅、女性の性と生殖に関する権利の保障、あらゆる人への教育、あらゆる人にとっての社会正義は、達成すべき彼ら自身の重要な目標だと見なしていたのだ。違いは戦略にあった。人口問題に携わる団体は、出産する子供の数を女性に抑制させることは、女性を苦境から救う最速の方法だと信じていた。一方フェミニストは、女性が平等な権利と機会を持つ前に、何かほかのこと――たとえば家族計画プログラムの広範な実施――が起こるのを待たねばならないことに我慢できなくなったのだ。反消費主義団体は、まず手をつけるべき仕事は貪欲さを排除することであり、より多くの貪欲な人々を排除することではないと主張した。これらのどれかを成功させるための道筋は、それらを同時に追求することだという主張は、つまらない言い争いのあいだに消えてしまった。

彼らの分裂はヴァチカンにとって好都合であることがわかった。人生の尊厳を祈求するヴァチカンは、世界の貧しい人々は生態系の劣化の犠牲者であり、原因ではないという議論を擁護していた。地球サミットの舞台であるブラジルは世界最大のカトリック人口を抱えていたため、教会は開会前の交渉でかなりの影響力を振るうことができた。おかげで、地球サミットの協定案から「家族計画」と「産児制限」という言葉を削除することにまんまと成功したのだ。

協定案の最終版まで残った人口への言及はたった一つの文言だけで、「自由と威厳の精神において、また個人の価値観にしたがって、家族の規模の責任ある計画には、道徳的・文化的な事柄を考慮に入れる」ことが要請されるとするものだった。

教皇庁は「われわれが人口に関するなんらかの言い回しを削除しようとしたことはなく、それを改善しようとしたにすぎない」と満足げに発表した。

この会議の主要な資金提供者だった多国籍企業にとって、人々が増えることが意味するのは、安価な労働力の増加と市場ベースの拡大だった。これは、八年前の一九八四年にメキシコシティで開かれた世界人口会議で明確になった論点である。ホスト国のメキシコは、世界最速で人口が増えている国から脱皮しようと懸命に努力していた。そのメキシコにとってショックだったのは、合衆国が国連家族計画プログラムをもはや支持しないと発表したことだった。合衆国の代表はこう説明した。彼らが中絶を支援しない——レーガン政権がそれに賛成しなかった――ばかりではなく、地球上の人間が増えれば増えるほど、資本主義が生み出す製品にとって消費者が増えるのだと。

合衆国は国連の最大の資金提供者であり、産児制限プログラムの当初からの賛同国の一つだったから、この政策のブレは、国際的な家族計画をその後何年にもわたって揺さぶることになった。リオデジャネイロの地球サミットでは、いまやもう一つの予期せぬ反転が起ころうとしていた。合衆国が、生物多様性条約を拒否することによって、あらゆる人を呆然とさせたのだ。この条約に基づき、ほかのすべての国は、遺伝資源を守るために保護区を設定して残すことに同意していた。このとき合衆国が不服としたのは、それらの遺伝資源を開発することで得られる「利益の公正で公平な共有」の条項が、バイオテクノロジー企業や製薬会社が熱帯の植物から生み出すかもしれない製品の知的財産権を規制していることだった。

ポール・エーリックのようなアメリカの生態学者にとって、そうした公然たる抵抗は何よりも邪悪だった。ジョン・ホルドレンのようなエネルギーの専門家から見ると、事態はさらに悪化していた。一一日間の地球サミットが続くあいだ、合衆国大統領のジョージ・H・W・ブッシュはワシントンにとどまっていた。地球サミットのもう一つの重要文書である気候変動条約が、排出量削減の特定の目標を設定するなら、参加を拒否するというのだ。またしても、ほかのすべての加盟国は、二〇〇〇年までに$CO_2$の排出量を一九九〇年のレベルに制限することに同意していた。続いて、長く激しい議論が起こった。それを主導していたのは、合衆国をあからさまに孤立させることになっても、正当な条約に賛成するという国々だった。結局、世界最強の国にして最大の汚染源が欠けていてはどんな合意も意味がないという論拠が支持を得た。合衆国の要求を満たすために協定は緩められ、会議が終わる前日、ブッシュはリオデジャネイロに到着した。

「アメリカのやり方に交渉の余地はないのです」。会合での演説で彼はそう語った。

一九九二年の地球サミットではっきりとわかったのは、地球の運命を決める際に投票権があるのは、ホモ・サピエンスという一つの種だけだということだった。討議の席についている唯一の種がホモ・サピエンスだからだ。長期的に見れば、その投票には意味がないだろう。最後には昆虫や微生物が笑うことになりそうだ。もっとも、彼らが笑うとすればの話だが。

だが問題は、長期とは厳密に言うとどれくらいかということだ。それを正確に予言しようとした者は、これまでのところいずれも間違っていた。だとしても、予言者、あるいはノストラダムスのゆがんだ解釈やマヤ暦が当たらなかったからといって、独りよがりに陥ってはならない。地球サミットに出席していた科学者たちは、政治家やロビイストにねじ伏せられてしまったとはいえ、事態がいつもどおりに進むとすれば、われわれの行く末を懸念する多くの理由を持っていたのだ。

一年後、イングランドのケンブリッジで開かれた第一回世界適正人口会議で、グレッチェン・デイリーとエーリック夫妻は、「思いつき程度の試算」と称するものを提出した。彼らは人間文明の終点を正確に示そうとはしなかった。むしろその反対の事態について判定を下したのだ。つまり、どれくらいの数の人間が、地球を転覆させることなくその上で安全に暮らせるか、である。

『人口爆弾』が出版されて二五年後に行なわれた彼らのプレゼンテーションは、グレッチェンの博士論文における人口扶養能力をめぐる議論を基にしていた。適正人口とは、養鶏場のニワトリのように、地球に詰め込める最大の人口を意味するわけではないと、彼らは述べた。そうではなく、どれくらいの人々が、将来世代が同じことをするチャンスを犠牲にせずに、十分な暮らしを送れるかということだ。少なくとも、食物、住まい、教育、医療、偏見からの自由、生計を立てる機会が、あらゆる人に保証されねばならない。

だからといって、不平等がなくなるわけではない。「貧富の差を縮めることは、ほぼあらゆる人にとって最も得策であるとはいえ、社会的・経済的不平等を引き起こすインセンティヴがいつか完全に克服されるとは思えません。したがって、地球にとっての適正条件は、人類に特有の利己性や視野の狭さを念頭に置いて決定されるべきでしょう」

また彼らは、産業化以前の牧歌的な生活様式を想定しているわけでもなかった。「(適正人口は)人間の文化的多様性を維持するのに十分な規模であるべき」で、「必要十分な知的、芸術的、技術的な創造性」を保てるだけの密度――つまり「刺激的な大都市」を持ち「相当な広さの未開の大自然を維持する」のに十分な人々――が所々で必要なのだ。

とはいえ、適正人口は、生物多様性が保持できる程度に少なくなければならない。その理由は、現実的なもの——自然が供給してくれる栄養、空気、資材、水がなければ、人間は生きられない——と道徳的なものがある。

「地球上の優占種として、われわれはこう感じています。ホモ・サピエンスは、宇宙において知られているだけの命ある仲間の存続を促すべきだと」

適正な世界人口を算定するために、彼らはジョン・ホルドレンがつくったシナリオを利用した。その年（一九九三年）、地球に住む五五億人の人々は人間の生み出すエネルギーを一三テラワット——一三兆ワット——消費していた。その四分の三近くが工業国の一五億人によって使われていた。平均すると一人あたり七・五キロワットである。もしも全員がそれだけのエネルギーを使い——発展途上国の使用量は平均して一人あたり一キロワットだった——、世界が目下のペースで人口増加を続けたら、二一世紀のどこかの時点で人口は一四〇億人に達し、エネルギー需要は八倍多くなるだろう。

それよりもだいぶ前に、石油が枯渇するか生態系が崩壊するか、あるいはその両方が起こるのではないかと、彼らは懸念していた。そこでホルドレンは、誰もが平等にエネルギーを使える場合、現実的に何ができるかを検討してみた。需要が平均して一人あたり三キロワットになり（貧しい人への割当は三倍、典型的なアメリカ人の使用量は四分の一になるが、エネルギー効率が最大化すれば実現できるかもしれない）、成長が鈍って人口が一〇〇億人[3]ま

(3) 現在のところ、国連の予測では二〇八二年頃の人口。

でしか増えないとしても、必要とされるエネルギーの総量は三〇テラワット(4)になる。

それらの数字が手に入ったところで、デイリーとエーリックは逆算してみた。一九九三年に使われている一三テラワットのために、すでに地球は裸にされ、大気化学が大急ぎで対応を強いられているのだから、必要なエネルギー総量はもっと少なくなければならないことはわかっていた。「思いつき程度の試算」において、環境に優しいテクノロジー――知られているものもあれば、まだ開発されていないものもある――の広範な採用を仮定して、彼らは大ざっぱで希望的な推測をした。人類は、環境を破壊することなく毎年九テラワットのエネルギーを使えるかもしれない。

テクノロジーに付きものの予期せぬ帰結を考慮して、彼らは誤差の範囲を五〇パーセントとした。すると、使えるエネルギーは六テラワットになった。そこからは割り算の問題にすぎなかった。

六テラワットしか使えない世界で生きられる人々の総数は、各人が三キロワットのエネルギーを使うのだから、二〇億人だった。

二〇億人は一九三〇年の地球の人口だった。ハーバー・ボッシュ法が、世界中で商業利用できるようになったばかりのころだ。地球上のほとんどの人が、化石燃料ではなく太陽光で育つ植物だけを食べて暮らしていた。二〇億人の世界人口を養うのに、人工肥料はほとんどあるいはまったく使われていなかったから、土壌、下流水域、大気へのプレッシャーは軽減されていた。農業用の窒素は亜酸化窒素の主な供給源だからだ。亜酸化窒素は大気汚染物質であり、$CO_2$とメタンに次いで影響力の大きな温室効果ガスである。

一九三〇年、世界に暮らす二〇億の人々は、毎年二テラワットあまり、一人あたり一キロワットをやや超えるエネルギーしか使っていなかった。その世界には、テレビもコンピューターもなく、家族あたりの自動車の数は少なく、各種の機器は最小限で、ジェット飛行機は存在しなかった。こんにちの生活水準からすると、一人あたり年間一キロワットというエネルギー配分では、われわれ全員が開発不全の環境にあると見なされることだろう。生存主義者［訳注：大災難で生き残ることを第一の目標とする人］や一部に残っている狩猟採集民以外には、望む人がほとんどいない選択肢だ。

エーリック夫妻とデイリーは、われわれ一人一人にその三倍のエネルギーを割り当てるという彼らの計算でさえ、大いに魅力的だとは言いがたいことを認めていた。そこで、彼らは別の代替案を示した。一五億人が住む世界でなら、全員が四・七五キロワットを使えるのである。富裕国の一人あたりのエネルギー使用量のほぼ三分の二に当たるその数字は、テクノロジーの飛躍的発展がなくても実現可能だった。断熱材を改善し、燃費効率を高め、安価な太陽熱温水器の利用を増やすだけでいいのだ。

彼らは、どうやって人口を一五億人――だいたい二〇世紀初めの世界人口――に戻すのか

(4)　二〇一二年のほぼ二倍。

については論じていなかった。だが、一つの国がすでにある計画に着手していた。世界全体が万一それを採用すれば、世界人口は一世紀以内に一九〇〇年の水準に戻ることになる。その国とは中国であり、中国の一人っ子政策は非人間的で受け入れがたいと見なされていた。

エーリック夫妻も、グレッチェン・デイリーも、ほかのほとんど誰も、一九九三年には知らなかったことがある。世界の別の地域の同じように不可解な大国——あるイスラム教国——において、中国の強制に代わる施策が進められていたのだ。その施策のもとで、市民は高い出生率を中国よりも速いペースで自発的に下げることになる。だが、その並外れた成功が明らかになるのは、数年を経てようやくのことだった。

二〇年後、八〇歳になったポール・エーリックは、依然としてスタンフォード大学保全生物学研究センターを運営していた。その理由をたずねられると、彼はこう答えた。「グレッチェン・デイリーを自由にしてあげるためです」と。彼女はいまやこのセンターの名ばかりの理事だった。人間と自然の実現可能なバランスを見つけようとする業績によって、科学における世界最高の栄誉のいくつかを手にしていた。

そのために必要なのは、将来においてどんな種と生態系が存続するかを研究することだ。結果として、ほとんどの科学者が触れたがらない、きわめて不快な問題が持ち上がる。科学と人間社会の双方の観点からして、その生息環境も含めて最も保護に値する重要な種はどれだろうか？

カリスマ性のあるホッキョクグマや抱き締めたいほどかわいいパンダのほうが、林床で誰にも気づかれずに飛び跳ねている地味な茶色の鳥よりも重要であり、それゆえ救う意味が大きいと判定するのは、生態学における『ソフィーの選択』だ。誰もそんな決定をしたがらないし、とりわけグレッチェン・デイリーはそうだ。だが、この世界では多くの人々が、食用の家畜以外の種はとりわけ重要なのだという主張に懐疑的である。ヨーロッパ人は、ヨーロッパ大陸の大半とは言わずとも多くの地域から生物多様性を取り除いてきたにもかかわらず、やはり地球上でもとびきり健康な人間だ。ありとあらゆる植物相、動物相、キノコを無傷のままに保つことを正当化するものは何だろうか——あるいは、そうしないと何が危険だというのだろうか？

これがオランダの誤謬《ごびゅう》による横暴であることを、グレッチェンは知っていた。つまりすべてのヨーロッパ人は、フィリピン諸島の漁師やアマゾン川の狩猟採集民と同じように、頑丈な惑星に頼っていたのだ。ヨーロッパの高い生活水準を可能とする資源は、ヨーロッパ人の目に入らないはるかかなたからやってきたものだった。ユーロで買うことのできるあらゆる輸入品のおかげである。富裕国は、まだ十分なリヴェットを装着している遠方の国の翼を利用して高い空を飛んでいるのだ。

だがいまや、そうした国々も矢継ぎ早にリヴェットを抜いていた。どのリヴェットが別のリヴェットより重要かの決定はすべて、地球的な生物圏に対するロシアンルーレットだった。グレッチェン・デイリーが受け入れていた真理は、ある程度のソフィーの選択は避けられないと知ることだった。「私たちはまだ多くの命を一緒に連れていけます」と、彼女は学生に語った。「しかし、あらゆる命を連れていくことはできないのです」

どの種が、あるいはどれだけの種が最低限必要なのかは、誰にもわからない。それでも生態学者の仕事は、人間が生きるためになくてはならない何か——たとえば授粉媒介者や水分保存者——が確かに存在すると示すことであり、そうした種もまたみずからを養ってくれる生息環境なしには生きられないのだと、われわれに理解させることだ。

数年が過ぎ、世紀が変わっても、デイリーとエーリック夫妻が、エネルギーに関するジョン・ホルドレンの計算——地球の生息環境はどれくらいの人間を安全に維持できるか——から引き出した評価は依然として変わらなかった。いかなる新たな奇跡のテクノロジーも、地球の競技場を広げることはなかったのだ。

実際に変わったのは、プレイヤーの数だった。人間は一五億人も増え、全員が空間と生きる糧を求めてほかのあらゆる生物と争っていたのだ。

# 第二部

# 第五章　島の世界——イギリス

## 1　外国人嫌い

セヴァーン川はイギリスで最も長い川だ。ウェールズの泥炭湿原に源を発し、東へ向かって弧を描きながらイングランド中部地方を抜ける。それから南に向きを変え、大河となってブリストル海峡に注ぎ、大西洋へ流れ込む。その流れの大半はシュロップシャー州に位置している。州内を三分の一ほど下ったところで、中世からの市場町であるシュルーズベリーを取り囲むようにして通過する。

少年時代のチャールズ・ダーウィンは、シュルーズベリーの寄宿学校で学んだのと同じくらい多くのことを、セヴァーン川の川岸で学んだ。ダーウィン家の庭の小道はセヴァーン川へと続いており、ダーウィンは朝食前にそこを散歩しては、甲虫類を捕まえて戻ってきた。また、いまではもうこの地で見られなくなったウズラクイナやナイチンゲールといった鳥や、いまだに見られる鳥、たとえばイギリスの三種のハクチョウ——コブハクチョウ、コハクチョウ、オオハクチョウ——に出会ったのだ。

地球の歴史のほとんどあらゆる地質年代が、セヴァーン川のシュロップシャー排水路沿いの露頭に見てとれる。五億年前、イングランド中部地方は現在の赤道の向こう側にあったため、当時のサンゴの名残《なごり》、石灰岩、海洋生物の化石、珪岩などが露出しているのだ。これらが若きダーウィンに格好のインスピレーションを与え、ダーウィンは二二歳のときにみずから赤道の向こう側へ向かった。一八三六年、イギリス軍艦ビーグル号での五年にわたる壮大な航海から帰国すると、ダーウィンは最初の夜をシュルーズベリーに戻って過ごし、一六世紀から続くライオン亭という宿屋で食事をした。

一七五年後、サイモン・ダービーはライオン亭に座り、難しい顔をしてシェパーズパイを食べている。四〇代半ばのダービーは、薄青色の目に濃く水平な眉毛をしており、短く刈り込まれた黒い髪は額のV字形の生え際で薄くなっている。彼もまた、イングランド中部地方、つまり工業都市バーミンガムのすぐ外側で育った。一七〇九年、彼の先祖のエイブラハム・ダービーは、コークスを燃料とする溶鉱炉を発明した。それによって、産業革命が可能となったのだ。ダービー鋳造工場はイングランドの、また地球の未来を変えた。世界初の鉄橋は現在でもセヴァーン川に架かっている。シュルーズベリーの郊外にある亜麻工場は世界初の鉄骨の建物で、現代の摩天楼の先駆けだ。ダービー社は世界初の蒸気機関車まで建造した。

サイモン・ダービーが生まれたときには、産業革命もダービー家の富も歴史のなかに消え去っていた。ダーウィンと同じく、ダービーも生物学と化学を学んだが、その学位を活用することはいっさいなかった。彼はコンピューターに熱中し、その後、脱工業化したイングランド中部地方の政治に携わり、最終的にイギリス国民党（BNP）という極右政党の副党首の座に就いた。彼はしばしば、ケンブリッジ大学で学んだBNP党首のニック・グリフィンの代役を務めている。グリフィンは、ユダヤ教徒やイスラム教徒に対する憎悪をあおったとして一度ならず訴追されているのだ。一九九八年には、ホロコーストをからかう一連の論文のために有罪とされた。だが二〇〇九年までに、グリフィンとダービーは、自分たちの弱小政党のイメージをそれまでの「スキンヘッドに革ジャンパー」から「きちんとした髪形にネクタイ」へと転換し、グリフィンは北西イングランド代表として欧州議会の議員に選ばれた。イギリス国民党は全国で一〇〇万票近くを獲得した。

イギリス国民党のスポークスマンとして、ダービーは自分自身の悪評を高めてきた。最も有名なのは、アフリカ系およびアジア系のイギリス人は「人種的外国人」と呼ぶべきだというイギリス国民党の要求を批判したウガンダ出身のヨーク大主教への反論だった。「彼は、イギリス人でありたい者は誰でもイギリス人になれると言いました」。ダービーはライオン亭のレストランでそう解説する。「しかし、生粋の、本当のイギリス人はどうなるのでしょうか？　それは、先祖から受け継いだ私の地位なのです。大主教の言葉は私のアイデンティティをおとしめます」。顔は紅潮しても、ダービーの声は穏やかなテノールのままだ。「だから、私はこう言ったのです。もし私がウガンダの村へ行き、ウガンダ人は遺伝的にみな雑種だから、誰でもウガンダ人になれると語ったとしても、それでも私は、自分自身から槍を抜きとろうとするでしょうと」

ダービーは肩をすくめる。「槍の描かれた国章を持つ国についてそういうことは、至極当然です」。彼は手にしたフォークを置く。「いいですか、本当の意味ではこの島に帰属していない世代が大幅に増えてきています。彼らは、この地における歴史を共有していない。彼らはそうした歴史が自分たちの遺産だとは感じていないし、それに注意を向けることもありません。では、なぜそうなのでしょうか？」

「オックスフォード大学に一人の人口統計学者がいます」と、ダービーは続ける。「その人はイギリス人は雑種であるというこの仮定の誤りを証明しようとしています。彼によれば、母方の祖父母がこの国生まれの人の九〇パーセントあまりは、誰でも一万年前まで祖先をさかのぼれるそうです。まさに氷河時代まで。私もそれを試してみました。母方、父方両方のDNAについて遺伝子マッピングを利用したのです。すると思ったとおり、私はデータベースで先祖代々のヨーロッパ人とされたのです。私にとっては十分な結果です」

金髪を耳の後ろに束ねた、頬のふっくらしたウェイトレスがやってきて「お客さま、お済みになりましたか？」とたずねる。

ダービーはシェパーズパイの最後の一切れにフォークを刺して「ああ」と答える。口を動かしながら、ウェイトレスをじっと見つめる。二人の青い目は合ったままになる。ウェイトレスの取り澄ました笑みが困惑に変わる。

「何か問題が……」と、彼女はたずねる。

「いや」ダービーは身を乗り出し、目を細める。「もしかしたら、ポーランドのご出身かな？」

「ええ、どうしてですか？」

「訛《なま》りに気づいたから」

「私の訛りに。そうですか」

「『大失敗（Lead Balloon）』というBBCの番組があるんだ。聞いたことがあるかい？　そこに、ポーランド人の役でマグダという少女が登場する」

番組のなかで、東欧出身の家政婦であるマグダは、イギリス式のやり方にしょっちゅうまごついている。「マグダには君とそっくりの訛りがあるんだ」

「そっくり同じですか？」

「そっくりだ」

「どんな番組なんですか？　『赤い風船（Red Balloon）』でしたっけ？」。皿を集めながら、ウェイトレスはたずねる。

「いや大失敗（Lead Balloon）だよ。『Red』ではなく『Lead』」

「ああ、なるほど。ありがとうございます」。そう言うと、彼女は戻っていった。

ダービーは体を起こす。「感じのいい女性ですね。自分の仕事をきちんとこなしている。しかし、イギリス人自身が仕事を必要としているのに、彼女がはるかに低い賃金で働くつもりだとすれば、わが国民はどう感じるでしょうか？　私はポーランド人が大好きです。しかし、彼らにこうたずねたことがあります。ポーランド政府が『わが国は数百万のヴェトナム人を移住させるつもりです。彼らは国民の賃金を切り下げ、ただ同然で働くでしょう』と言ったら、あなたたちポーランド人はどう感じるだろうかと」

ダービーは空のグラスを回し、角氷をカチカチ鳴らす。「彼らは我慢しないはずです、そうでしょう？　ポーランドで暴動が起こるはずです」

とはいえ、欧州連合（EU）によって認められている労働移動性――そのおかげで数千人という勤勉なポーランド人がイギリスで職を求めることができる――は、サイモン・ダービーのイギリス国民党にとっていらいらさせられるものにすぎない。それに対し、イギリス国民党もほかの西欧諸国の似たような政党も、あるものをはるかに重大な脅威と見なしている。「いまや、西欧文明に対する戦争が起きています――白人社会に対する文化的戦争が。この国のイスラム教徒は平均して六人の子供を持っています。一方、われわれ生粋のイギリス人はみずからの人口を維持すらしていません。イスラム教徒は、子供をたくさん持つほど自分たちの力が増すと考えています。イギリスの人口は七〇〇〇万人へ向かって増えています。それはとても持続可能とは言えません」

現在、イギリス人は六三〇〇万人近くいる。「そのとおり」と言って、ダービーは立ち上がる。「われわれは人口過剰にともなうあらゆる問題を抱えています。輸送と交通、強度のストレス、人々がたがいに重なりあって生活することで起こる暴力。単一文化社会では、それは非常に悪い状態です。多文化社会では、社会を不安定にします」

ライオン亭の外では、シュルーズベリーの町は絵葉書のように安定して見える。玉石を敷き詰めた通りのいくつかはアスファルト舗装に変更されているが、その配置は中世英語が話されていた当時から変わっていない。道行く人の装いは、単彩だったダーウィンの時代より色鮮やかだが、イスラム教徒が圧倒的な存在感を示しているわけではない——とはいえ、有名な鉄橋に近い東隣のテルフォードという行政区は、一三のイスラム教寺院（モスク）を抱えており、イギリスで最も速く人口が増えている町の一つだ。

「ヨークシャーのブラッドフォードは、いまやイスラム教徒の町です。彼らが町を動かしています。バーミンガムの大半で、イギリス人はもはや目立たない存在です。ロンドンでは現在、子供のうちで私のような生粋のイギリス人はたった一七パーセントにすぎません」

六月である。太陽に追いやられて、朝の雲は緑の地平線の向こうに姿を消していた。シャツ姿のサイモン・ダービーは、イングリッシュ・ブリッジ［訳注：ノルマン時代からセヴァーン川に架かっている石橋］に向かう。そこには川まで降りられる階段が設けられている。ヒジャーブにブルージーンズという姿の少女が二人、薬草店から出てきて、こちらに目をやることもなく通り過ぎる。携帯電話に夢中なのだ。

ダービーは首を振る。「彼らはわれわれを追い出してしまうでしょう」

西欧の多くの地域でこうした懸念がじわじわと広がっている。デンマークやオランダといった、かつてはイスラム教徒を迎え入れたリベラルな土地で、ファシズム的な政治運動が起こっている。こうした懸念はユーラビア(イスラム化するヨーロッパ)というあからさまな新造語に要約されることが多い。二一世紀の半ばまでにヨーロッパが巨大なイスラム教国になるというテーマをめぐり、インターネット上の扇情的なビデオによる仮想疫学が流布している。それらの主張には以下のようなものがある。

●フランスのイスラム教徒は一家族につき平均八・一人の子供がいる。南フランスではすでに教会よりモスクの数のほうが多い。フランスの子供の三〇パーセントはイスラム教徒である。パリでは四五パーセントだ。二〇二七年までに、フランス人の五人に一人が、一日に五度、メッカに向かって祈ることになる。

●オランダの新生児の五〇パーセントはイスラム教徒であり、二〇二三年までにオランダ人の半数がイスラム教徒になる。

●ベルギーでは国民の四分の一、新生児の五〇パーセントがイスラム教徒である。ブリュッセルではEUが、二〇二五年までにヨーロッパ生まれの子供の三分の一がイスラム教徒になるだろうと述べている。

●ドイツでは、出産適齢期にある女性一人あたりの子供がたった一・三人なので、人口崩壊は元に戻せない。二〇五〇年までにドイツはイスラム教国になる。

●ロシア軍の四〇パーセントは、まもなくイスラム教徒になる。

いずれもまったくの間違いだ。予測のうち高いほうの数値では、ヨーロッパの二〇〇〇万人のイスラム教徒——二〇一一年の人口の約五パーセント——が二〇二五年までに八パーセントに増えるとされている。だが、現実に存在するのは「イスラム恐怖症」だ。イングリッシュ・ブリッジの石造りのアーチの上で、サイモン・ダービーは、川岸を散歩する人やカワカマスをねらって竿を振る釣り人を身ぶりで示す。全員が白人のようだ。

「あの人たちは住宅ローンを抱えています。子供がいて、ペットを飼い、地方税を負担しています。しかし、第三世界からの移民は、週二五ポンドでアパート暮らしができます。諸経費がかからないため、より低い賃金でもやっていけます。こうして、わが同胞は家を失ってしまうのです。われわれにも権利はある。日本人は自分たちの国で望みどおりのことをやっています。われわれもこの国の主流派でありつづけるべきだと思います。なぜなら、ここはわれわれの国なのですから」

ダービーは階段で立ち止まる。「私がイランへ行くとすれば、そこにキリスト教会があるとは期待しないでしょう。しかし、この国で私がモスクがなくても当然だといえば、人種差別主義の悪党にされてしまうのです」

だが川岸に降りると——そこでは巨大なヤナギの古木が水面に枝を垂らしている——サイモン・ダービーは悪党ではなく、少年に戻る。怒りっぽい国粋主義者《ウルトラナショナリスト》は姿を消し、自然愛好家が現れる。ダービーは、川面の上空で急降下するさまざまな種類のツバメに大喜びする。

「ああ、あれはアマツバメだな——美しい小型の鳥。アフリカからはるばる渡ってきたんだ！」。メスのコブハクチョウのあとを、一孵りのヒナがついていくのをこっそりと見つめている。「これはイギリスで最大の鳥です。イギリスには三種類のハクチョウがいます。ここに定住しているコブハクチョウ、越冬性のオオハクチョウとコハクチョウはロシアやその周辺からやってきます。なかにはこの場所が気に入って、すみ着いてしまう鳥もいるのですよ」と、彼は誇らしげに言う。

「しかし、状況は変わっています。いまでは、ハクチョウを罠で捕らえ、食べる者がいるのです。東欧の人々です。実に嘆かわしい」。ダービーは黄色のくちばしで川岸を探っている大きなコブハクチョウを指さす。「彼らはああいうものを無料の昼食だと思っています。彼らはこの島の生態系、この島の自然に根付いていないのです」

ダービー率いるイギリス国民党は、環境問題を切り札にすることが多い。水圧破砕によるシェール・ガス掘削の停止やガスの探査禁止を求めたり、敵対する政治勢力である緑の党と協定を結ぼうとしたりしているのだ。また、イギリスの著名な医師、活動家、科学者の組織である適正人口トラスト（OPT）[1]の見解を採用している。この採用は一方的なものながら、両者の関心事には一致する部分がある。つまり、イギリスは一つの島嶼《とうしょ》生態系であり、その境界は海岸線によってはっきり描かれているということだ。ダービーが口にする七〇〇〇万人という人口は、二〇三〇年までに現実になるものと予想されている。これは、ヨーロッパ最大の都市ロンドンを、このますます混雑するイギリス諸島にもう一つ付け加えるのと同じことだ。

　この増加する人口の三分の二以上が外国人移民とその子供たちだ。イギリスはEUの加盟国として、ほかのEU加盟国からの求職者を快く迎えなければならないうえに、かつての大英帝国の臣民を受け入れるという慣習（それは、当初は労働許可の無制限な付与として、その後はポイント制による選択的な出入国管理として長年にわたって続いてきた制度によって実現されている）もある。かつて、それが主としてカナダ人、オーストラリア人、ニュージーランド人だったときには、気にする者はいなかった。その後、いわゆる「新英連邦」諸国――ナイジェリア、パキスタン、ジャマイカ、バングラデシュ――の国民が予想もしなかったほどやってきたために、サイモン・ダービーのようなナショナリストが現れたのだ。

　移民の受け入れを停止し「違法な移民をすべて強制退去させる」という自覚の目標には環境上の正当性もあると、ダービーは言う。この目標の実現にはおそらく時間がかかるだろうから、イギリス国民党は「過度に大きな家族を擁しつづけるコミュニティー」に経済的なペナルティーを課すことも主張している。

　彼らが提唱するイギリスの理想的な国民数は、四〇〇〇万人だという。こうした急激な人口の圧縮が環境や経済に及ぼす影響はともかく、国勢調査によると五〇〇〇万人を超えるイギリス人が白人であることがわかる。イギリスから有色人種を一人残らず追い出しても、一

（1）二〇一一年、適正な数字を示すことにかかわる論争を避けるため、適正人口トラストは活動名を「人口問題」に変更した。

〇〇〇万人を超える余計な白人が残ってしまうのだ。

イギリスの非白人のうち、イスラム教徒は二七〇万人にすぎないと見積もられている。ところが、サイモン・ダービーの目に映っているのは、自分が受け継いだと思っていたイギリスがセピア色の見慣れない海の底に消えつつある姿なのだ。そこでは、六人のイギリス人のうちの一人は、もはや彼の思い浮かべるイングランド人、ウェールズ人、スコットランド人の姿をしていないのである。

「悲しいことです。われわれはいまや、さまざまな文化の織りなす色鮮やかな虹なのだという考え方もありますが、それはナンセンスです。私の生まれ故郷のバーミンガムへ行ってごらんなさい。イスラム教マルクス主義者のリベラル派を見てごらんなさい。彼らは自分自身の欠点を、それを欠点とする体制そのものを破壊することによって隠蔽《いんぺい》しています。彼らは体制のすべてを堕落させているのです」

ダービーはシュルーズベリーの古い通りへ歩いて戻る。「この町はチャールズ・ダーウィンを生みました。私の先祖は工業をつくり出しました。われわれイギリス人は有能で、力もありました。われわれは裕福でした。誇りもありました。かつては超音速旅客機のコンコルドをつくったものです。いまでは、イギリスの航空機産業につくれるのはエアバスの翼くらいのものです。ジャガーはインド企業の持ち物です。ランドローヴァーも、MG［訳注：イギリス製のスポーツカー］もなくなりました。製鉄業も、炭鉱業も、海運業もなく、水産業はかろうじて踏みとどまっているだけです」

ダービーはどうしようもないというように手の平を上に向ける。「そのすべてが、私の生きているあいだに起こったのです」

## 2　虹

イギリス第二の都市であるバーミンガムは、サイモン・ダービーの先祖が鉄を鋳造し、鋼を鍛造し、偉大な産業革命に取りかかった場所だ。もともとあったアングロサクソンの小村は町の中心部のすぐ南、現在はハイゲイトと呼ばれている地域に位置していた。この地域の特徴は特徴がないことだ。第二次世界大戦のバーミンガム大空襲の瓦《が》礫《れき》の上に築かれた建物が、無表情な起伏を描いて続いている。ハイゲイトで例外的に目を引く建築物は、西欧でも屈指の規模を誇るバーミンガム・セントラル・モスクである。

一階から二階にかけての直線的な石造りの赤い外観は、かつてのバーミンガムの工場群を思い起こさせる。そこから上には、脱工業化時代の多文化的な現代にふさわしく、印象的な白いドームがそびえている。さらに、その二倍の高さがある一本の光塔《ミナレット》の先につけられた三日月形の突端が、天を指し示している。

毎週金曜日になると、三〇〇〇～四〇〇〇人の信者が、緑の絨毯を敷き詰めた祈禱所と女性用の回廊を埋める。祝祭日には二万人がやってくることもある。バーミンガムにはさらに、もっと小さなモスクが二九〇もあり、町の人口の約四分の一に当たるおよそ二五万人のイスラム教徒を支えている。さまざまな種類のモスクがあるのは、バングラデシュ、パキスタン、インドといった国々からやってきた移民が、同国人ごとに集まる傾向を持つためだ。かつて大英帝国が統治したイスラム諸国と同じく、ほとんどの人がスンニ派であるにもかかわらず、バーミンガム・セントラル・モスクは特定の宗派に属していない。「宗教法を広めるためではなく、瞑想《めいそう》を促すためです」と語るのは、インド生まれの創設者、モハンマド・ナジーム医師だ。

ナジームは、ハイボタンの黒いピンストライプのスーツを着た八〇代のきゃしゃな男で、この地のイスラム教徒が四倍に増えるのを目にしてきた。移民規制の強化にともない、現在では増加のペースは鈍っている。彼はこうも指摘する。英語を母語とする後続世代のイスラム教徒は、親の国籍にとらわれずに活動範囲を広げるため、バングラデシュやパキスタン出身の母親とは異なり、八人もの子供をつくることはないのだ、と。コーランに避妊を禁じる言葉はない。ハディース［訳注：ムハンマドとその教友の言行録］の七世紀の版では、膣外射精について論じられているほどだ。こんにちでは、家族計画を指導する地元のクリニックの待合室で、ヘッドスカーフを着けた女性を見ることも珍しくない。

「しかし、ダメージはすでに与えられてしまいました」と、医師であるナジームは言う。「彼らの親は、死にゆく子供、恒常的な働き手不足といった何世紀にも及ぶ歴史を背負ってこの国にやってきました。パスポートが新しくなっても、それがすぐに変わるわけではありません」

それを変えるのは時間だけだと、彼は言う。現在の世代はずっと少ない子供しか持たないだろうし、イスラム教徒の少女たちはいまや、キャリアを求め、オックスフォードやケンブリッジを目指して準備しているかもしれない。しかし、この世代は人数がはるかに多いから、しばらくのあいだ、イギリス社会というタペストリーに占める面積を拡大しつづけることだろう。もっとも、イスラム共同体の新たな急拡大は、生殖や移民によるものではない。

「イスラム教への改宗者が増えているのです。西インド諸島の出身者はもちろんですが、イギリス本土の白人でさえ改宗する人が増えています」と、ナジームは言う。白いローブを着て顎ひげを生やしたイギリス白人の待者が、茶を載せたトレイを持って現れる。

「その多くは女性です」と、侍者が口を挟む。

なぜ、イギリス人女性はイスラム教に改宗するのだろうか？

「イスラム教が提供する保護のためです。ヒジャーブで顔を覆ったり、チャドル［訳注：イスラム教徒の女性が着用するマント］で体を包んだりすると、より安心感があるのだそうです」

「五〇カ国、地球の人口の五分の一がイスラム教を信奉しています」と、ハジ・ファズラン・ハリド［訳注：ハジはメッカ巡礼をすませたイスラム教徒の称号］は言う。「そのことを恐れる人々がいます。私はそれをチャンスだと思っています。コーランは、アラーの恩恵を忘れず、地球を傷つけてはならないと教えています。イスラム教徒がそれを心にとどめれば、われわれは大きな変化をもたらすことができます」

バーミンガムに本部を置く「エコロジーと環境科学のためのイスラム財団」の創設者であるハリドは、そこから北へ三〇分の場所にあるバートン・アポン・トレントの公共図書館のカフェテラスに座り、レモネードを飲んでいる。そこからは、トレント・ウォッシュランズが見渡せる。枝を幹まで刈り込んだヤナギの古木やリュウキンカが点在する、川辺に連なる低湿地帯だ。背が高く、禿頭で、メタルフレームの眼鏡をかけ、顎ひげをきちんと整えたハリドは、考え事のためによくここへ来る。

セイロン（現在のスリランカ）からの移民であるハリドは、英国空軍で、次いで「イギリス人種平等委員会」の中部地区部長として数年働いたあと、大学院でイスラム神学の学位を取得するため公務から退いた。子供時代にジャングルがつぶされて茶畑にされるのを目にし、その後、ハイキングした中部地方の田園地帯に家が立ち並ぶのを見て、包囲攻撃にさらされている環境について、イスラムの教えがなんらかの指針を示しているかどうかを知りたいと思ったのだ。

コーランの初めの、イブラヒムがいかにして一神教を受け入れるかを述べる章《スーラ》で、預言者ムハンマドがイスラム教徒をハリファ、つまり地球の守護者に指名し、行き過ぎた開拓に警告を発していることに、ハリドは気づいた。スンナ――預言者ムハンマドの言行を集めたもので、コーランとともにイスラム法の基礎を構成する――では、アラーが地球とそのうちにあるすべてのものの唯一の所有者であるとされているのを、ハリドは読んだ。アラーが世界を人間に貸し与えているのは、活用させるためであり、乱用させるためではないのだ。

　ハリドが運営する非営利団体は「イスラム教徒家庭のためのグリーン・ガイド」を発行し、都市のイスラム教徒を「クリーン・メディナ」キャンペーンに動員してきた。遺伝子組み換え食品はハラール［訳注：戒律に則った食物］として認められるか、コーランにおけるリサイクルの根拠は何かといった問題に関する協議会を開催してきた。インド洋のサンゴ礁を守るため、ザンジバル諸島にイスラム法に基づく保護区を設定するのを手伝い、ダイナマイトを使った漁業を思いとどまらせるために研修会を開いた。世界最多のイスラム教徒を抱え、世界屈指の豊かな生態系を持つインドネシアでは、スマトラ島の宗教学者を説得して、世界初の環境ファトワー［訳注：イスラム法の適用をめぐって権威ある法学者が提出する意見］を出してもらい、違法な森林伐採、鉱山開発、焼き畑はハラーム、つまり神の法のもとで禁じられている行為だと警告を発した。

「二〇〇七年ライヴ・アース・イニシアティヴ［訳注：地球温暖化防止のための世界規模の非営利キャンペーン］」において、ファズラン・ハリドは、ダライ・ラマ、カンタベリー大主教、ローマ教皇などとともに、環境意識の高い一五人の宗教指導者の一人に選ばれた。「一五億人近い世界のイスラム教徒の多くは、富裕国よりはるかに少ない化石燃料しか消費しない貧困国の出身です」と、ハリドは言う。「しかし多くのイスラム教徒が、石油を産出する途方もなく豊かな国に暮らしてもいます。どちらも同じようにとがめられるべきです。裕福な産油国はその莫大な富によって、それ以外のイスラム教徒はその人口の多さによって」

コーランにおいて、ムハンマドは養えるだけの子供を持つよう人々に忠告していると、ハリドは言う。また、石油にどっぷりつかっている国々は、みずからの産業のもたらす影響について神聖な責任を負ってもいると付け加える。「モルディヴはいまや海底に消える運命にあります。つまり、気候変動のために地球表面から消える最初の国は、イスラム教国なのです」

ハリドは国連事務総長に助言し、チャールズ皇太子に意見を具申している。だが、どの程度耳を傾けてもらえたかはわからない。

「環境危機の根源にはわれわれの金融システムがあります。銀行は利息を取り、無から金《かね》を生み出しています」。コーランでは四つの別々のスーラで、「リバー」すなわち利子は、イスラム教徒の最も憎むべき罪の一つとして禁じられている。だがハリドは、イスラムの銀行業という言葉は矛盾していると考えている。それは、借り手から銀行利益を得るという策謀によって、利息を取ることを避けているのだ。

「われわれが無限に金を生み出し、アラーが有限なものとして創造した資源に使いつづければ、長期的な唯一のシナリオは環境破壊です。金はウイルスです。われわれがそれを取り除けば、環境を癒すことになります。人口と消費主義はおのずとエスカレートするものです」

だが、世界的な金融システムはいまや、大気のように文明に内在している。それは変えられるだろうか？　午後の日差しを浴びて黄金色に輝くトレント川を見つめながら、ハリドはコーランの三〇章四一節を引き合いに出す。「『人間の活動が原因で、陸にも海にも腐敗が広がった。アラーは人間に、神の元に戻る道を見つける手段として、みずからの活動を味わわせようとする』。この意味は、神はわれわれに自分たちのやり方の誤りを気づかせ、二度目のチャンスを与えるということです。われわれは神が与えてくださるチャンスを捕らえなければなりません」と、ハリドは言う。「無限の成長を競い合うなかで、われわれはこの地球という空間にあまりに多くのプレッシャーをかけています。そのプレッシャーが、地球にではなくわれわれの人口に、例外なく公平にかけられるとすれば、それは良き一歩となるでしょう」

## 3　最適条件

ケンブリッジで開催された「一九九三年世界適正人口会議」で、エーリック夫妻とグレッチェン・デイリーは、地球が安全に扱える人口は二〇億人であるという計算結果を発表した。この会議を計画したのが適正人口トラスト（OPT）だ。環境問題のシンクタンクであるOPTは、オックスフォード大学の古典学者にしてヨーロッパ全域で語学学校を開設したデイヴィッド・ウィリーによって、一年前に設立されていた。世界中を旅するウィリーはそのころ、地球がどれほど人口過密になっているかに気づき、何かできないものかと考えたのだ。

OPTのミッションは、特定の地域はもちろん世界全体にとって、適正で持続可能な人口を決定するための研究を推進することだった。その目標は遠大で、高名な支援者――尊敬を集めるナチュラリストにしてBBCの出演者でもあるデイヴィッド・アッテンボロー卿、霊長類学者のデイム・ジェーン・グドール、国連安全保障理事会の前イギリス代表のクリスピン・ティッケル卿——を集めたものの、研究資源は限られていた。OPTの主要な目的は、イギリスの人口を減らすキャンペーンに絞られた。

そのキャンペーンは当然ながら、イギリス国民党のような政党を生む人種政策を奨励するとして非難を招くリスクを負っていた。それに対し、OPTのメンバーや支援者はこう答えた。ヨーロッパに現在のような外国人恐怖症が広がるかなり以前の一九七三年に、イギリス政府の人口委員会は「人口を無限に増やしつづけるわけにはいかない」ことを認めざるをえないと結論していたのだ、と。それ以降、人口委員会の勧告を実現する施策が何もとられなかったため、政策決定に人口政策を取り入れるよう政府に働きかけるべく、適正人口トラストが結成されたのである。

それでも、人種差別主義者の仲間呼ばわりされれば、産児制限と優生学のかつての結びつきの不愉快な記憶が呼び起こされてしまう。島国である自国にとって適正な人口を決めようとする理由は、嫌悪や排他的政策ではなく、環境収容力に基づいていた。しかし、イギリスの人口増加の三分の二は移民によるものだったため、移民のさらなる受け入れに反対するからといって、移民そのものを嫌っているわけではないと他人に納得してもらうには、細心の注意が必要だった。(2)

OPTはさらに二つの目標を掲げていたが、どちらも一般の支持を得られそうにはなかった。一つ目は「多くの政治家や経済学者、実業界の人々が持っている見解、つまり永遠に拡大する経済は永遠に増加する人口とともに望ましく、かつ可能であるという見解に反対する」ことである。

二つ目は不吉なものだ。すなわち「人口を減らすことに失敗すれば、化石燃料、淡水、その他の資源が不足し、人間の集団的消滅につながるおそれがあるとの認識を広める」ことである。

二〇一〇年六月、適正人口トラストの議長を務めるロジャー・マーティンは、ロンドン中心部のブルームズベリーにあるラッセル・ホテルのバーで午後のお茶を済ませ、討論会が開催されるセント・パンクラス教会へ向かって通りを歩いていく。長身瘦軀《そうく》に白髪のマーティンは、ダークレッドのネクタイを締め、白いピンストライプの軽快なスーツを着ている。革のブリーフケースは何年も使っているもののように見える。マーティンは引退した外交官だ。アフリカで何年か過ごしたあと、世界においてひどく悪化している問題についてある考えを

(2) 合衆国では、シエラ・クラブ［訳注：米国の環境保護団体］と人口ゼロ成長（現在の人口コネクション）がともに、移民に反対すべきかどうかをめぐって激しい争いを続けている。エーリック夫妻とグレッチェン・デイリーは移民問題について、物理学者のアルバート・バートレットと科学文献のなかで討論したことがある。バートレットは移民受け入れの停止を求めている。

持って帰国した。彼は知ることに疲れているように見える。

　討論会は過剰人口をテーマとする展覧会に合わせた催しで、会場の地下聖堂《クリプト》ギャラリーは教会の地下墓地を改装したものだ。ロンドンにあるほかの多くの地下聖堂と同じように、ここが掘られたのは一九世紀初めである。産業革命の進展にともなう人口増加で田舎の墓地がいっぱいになったため、さらなる埋葬場所が必要だとの求めに応じてのことだった。数十年後、教会の地下聖堂は、衛生上の懸念から新たな埋葬が禁止された。おそらく、死後長時間が経過した遺体に天然痘《てんねんとう》ウイルスが残っている心配があったからだろうが、れんがで内張りされたこの地下室にはいまだに五五七人の遺体が安置されている。

　この展覧会の呼び物は、イギリスの画家で環境建築家でもあるグレゴール・ハーヴィーの五〇枚の絵だ。それぞれの作品は独自の色調を持っているが、すべてが顕微鏡で観察された増殖細胞の群れに似ている。狭い天井からびっしりと垂れ下がった作品は、カンバスからカンバスへと群れが変化し、制御から逃れているような印象を生み出す効果を持っている。作品ごとに、壁掛け式のプラカードに書かれた五〇の「哀歌《エレジー》」が添えられている。この画家の夫人にして作家のアレックス・ハーヴィーの手になるものだ。それぞれが、急成長のあとで崩壊が訪れた過去の社会を追悼している。それは更新世から始まる。この時代、最初のオーストラリア人と北米人が自分たちの新天地から、もともといた大型動物類を消し去ってしまったのだ。続いて、チグリス川とユーフラテス川に挟まれたエデンの園の土壌を不毛の塩類平原に変えてしまったシュメール人の悲劇、古代ギリシャの破滅の原因となった樹木のない裸の丘陵、ペルーから消えてしまったナスカ人やメキシコのオルメカ文明、かつては緑に覆われていたイギリスの原野を酸性化した青銅器時代の精錬所、気候変動によって滅んだグリーンランドの不運なヴァイキングの農民といったテーマが取り上げられていく。

それらを締めくくるのは、まだ記憶に残っている最近の出来事だ。すなわち、食糧生産能力が追いつかずに四〇〇〇万人を餓死させた中国の大躍進政策、破綻したルワンダにおけるフツ族によるツチ族の大虐殺、サヘル［訳注：サハラ砂漠の南縁の乾燥地帯］での悲惨な干ばつ、ハイチの恐怖政治、マダガスカルにおける赤土の海への流出などである。地下聖堂で、ここに葬られている人々を追悼する飾り額の脇でそれらの哀歌を読むと、落ち着かない気分になる。

討論会は地上にある教会の内陣で行なわれる。ここでも、論題は人口の増加にどう対処すべきかということだ。パネリストは六人いて、ロジャー・マーティンを含む三人がOPTの関係者である。ほかには、アフリカ都市部のストリート・チルドレン救援組織の女性リーダー、ケンブリッジ大学に所属する聖職者、『ニューサイエンティスト』誌の環境ジャーナリストがいる。BBCのラジオ4という科学番組の司会者が進行役だ。パネリストは、大理石模様の描かれた六本の柱の前に置かれた長テーブルに座っている。そこは教会の列柱のある半円形の後陣《アプス》のなかで、暗色のオーク材でできた信者席から、約一五〇人の聴衆がこちらを見ている。

最初の発言者であるジョン・ギルボー博士は、ユニヴァーシティ・カレッジ・ロンドンの家族計画および生殖保健学《リプロダクティヴヘルス》の名誉教授だ。襟に挿したオレンジ色の一輪のヒナギクが、ダークスーツのアクセントになっている。彼は、毎年ドイツあるいはエジプトに相当するものが世界に追加されていると指摘し、この惑星上にもう一つのドイツやエジプトを受け入れられる余地があるかどうかを想像してほしいと、人々に求める。また、メキシコ湾で世界の既知の残存埋蔵量より少しでも多く石油を採取しようとする近頃のBP社――かつてのブリティッシュ・ペトロリアム――の暴挙の背後にある人間の暴飲暴食ぶりについて語る。

「資源不足は主として人間の『長寿』によって引き起こされます」と、ギルボーは言う。「世界が経済学者ではなく生物学者によって運営されれば、人間をはじめ、いかなる種も無限に繁殖して広がることはできないと、誰もがわかるはずです。無限の繁殖は結局、食糧などの重要資源の枯渇を招き、最終的に、死による個体数の激減に至ります。みなさん、絶え間ない増殖は癌《がん》細胞の教義なのです」

ギルボーは、これほど論理的な事柄が大変なタブーになっているのはなぜかを推測し、強制される恐怖と密接に絡み合うようになったからだと結論する。人口管理という表現は人に嫌悪を催させると、ギルボーは言う。

「その言葉は中国を連想させます。ビッグブラザー［訳注：ジョージ・オーウェルの小説『一九八四年』（高橋和久訳、早川書房、二〇〇九年ほか）に登場する独裁者］による管理です。『人口管理』とは言わないでください。イメージが悪くなります」。最後に、ギルボーは次のように説明する。世界の出生率が下がっているにもかかわらず「過去の高出生率による人口急増のせいで、われわれは依然として問題を抱えています。それは人口の惰性と呼ばれるもので、少なくともあと二〇億人が確実に増加する理由です。これから親になる人々がすべて、いま生きているのですから」

次は、この催しを討論と呼ぶにふさわしいものにしてくれる人物の出番だ。パネリストのなかで唯一、反対意見の持ち主だと思われるからである。その人物、フレッド・ピアスは『ニューサイエンティスト』に寄稿するジャーナリストで、少し前に一冊の本を上梓していた。イギリスでのタイトルは『人口大激震』だが、合衆国での『来るべき人口崩壊』のほうが内容にふさわしい。ピアスは自著の前提を繰り返してこう言う。「実は、世界はいまや人口爆弾の信管を外そうとしているのです」

ピアスの説明はこうだ。世界の合計特殊出生率は女性一人あたり二・六人に下がっているが、一世代あまり前は五人だった。これは富裕国——キャリア・ウーマンは子供が多すぎて家庭に縛りつけられるのを嫌う——だけの話ではない。「人口の話になると悪者扱いされる、世界で最も貧しく最も無学な女性もそうしています」

女性が十代で結婚するバングラデシュにおいてさえ、平均出生率は三人に下がっているとピアスは言う。世界最大のカトリック国であるブラジルでも「いまでは大半の女性が子供は二人です。数百万人という女性が避妊するのを防ぐ手立てはないと、司祭も言っています。何が起こっているのでしょうか？　実に単純なことです。女性がついに小さな家族を選ぼうとしているのは、初めてそうできるようになったからです」

白いものの混じった薄茶色の髪を真ん中で分け、むさ苦しい灰色の顎ひげを生やしたピアスは、世界が人口戦争に勝利しつつあるという朗報に注目したいと言う。聴衆は石のように黙りこくっているため、納得しているのかどうかはっきりしない。ほかのパネリストについては言わずもがなだ。近代医学の進歩のおかげで、母親たちはもはや六人もの子供を産まなくても、次世代を確保できるだけの子供が生き延びてくれるのだと、ピアスは説明する。

「それが理解されるまでにはしばらく時間がかかりました。依然として五〜六人の子供が生まれ、そのほとんどが大人になっていたころは、人口爆弾が破裂していました。それが、二〇世紀に世界人口が四倍になった理由です。しかし、そうした段階は終わりを告げようとしています。子供は二人か三人で十分であることを、いまやわれわれは理解しています。豊かだろうと貧しかろうと、社会主義者であろうと資本主義者であろうと、イスラム教徒であろうとカトリック教徒であろうと、無信心であろうと信心深かろうと、政府の統制が厳しかろうと緩かろうと、世界の大半の地域において小さな家族は新たな規範なのです」

問題は、ピアスも認めるように、最近の低下した出生率においてさえ、ジョン・ギルボーが言うところの人口の惰性のために、世界人口は二一世紀半ばまでにさらに二〇億人増える可能性が高く、減りはじめるのはその後になることだ。

「しかし、こんにちの増加しつつある消費は、私の見るところ、この惑星にとって人口の増加よりはるかに大きな脅威です。最も裕福な七パーセントの人々が二酸化炭素排出量の五〇パーセントに責任を負っています。下から五〇パーセントを占める貧しい人々は七パーセントを排出しているだけです。人口の増加を止めたからといって気候変動になんらかの影響があるとは考えられません。人口爆弾の信管は外されようとしています。しかし、消費問題の信管にはまだ手もつけられていないのです」

ピアスの著作でも同じことが主張されていた。人口はすでにしっかりとコントロールされつつあり、人口問題への懸念は本当の脅威、つまり消費の問題から目を背けさせるものだと。著述はさらに、緑の革命のおかげで「一躍して、世界はマルサス［および］エーリックの呪縛から解放された」と進められていた。そして「ヨーロッパの冬」なるタイトルの章で、ピアスはこう警告している。「出生不足のせいで、この大陸は永続的な人口減少というきりもみ下降に追い込まれつつある……人口統計学的に言えば、ヨーロッパは余生を生きているのだ」

OPT議長のロジャー・マーティンが自分の発言の番になったときに思い浮かべたのは、人気《ひとけ》の絶えたサルデーニャ島［訳注：地中海の中央に位置するイタリア領の島］の村や、いまやオオカミが跋扈《ばっこ》するかつての東ドイツの町だ。マーティンの声は落ち着いているが、青白い頬にわずかに赤みが差している。「問題は消費か人口かではありません。その両方であるのは明らかです。影響の総量は一方に他方を掛けたものです」

ロジャー・マーティンは、OPTの支援者であるデイヴィッド・アッテンボロー卿の言葉を引き合いに出す。「これまでお目にかかった問題は例外なく、かかわる人数が少ないほど解決は容易になり、人数が増えれば解決はまったく不可能になった」

「解決策が、自分の出産をコントロールする権利を女性に与えることだという点で、われわれ全員の意見は一致しています。率直に言って『いずれにしてもそうなりつつあるのだから、心配しないで』などと言ったところで何の役にも立ちません。これは、それを起こそうとする者がいなくても、自動的に起こるプロセスではないのです。それを起こすためのプログラムに資金を与えるため、優先的な予算措置が必要です」

マーティンはピアスのほうを向く。「フレッド、これは貧しい人々を非難しているということではないいんだ」。そして、聴衆に向き直ってこう付け加える。「彼はよく、われわれについてそうした言い方をします。出産をコントロールする権利を女性に与えることは、貧しい人々が望みをかなえる助けとなります。彼らの望みとは、人口の安定です」

マーティンは、裕福な人々が二酸化炭素の排出量を大幅に減らさなければならないことを認める。しかし、いくらかでも平等めいた状態を実現するには、貧しい人々がより多くの二酸化炭素を排出する必要があるとも指摘する。「人口が増えれば増えるほど、その数値は大きくなります。人口の削減が早ければ早いほど、排出していい二酸化炭素の量が増えるため、より質の高い生活を支えられるのです」

マーティンの率直さは聴衆を動揺させる。炭素の排出をめぐる議論は通常、汚染を引き起こす化石燃料にただちに取って代わるべきクリーンで再生可能なエネルギー源が必要だという話になる。ところがマーティンは、こうした転換は、仮に起こるとしても近い将来にはありえないとの理解が広まっていると示唆してきたのだ。明日にでも転換したいという政治的意思が存在したとしても、全世界の工場、自動車、冷暖房を動かせるだけの再生可能エネルギー技術は、いまのところまったく存在しない。また、部品となる金属を採鉱し、太陽や風力を利用した発電設備を建設するのに必要な化石燃料は、二酸化炭素の排出に関して負債を生む。その負債を環境面で償却するには数十年かかる。その後でようやく、この設備が生み出すエネルギーは本当に無炭素《カーボンフリー》と見なされるのだ。それまでのあいだ、この惑星を生活に適した場所としておくために望みうる最善の方策は、あらゆる需要を生み出す人間の数を減らすことだと、マーティンは論じる。

「そうしなければ、今後生まれるすべての人間は、ほかの人に割り当てられる二酸化炭素排出量を徐々に減らすだけです」と、マーティンは結論を下す。

これで、火花を散らす応酬はほぼ終わりだ。ストリート・チルドレン・アフリカの代表でイギリスで教育を受けたベルギー人のサヴィーナ・ギーリンクは、関連する問題を提起する――ストリート・チルドレンは人口過剰の目に見える兆候なのだろうか？。そして、回答として当たり前のことを強調する。その子供たちの親が家族計画を活用していれば、路上で暮らす子供はほとんどいなかったはずだ、と。

「若者に向けて性教育をするなら、ストリート・チルドレンを最優先すべきです。彼らの六三パーセントが、路上生活を始めて一週間のうちに性交渉を持ちます。しかも、その九〇パーセントは避妊していないようです」と、彼女は警告し、自分の所属するNGOはいまや第三世代のストリート・ベビーの問題に取り組んでいるのだと付け加える。

サヴィーナの左に座る動物学者のオーブリー・マニングは大英帝国四等勲士で、八〇歳の威厳に満ちた人物だ。彼は人口問題にかかわる生物学を手短に説明した。「人類は急速に単一種――貪欲な単一種になりつつあります。われわれは、地球上のほかの生物を犠牲にして資源を飲み込んでいるのです」。将来に向けたあらゆる計画は「完全に人間中心に考えられています。われわれがより幸福になるために何ができるだろうか、というわけです。地球の資源を減らすことによって、自分自身の存在を脅かしていることを認識しましょう。なぜなら、われわれもほかの動植物種と同じように、クリーンな空気、クリーンな水、肥沃な土壌を再生する能力を持ち、それによって人間を生かしておいてくれる惑星に依存しているからです」

同世代のほかの生物学者と同じように、マニングは自分の属する種が、過去四〇億年のあいだにたった五回しか起こっていないような絶滅を引き起こしつつあることに当惑している――しかも、これまでの絶滅はつねに、途方もない地質的大変動か、軌道を外れた創造物がわれわれの惑星に衝突する際の宇宙的な惨事が原因だった。「人間の仲間である生物が大量に殺されていることにうんざりしています。多種多様な生物と地球を共有できなければ、われわれの子孫は人間として衰退していくでしょう。われわれは地球への負担を減らし、二酸化炭素排出量を減らし、三人目の子供を持つことを控えねばなりません。数は重要なのです」

道徳的な立場から人口論議を評価する簡単な方法があると言うのは、ジェレミー・カディック師だ。彼の所属するケンブリッジの教会は、初めて同性婚を祝福した英国国教会だ。「伝統的な道徳論議、たとえば妊娠中絶の権利をめぐる論議においては、誰かがこんなふうに言うのが普通です。『なるほど、それはあなたの意見ですね。私の考えは違います』。しかし『アドルフ・ヒトラーはある人種全体を根絶することは容認できると信じていました。それは彼の意見にすぎません』などと言っても、あまり説得力がありません。人口論議における問題が人間という種と文化の存続にかかわっているなら、さまざまな見解は各人の意見にすぎないという考え方は、率直に言ってばかげています」

人類の未来が人口増加に正面から取り組むことにかかっているとすれば、問われるべきなのは、それが実行できるのかどうかだ――そして、もしできるとすれば、どれだけ迅速にできるか、あるいはやらねばならないかだ。

「おそらく、大半の問題はおのずと解決するでしょう」と、その後の討論でフレッド・ピアスは述べる。だがこの晩、そうした意見を持つのはピアスだけだ。ここロンドンでは、新たな千年紀に入ってから人口が五〇万人あまり増加し、二〇二〇年までにさらに一〇〇万人増えると予想されている。ロンドンの自治区のあいだでは、開発業者はどれくらいの住宅を建てられるか、市は環境を守りつつどれくらいの住宅建設を許容できるかをめぐって論争が続いている。イングランドは毎年ますます混雑するように感じられ、貯水場は限界まで稼働し、二一世紀の半ばまでにさらに一五〇〇万の人口増加が予想されていることから、問題がおのずと解決するとは思えない。国家統計局の予測では、保健医療の効果で、イギリスの乳幼児の三分の一が一〇〇歳の誕生日を迎え、二〇三五年までに一〇〇歳以上の人口は八倍に増えるとされている。二〇五〇年までに、イギリスは西欧で最大の人口を擁する国になっているだろう。

「われわれは、この強制という言葉に煮え切らない態度を取っていると思います」と、オーブリー・マニングは言う。「政府と教会は、何世紀にもわたってより多くの子供を持つよう強制してきたことを思い出しましょう。われわれはこう認める勇気を政府に与えねばなりません。この世界は人口過剰であり、現実に起こりうる最善の事態は人口の減少なのだ、と」。聴衆から拍手が起こる。

こんにちの鈍りつつある人口増加率であっても、世界人口は二一〇〇年までに少なくとも一〇九億人に達するはずだ。この数字は環境保護論者を震えあがらせる。彼らは、現在の七〇億人でさえも世界は限界を超えて乱用されていると――そして一〇九億人という人口は実現しそうにないと警告する。七〇億人でも大気はすでに人が生きられない状態に近づいているからだ。しかし、実のところイギリスの人口は、過去二〇〇年にはなかった速さで増加しており、二〇三三年までに七二〇〇万人に達すると見られている（いまだに人口が増えているもう一つの先進国である合衆国は四億人に近づく）。二〇三三年までにバーミンガム一〇個分に相当する人口が増えることを踏まえ、持続可能なイギリスを実現するために適正人口トラスト（OPT）が掲げる独自の目標は、イギリス国民党の四〇〇〇万人よりさらに極端だ。最近になって新たな活動名から適正人口という言葉を外したものの、OPTの後身である「人口問題」がウェブサイトで依然として主張しているイギリスの適正人口は、一七〇〇万～二七〇〇万人である。

BBCの司会者があわてたのは、マニングが「C」で始まる禁句を持ち出したときだ。「何らかの種類の政策は、どこまでやると『強制的（coercive）』という言葉に該当するのでしょうか？」。マニングはそこを知りたがる。

どこまでという問題ではないようだ。先ほど拍手を送ったにもかかわらず、この場にいる聴衆は全員、中国の一人っ子政策やインドのインディラ・ガンディー政権による断種の強制を嫌悪している。だが、そうした手段をとる以外、目標に向かうスピードを上げる方法がはっきりしないため、この疑問はこんな反論を呼び起こす。女性が何人の子供を望むかを決めるのは、政府ではなく女性の権利であるべきだ、と。突如として、一つにまとまっているように見えた聴衆が、次の問いをめぐって分裂する。女性は、多すぎる人間に破壊されつつある自然を守るための厳しい決断による犠牲者なのか、それとも受益者なのか？

聴衆のなかの一人の男性が立ち上がる。「多すぎる子供が環境の命運を絶つという根拠で家族計画を推進するなら、恐怖政治や道徳的脅迫を利用していることになります。あなたは人々に選択権を与えていません。最後通牒《つうちょう》を突きつけているのです。これは、女性に対するあからさまな道徳的強制です。私の定義する正しい選択をしなさい、さもなければ、図々しくも子供を産みすぎ、自分一人の力で地球を破壊することになりますよ、というのですから。

第三世界における家族計画が、女性の権利拡大に資するという考え方は疑問です。歴史に現れたマルサス主義者はすべて間違っていました。ポール・エーリックもそうです」

彼にもまた拍手が送られた。子供をつくるという自然な衝動を抑制するという考えが、どれほど大きく感情を混乱させるかがわかる。

「それは、世界のなかで裕福な人々に支持されている立場です」と、オーブリー・マニングはやり返す。「地球は無限だ。テクノロジーを操って食糧供給を増やせばいいではないか、というわけです。しかし、われわれはいまや下りのエスカレーターを上っているのです。いつまでも人口を増やしつづけられるなどと、どうすれば考えられるのか、想像がつきません。それは、現在のやり方を続けるなんらかの権利がわれわれにはあるという考え方です。地球がいつまでも養ってくれると信じているなら、夢想の国に住んでいることになります。決断ということに関して言えば、誰がオランウータンを代弁するのでしょうか？」

ふたたび大きな喝采が起こる。

不思議にも、二つのことが語られないままだ。一つはヨーロッパの人口高齢化。現在、ある本がイギリスで売れている。フレッド・ピアスと同じく人口の崩壊をテーマとした『空《から》の揺りかご――低下する出生率は世界の繁栄にいかなる脅威を与えるか、それにどう対処すべきか（*The Empty Cradle: How Falling Birthrates Threaten World Prosperity and What to Do About It*）』だ。著者はアメリカ人のフィリップ・ロングマン。この本では、年金や経済が破綻しないように、西欧人はもっと子供を産むよう推奨されている。

もう一つの看過されている問題は、その晩の参加者の肌の色から明らかだ。つまり、その場にいる全員が白人なのである。人口過剰に関する二時間に及ぶ討論はロンドンで行なわれ、イギリスの人口増加の主な原因は移民だという政治的に厄介な事実にはいっさい言及がない。この部屋に欠けているゾウは、移民に似た何者かなのである。

この奇妙な事実から思い起こされるのは、その晩の早い時間にフレッド・ピアスが述べたものの、何の反応も呼ばなかったコメントだ。彼によると、あるイスラム大国は、毛沢東やインディラ・ガンディーの狂信的な息子サンジャイ流の強制をせずに、かつての高出生率を人口置換レベル以下に押し下げたというのだ。

「過去二五年間で、イラン女性がヴェールの向こうで産んでいる子供の数は、八人から二人未満――平均で一・七人――に急減してきました。こんにち、テヘランの女性が産む子供の数は、驚くべきことに、ニューヨークに住む姉妹より少ないのです」と、ピアスは言った。

誰にとっても初耳のようだった。

# 第六章　教皇庁——ヴァチカンとイタリア

## 1　知の聖所

サン・ピエトロ大聖堂の裏に一本の細い道がある。それは北へと延びて衛兵検問所を通り過ぎ、緩やかな坂を上っていく。頂上に達すると、気候が変動したかのような錯覚にとらわれる。ヴァチカン庭園の芝生に影を落としていたマツとレバノンスギに代わって、カナリア諸島からやってきたナツメヤシの木立が下方に広がっているのだ。

ヤシの木立に囲まれて、大理石を敷いた楕円形の中庭と、絢爛《けんらん》な化粧漆喰《スタッコ》のレリーフで覆われた豪華な屋敷がある。この建物は一五五八年に教皇パウルス四世の夏の別荘として建築が始まったが、教皇はそこで一泊もすることなく他界し、三年後に後継者のピウス四世によって完成された。ピウス四世は建築技師に命じ、さまざまな要素を含む、意匠《いしょう》を凝らした外装を彫刻させた。それは一見するとキリスト教とはほとんど関係なさそうに見える。代わり

ピオ四世荘、ヴァチカン（写真：catarina belova/shutterstock.com）

に、その彫刻は神話を思い起こさせる。アポロ、ミューズ、パン、メドゥーサ、さらには酒の神バッカスまでが居並び、天には十二宮図が描かれている。だが、ルネサンス期の博識な教皇にとって、この「ピオ四世荘」の正面《ファサード》は、キリスト教以前の異教信仰に対する教会の勝利を象徴するものだった。古代ギリシャの神々の肖像は、勝利を収めたキリスト教世界の寓意《ぐうい》画にされていたのだ。光り輝く白壁に描かれたヘラクレスとキュベレは、キリストと聖母マリアを連想させた。同じように、別荘の噴水の柱廊《ロッジア》には、アドニスとヴィーナス、ジュピターとアマルテイアが描かれていた。

　中庭に面した礼拝堂の上には、ピウス四世の紋章が「*Pontifex Optimus Maximus*（至高なる司祭）」という言葉とともに刻まれている。別荘の内部はオーソドックスなもので、丸天井に、創世記や出エジプト記から、キリストの人生と苦悶《くもん》、さまざまな聖徒との出会いにいたる場面がフレスコ画でふんだんに描かれている。

一九三六年以来、ピオ四世荘にはローマ教皇庁科学アカデミーが置かれている。信仰と科学が両立可能であることを証明すべくこのアカデミーが創設されたのは、一八四七年のことだった。その年、教皇に選出されてまもないピウス九世が、かつてガリレオの主導したローマ科学アカデミーを復活させたのだ。こんにちでは、世界中の約八〇人の科学者が会員になっており、四分の一はノーベル賞受賞者だ。会員名簿には非カトリック教徒も含まれ、物理学者のスティーヴン・ホーキングのように無神論者と疑われる者さえいる。科学者たちは年に数回集まると、現代の重要問題を論じ、会報を発行する。

アカデミーの創設者であるピウス九世は、三二年近い在位期間の初めのころは進歩的な改革者として人気を集めていた。彼はまた、教皇領の最後の領主でもあった。教皇領は現在の中部イタリアの大半を占めていた土地で、コンスタンティヌスやシャルルマーニュ（カール大帝）といった皇帝をはじめとする富裕な後援者から寄進されたものだった。しかし、イタリアの国家主義者はやがて、現在のヴァチカン市国を形成する一一〇エーカー（約四四・五ヘクタール）を除くすべての領土を教皇領から奪い取った——そして、庶民派だった教皇を反動主義者に変えた。ピウス九世は、聡明にも教会内に学術団体を組織したことではなく、台頭する世俗的な潮流に抗してカトリック信仰を強固にすべく、一八六九年に第一ヴァチカン公会議を召集したことで最もよく記憶されている。

第一ヴァチカン公会議の何より注目すべき成果は、教皇の不謬《ふびゅう》性の教義が宣言されたことだった。教会の歴史上で初めて、道徳や信仰の問題に関する教皇の教えは聖霊の神聖な導きに基づいており、したがって撤回できないとされたのだ。この宣言がのちに、カトリック教会とピウス九世の教皇庁科学アカデミーを厄介な袋小路に追い込むことになる。

教皇庁科学アカデミー院長のモンシニョール・マルセロ・サンチェス・ソロンド［訳注：モンシニョールは高位聖職者への尊称］は、ピオ四世荘の磨き上げられた硬材製の長テーブルに座っている。頭上には、ツッカリ作のフレスコ画「聖カタリナの神秘の結婚」が飾られている。アルゼンチン人のソロンドは七〇代初めで、背が高く鼻筋が通り、眉毛は濃く、白髪混じりの髪の生え際は頭のてっぺんまで後退している。鎖につないだ金の十字架と縁なしの読書用眼鏡を、黒の上着と聖職者用シャツを着た胸元にぶら下げている。哲学教授であるモンシニョール・サンチェス・ソロンドがこの地位に就いたのは、一九九四年のある事件の五年後のことだった。その事件が教皇庁をあの袋小路に追い込み、彼を任命した教皇ヨハネ・パウロ二世を激怒させたのだ。

一九九四年九月、一〇年ごとに開催される「国連人口・開発会議」の第三回会議がカイロで開かれる予定になっていた。ヴァチカンは二年前、リオデジャネイロで開かれた地球サミットで、人口問題に取り組もうとする生態学者の努力を台無しにしていた。いまや、ヴァチカンはまたしても、教皇庁家族評議会がその春に『人口趨勢《すうせい》の倫理的・司牧的側面』と題する論文で述べたように、「世界の人口趨勢に関する人騒がせな見解」が参加国のあいだで主流にならないようにしなければならなかった。

家族計画プログラムへの妨害工作は、いまに始まったことではなかった。教皇庁は数十年にわたり、米国家族計画連盟をはじめとする団体にスパイを送り込んでいた。カトリックの連邦下院議員は、米国カトリック司教会議の後押しを受け、数年のあいだ圧力をかけたあとで米国国際開発庁（ＵＳＡＩＤ）人口局長のライマート・ラーヴェンホルト博士を追放した。人口局の創設以来、国際家族計画プログラムを作成してきた人物だ。来《きた》るべき国連人口会議に備え、ヨハネ・パウロ二世は、地球の人口状況に関する白書を準備するよう教皇庁科学アカデミーに指示した。教皇が自信を持つのには理由があった。一九八一年にみずから創設した教皇庁家族評議会が、世界の人口増加率は一九六五年から七〇年にかけてピークに達し、現在は自然に低下しつつあると報告していたのだ。二一世紀に人口が四倍になることはもはやないと、評議会は予測していた。人口増加率は、幾何級数的に急上昇したかつての途方もない水準の三分の一にすぎないかもしれない。

教皇庁家族評議会を構成するメンバーは、枢機卿、司教、既婚のカップルであり、科学者はいなかった。今回は、教皇庁科学アカデミーの三人の会員に加え、数人の人口統計学者と一人の経済学者が、報告書を作成するために選ばれた。この報告書は、表向きは教皇庁家族評議会に同意し、カイロ人口会議におけるヴァチカンの立場の正当性を立証することになっていた。

一九九四年六月、彼らは報告書を公表した。七七ページに及ぶ『人口と資源』は、世界と地域の人口統計的・経済的趨勢を跡づけるものだった。天然資源、技術開発、水、緑の革命を織り込んだ食糧生産が検討され、教育、家族問題、女性問題、労働、文化、宗教、道徳、倫理が考察されていた。こうしたあらゆる変数が相互に作用しあう時間枠を考慮に入れて、報告書はこう結論していた。

長期的に見て、人口の無限の増加は不可能であるように思える。病気や死――それらが増えるというのはもっともらしいが――をコントロールするために人間が獲得してきた能力からして、いまや、一組のカップルにつき二・三人超という人口置換出生率が無限に維持されるとは考えられない。これに反する人口統計上の結論は、ばかばかしいまでに擁護不能である……死亡率の低下から生じる長期的帰結を考慮すれば、全世界的な出産の抑制が必要となるのは避けられない。この抑制に、科学的・経済的進歩と人類のあらゆる知的・道徳的エネルギーを動員して取り組まなければならない。地球上のあらゆる地域間の、また現在と将来の世代間の、尊敬、平等、社会正義を保証するためだ。

「それは」と、モンシニョール・サンチェス・ソロンドは鋭い口調で言う。「報告書作成チームの意見でした。教皇庁科学アカデミーの意見ではなかったのです」

イタリア人司教会議による報告書の発表の数日後、ヴァチカンのスポークスマンたちは、みずからの権威ある学術団体の勧告からヴァチカンの政策を切り離そうとした。

「この報告は、実施された研究を総合したものではありません。データと、編集上の検討にともなって生じた問題を解説しただけです」と、教皇庁家族評議会の事務局長は明言した。「科学アカデミーの任務は、科学の進歩に貢献することであり、教会の教えや教皇庁の司牧戦略の表明では［ない］」と、ヴァチカン・ラジオは放送した。

激怒したと伝えられる教皇は、どうして教皇庁生命アカデミー――ヴァチカンの反中絶・反避妊キャンペーンを支持するために、教皇みずからが最近創設した科学者の新たな顧問団――にその仕事を任せなかったのかと悔やんだかもしれない。だが、さすがの教皇にも、何人ものノーベル賞受賞者を擁し、国際的にも信頼されている権威ある教皇庁科学アカデミーを解散するという選択肢はなかった。

五年後、「生存と持続可能な開発のための科学」と題された研究週間のあとで、モンシニョール・サンチェス・ソロンドが科学アカデミー院長に就任したとき、アカデミー会員はもう一つの刺激的な声明を発表した。

地球は、相互に作用しあう多くのプロセスによって脅かされている――天然資源の枯渇、気候変動、人口増加（たった五〇年で二五億人から六〇億人以上へ増えた）、急拡大する生活の質の格差、環境経済の不安定化、社会秩序の崩壊など。

ピオ四世荘のファサードに描かれた古代ギリシャの合唱隊が歌う戒めのように、アカデミーの科学者の声は高まり、枢機卿や教皇にこう助言する。神の創造物、すなわち地球における尋常ならざる時点での尋常ならざる展開には、尋常ならざる手段を認めるべきだ、と。こんにち、人口が七〇億人に達し、一〇〇億人を突破する勢いで増えているときに、教会はどう対応するのだろうか？

「私が神学校に通っていたころ」と、モンシニョール・サンチェス・ソロンドは言う。「人口増加のせいでわれわれが食べられなくなる時が迫っていると言われていました。しかし、そんなことは一度も起こりませんでした。私の世代の社会学者が産児制限を勧告していたとき、教皇は反対していました。いまや、教皇は正しかったことがわかっています。もはや人口過剰について耳にすることはありません。現代の社会学者は人口の減少を心配しています。ヨーロッパの人口は減りつつあるのです」

ヨーロッパ大陸の人口増加は、実際、いずれ減少に転じかねないところまで鈍化しているが、厳密にはまだ減少していない。人口が真っ先に減少しはじめるのは、カトリック教国であるイタリアだろう。イタリアの出生率は、子供を産める女性一人あたり一・四人を下回っているのだ。

「これは重大な問題です」。革張りのロッキングチェアを前後に揺らしながら、サンチェス・ソロンドは言う。「カトリック教国だからというだけではありません。イタリアの伝統は家族だったのです」。ソロンドは両手の指先を合わせる。「われわれ司教は大いに懸念しています」

とはいえ、イタリアの公立学校が空席だらけになっているわけではない。東欧ばかりか、アフリカやアジアからあふれ出した移民の子供がその穴を埋めているからだ。イタリアにもイギリス国民党に相当する政党がある。反移民、特に反イスラム教徒を標榜する北部同盟《レガノルド》だ。非主流派のイギリス国民党とは違い、レガノルドは北部イタリアの最も有力な政党の一つで、ほかの地域からの自治権――ときには完全な独立――を主張している。

反移民政策は、イタリアで難民を援助している教会にとっては問題だ。しかし、難民の存在そのものが厄介な現実を浮き彫りにしている。つまり、ヨーロッパ以外の大陸は養える人数を超えた人間を抱えているのだ。腹をすかしたこうした群衆は、ヨーロッパ人より多くの子供を産む。ヨーロッパの乳児死亡率はほぼゼロで、一家の生計は子供の労働に依存しておらず、長年にわたって聖ペトロの影響下にあるにもかかわらず避妊具が手軽に利用できる。

二〇〇九年、教皇ベネディクト一六世は回勅「カリタス・イン・ヴェリターテ（真理における愛徳）」で、貧困と人口の集中というこの問題について述べた。教皇はグローバルな市場経済を公然と糾弾《きゅうだん》した。それは、俸給、社会保障、労働者の権利を抑圧して利益の最大化を図り、工場労働者の賃金や手当てを最低限に抑えようとする競争に貧困国を追いやり、現実の成果を上回る不幸をもたらしているというのだ。また、消費者への誘惑は人間の価値観や地球を傷つけるとして非難した。

新千年紀の初代教皇であるベネディクト一六世は、その在任中、「緑の教皇」として知られるようになった。数千という太陽電池をヴァチカンの講堂の屋根に設置したり、二〇〇九年にコペンハーゲンで開かれた気候変動に関する国際会議の失敗に対し、公然と不快感を表明したりしたためだ。カリタス・イン・ヴェリターテにおいて、彼はこう宣言している。「教会は神の創造物に対して責任を負っており、公共領域においてこの責任を果たさなければならない。そうするなかで、大地、水、大気を、あらゆる人々に帰属する神の贈り物として守らなければならない」

ところが教皇は、環境に対する道徳的責務と、増大する人口を維持することのあいだに対立はないと述べた。

人類は、自然に対する管理責任をしっかりと果たしています。自然を守り、その果実を享受し、先進技術をともなう新たな方法で自然を育むことによって、世界の人々に住む場所と食料を提供しているのです。この地球上には、あらゆる人々を受け入れる余地があります。つまりここでは、家族である全人類は威厳をもって生きるための資源を、自然そのもの——神からの子への贈り物——の助けを借りて、また勤勉と創造性を通じて発見しなければなりません。同時にわれわれは、地球を将来世代に手渡すという重大な責任を認識しなければなりません。しかも、彼らもまた地球上で立派に暮らし、地球を育みつづけられるような状態で手渡すのです。

人間が自然を助ければ、自然も人間を助けてくれるはずだ。それは単純な話に聞こえる。だが、人間の数が増えつづけているにもかかわらず、自然の恩恵は逆に減りつづけているのだ。二酸化炭素を吸収する現存の森林を犠牲にすることなく、どうやって「あらゆる人」を食べさせるか。それこそが、教皇庁科学アカデミーが解決を担うべき課題だと、モンシニョール・サンチェス・ソロンドは言う。そして、科学アカデミーはそれに取り組んでいると信じている。

ソロンドは、革装の書物が並んだ書棚を振り返る。金箔《きんぱく》で型押しされた書名が、壁に取りつけられたクリスタルの燭台《しょくだい》の下で輝いている。燭台にはいくつもの小型蛍光灯が組み込まれているのだ。探し物が見つからないため、ソロンドは丸天井によく響く朗々としたバリトンで、出入り口に向かって呼びかける。一人の神父が、最近のアカデミー研究週間の会報を手に現れる。「食糧安全保障のための遺伝子組み換え植物」というのがそのタイトルだ。

「食料は底を尽きかけてなどいません」。会報の目次を開きながらサンチェス・ソロンドは言う。「新種の作物が出てきています。発展途上国、とりわけメキシコ、ブラジル、アルゼンチンは、それで生計を立てています。これらの国はこうした作物だけを生産し、アジアで販売しているのです。貧しかった人々が豊かになりつつあります――彼らは牧牛よりも遺伝子組み換えダイズの栽培によって、より多くの収入を得ているのです」

会報中のいくつかの論文で、ゴールデンライスの事例が説明されている。遺伝子組み換えによって、ラッパズイセン、トウモロコシ、土壌バクテリアの遺伝子をイネに組み込み、ベータカロチンがつくられるようにしたものだ。ベータカロチンは続いてビタミンAをつくる。このアイデアは、ビタミンA欠乏症による、世界で数百万に及ぶ失明と死亡の症例と闘うためのものだった。ゴールデンライスはスイスで最初に開発され、フィリピンの国際イネ研究所（IRRI）の付属機関がその後の改良を担った。IRRIはメキシコにある国際コムギ・トウモロコシ改良センター（CIMMYT）の熱帯版だ。そこでつくられる穀物がサツマイモのように黄金色なのは、同じ理由、つまりベータカロチンのためである。

風味は白米と区別がつかないうえ、開発されたのは一〇年以上前だというのに、ゴールデンライスはいまだに手に入るようになっていない。遺伝子組み換え作物への広範な反対のためだ。遺伝子組み換え植物は異種交配し、本来の遺伝的性質を永遠に変えてしまうので、作物の生物学的多様性が失われるのではないかと懸念されているのだ[1]。ヴァチカンの研究は、こうした考え方を正すことに向けられた。その根拠は、現代の作物は数千年にわたり、人間による改良のために選別されてきており、したがってその祖先とはまったく似ていないということだった。

モンシニョール・サンチェス・ソロンドは、著名な生態学者で教皇庁科学アカデミー会員、また長年ミズーリ植物園長を務めたピーター・レーヴンの執筆した項目に目を落とす。

（1）遺伝子を組み換えられたゴールデンライスがもたらすビタミンAは、そもそもビタミン豊富な葉、野菜、ミルク、卵よりはるかに少ないと主張する批判者もいる。

「レーヴン博士によれば、遺伝子組み換え技術は、実は生物多様性の保全に一役買うというのです」。この研究週間にレーヴンは、世界規模で種が絶滅しているペースからして、二一〇〇年までに三分の二が消えてしまうかもしれないとする論文を提出した。これほどの絶滅は、六五〇〇万年前、恐竜を含めて地球上の生物の同じく三分の二が消え去った事態に匹敵するものだ。そのケースでは、小さな町ほどもある小惑星がユカタン半島に激突したのだった。今回、その小惑星に当たるのが人間である。一つ救いになるかもしれないのは、遺伝子組み換え作物を植えることだと、レーヴンは提案する。遺伝子組み換え作物は密植できるので、従来型の農業と比べ、ほかの植物から奪い取る土地が少なくてすむ。遺伝子を組み換えたこれらの品種は野生の類縁種と簡単に交雑するので、野生種が消えてしまうのではないかという懸念については、レーヴンは神話だとして一蹴していた。

サンチェス・ソロンドは、ピーター・レーヴンの科学的名声の始まりが、ポール・エーリックという昆虫学者と共同で執筆した、チョウ類と植物の共進化に関する一九六四年の古典的論文にあることを知っているかもしれない。そうだとしても、彼にとってはどうでもいい些事《さじ》なのだ。

「遺伝子組み換え食物が健康に悪いとしたら」と、彼は言う。「自然がそれに反逆していることでしょう。ウシに肉を与えて育てると、人間が狂牛病にかかってしまうようなものです。事態が経済的にもっとうまく統制されてさえいれば、あらゆる人に十分な食糧が行き渡っているはずだと、教会は考えています」

この議論の一部は、食糧が人間を支える手段というより、市場性の高い商品と化していることへの教皇ベネディクト一六世の激しい非難に呼応するものだ。だが、それはまた、合衆国の外交的な説得に応えようとするものかもしれない。ジョージ・W・ブッシュ政権は、妊娠中絶を支持する外国の家族計画プログラムへの援助を打ち切ることでローマ教会に取り入り、バイオテクノロジー関連の農産業のためにヴァチカンでロビー活動を展開した。世界の飢えた人々を食べさせる手段は、遺伝子組み換え作物だと主張したのだ。このロビー活動の目的は、遺伝子組み換え穀物に反対している貧困国のカトリック聖職者を黙らせることだった。遺伝的に新しい品種は雑種《ハイブリッド》であるため、生殖能力がないか、それだけの活力を失っていることが多い。そのため農民は、作物を育てるのに必要な肥料や農薬だけでなく、毎年新たな種子を購入しなければならない。保守的なアフリカ・カトリック司教会議でさえ、農業バイオ技術を次のように非難してきたほどだ。「伝統的な種まきの手法を無効にすることで小規模地主を破産の危険にさらし」遺伝子組み換え生物をつくりだす「企業に農民を依存させる」ものだ、と。

どうやら、彼らは屈服してしまったようだ。「教皇聖下がおっしゃったように、将来のすべての人にとって食糧は十分にあります」と、サンチェス・ソロンドは繰り返す。「教会が示そうとしているのは、新たな遺伝子組み換え技術がその実現に役立つということなのです」

しかし、ＩＲＲＩとＣＩＭＭＹＴの科学者は、遺伝子組み換え技術が飛躍的に進歩して実際に世界を養えるようになるまでには、まだ数十年が必要だと警告している――ましてや、新たな技術が発見されるのはもっと先の話だ。また、緑の革命の創始者であるノーマン・ボーローグは、人口の増加も抑制しなければ、世界全体を飢えさせないでおくことは不可能だと主張したのである。

「それは教会の考えとは違います。教会は神意を信じています。どうやらその方は信じていなかったようですね」

だが、神意はどこまで及ぶだろうか？　教皇ベネディクト一六世が、あらゆる者にとっての十分な余地と資源について書いたとき、教皇は人間だけでなく、あらゆる生物種を意味していたのだろうか？

「人間も動物も自然法に従っています。科学者がその法を解読し理解するには時間がかかります」。サンチェス・ソロンドは一呼吸置いてから言う。「われわれは自然法を尊重しなければなりません」

サンチェス・ソロンドはまた一呼吸置くと、人口増加によって生物多様性がどの程度侵害されるかについて、教皇庁科学アカデミーはまったく研究したことがないと認める。「しかし、自然を尊重するとは、自然を賛美しながら突っ立っていることではありません。教皇パウロ六世はかつて、科学者の目標は、人間と自然そのもののために自然の潜在力を伸ばすことであるべきだと言いました。自然はどう働くのか、自然法とは何かを、われわれは理解しなければなりません。それから、自然を完成させるのです」

## 2　天と地

自然法は不変なのだろうか？　それとも、時間、環境、解釈によって変化するものだろうか？　生物学の法則は発展するが、物理学の法則はそうではないと言われるかもしれない。偶然の突然変異によって、生物の系統がまったく新たな角度にゆがめられる可能性はある。一方、重力の法則がいつか無効になることはありそうにない。だが、カトリック教会では一八七〇年のある時点から、法は不変になった。すなわち、教皇ピウス九世と顧問たちが、教皇領を奪われたせいで領土が一平方マイル（約二・六平方キロメートル）の半分を下回り、国民はわずか一〇〇〇人ほどにすぎなくなり（現在と同じく、ほとんどが男性）、みずからの権力が実質的になくなったことを悟ったときである。何とかしないといけない……。

こうして第一ヴァチカン公会議が開かれ、教皇は不謬であるとの考え方が認められることになった。それは、何世紀にもわたって話題に取り上げられてきた考え方で、歴代の教皇のあいだでも賛否が分かれていた。また、どこまで思い上がった主張をするのかとして、教皇を中傷することをねらったプロテスタントの流言ではないかとも疑われていた。ところがいまや、聖書に登場する預言者や使徒以来初めて、信仰と教義の問題について一人の人間——ローマ教皇——の語る言葉が、単なる意見や命令ではなく、神の啓示になったのだ。神自身の権威が教皇に吹き込まれたのである。

権力は回復された。しかし、教皇の不謬性はもろ刃の剣だった。いまは亡きヴァチカンの歴史家、オーガスト・バーンハード・ハスラー神父が指摘したように、教皇の教えが教皇だからという理由で不謬だとすれば、あらゆる教皇の教えが不謬だということになる。新しい教皇はいまや、前任者たちの神聖不可侵な言葉に縛りつけられ、枠をはめられることになった。前例をひっくり返すという選択肢はなかった。

したがって、現代の進歩的カトリック教徒は、避妊、女性や既婚男性の叙階《じょかい》、同性愛者の容認などに反対するという一見硬直した教会の姿勢に当惑しているのだが、実のところ教会には、その賛否両論ある立場について選択の余地はほとんどない。教会はかつてない窮地に陥ってしまっているからだ。のちに教皇ヨハネ・パウロ二世となるカロル・ヴォイティワは、人為的な産児制限への制裁を緩和するようパウロ六世に助言した「人口と産児制限に関する教皇庁委員会」の圧倒的多数意見（六九対一〇）に対し、反対意見を書いた。

避妊それ自体は悪ではないと宣言されるべきだとすれば、われわれは、聖霊はプロテスタント教会の側に立っていたことを率直に認めざるをえないだろう……同じように、聖霊はピウス一一世、ピウス一二世、およびカトリック聖職者の大部分を、半世紀にわたって非常に深刻な誤りから守れなかったのだと認めざるをえないだろう。それが意味するのは、カトリック教会の指導者がきわめて軽率に行動し、何千人もの無実の人間の行ないを糾弾し、永遠の断罪という脅しによって、現在では認められるはずの行為を禁じてきたということだ。

これらの言葉が、少数意見における重要な一節を提供した。この意見に説得された教皇は「フマーネ・ヴィテ（人間の生命）」という回勅を書き、避妊に好意的な多数意見をはねつけた。そうしていなければ、カトリック教会の土台をなす、現存する最も強固な柱、すなわち教皇の絶対的権威が揺らぐことになっていただろう。

「教会が産児制限に反対したことは一度もありません」と、ピーター・コドヴォ・アピアウ・トゥルクソン枢機卿は言う。「問題は方法だけです」

トゥルクソン枢機卿は「教皇庁正義と平和評議会」のトップだ。この評議会への公式指令は自然にもエコロジーにも触れていない。それにもかかわらず、ローマ・カトリック教皇庁の謎の一つなのだが、「教皇庁正義と平和評議会」はヴァチカンの官僚機構の一部門として環境問題を主導している。二〇〇九年に評議会の議長に就任する前、トゥルクソンは母国ガーナのケープ・コースト教会管区で大司教を務めていた。出生率が世界最高のアフリカは、カトリック信仰が最も速く拡大している地域でもある。トゥルクソンがかつて統括した大司教管区は、カトリック聖職者が絶滅危惧種となってしまった合衆国のような国々のために、司祭を訓練し派遣していることで有名だ。(2)

「教皇庁正義と平和評議会」は、一七世紀にローマに建てられたパラッツォ・サン・カリストに入っている。それはヴァチカンから三マイル（約四・八キロメートル）離れた四階建ての総合ビルで、イタリアとの協定に基づき治外法権施設として教皇庁が所有している。評議会のオフィスは質素なもので、壁の色は淡く、出入り口や窓は濃色の木枠で縁取られている。過去から現在までの教皇の肖像画が、さまざまな言語で書かれた評議会発行のパンフレットや書籍が入ったケースの上に掲げられている。これらの文献で扱われているテーマは、倫理にかなった開発、軍縮、公正な世界金融などだ。資金豊富な教皇庁科学アカデミーと比べると、評議会の控えめな様子は人権NGOのそれに似ている。

トゥルクソン枢機卿は幅の広い顔に穏やかな笑みを浮かべている。張り出した眉弓《びきゅう》の上では白髪混じりの髪がちりちりに縮れている。彼は、カトリック教会は実のところ何種類かの避妊法を支持していると説明する。そのいずれもが「女性は自分が排卵期にあるかどうかをつねに知ることができる」という事実を基にしているという。

トゥルクソンは、ビリングス排卵法として知られる技術の講習をオーストラリアで実際に受けたのだと言い足す。「初めての司教の生徒と呼ばれていました」。ビリングス法は、月経周期における妊娠可能期間を知る方法を女性に教えてくれる。「指を挿入したりすることもなく——そう、ただ触れるだけで——女性は分泌しはじめた粘液を感じとり、夫に知らせることができます。われわれは、そうしたやり方を推奨しています」

女性が配偶者に注意を促す方法はいくつかあると、彼は言う。「ベッドに緑の葉を置く人もいます。そうやって、夫に自分が排卵期にあることを知らせます。排卵期を過ぎたことがわかったら、赤い葉を置くのです」

カトリックの枢機卿から——しかも、教皇候補としてしばしば名前の挙がる人物から——環境問題がテーマであるはずの対話で膣粘液の話を聞くのは、超現実的とは言わないまでもいささかまごつくことではある。だが、あらゆる環境問題は、環境システムが余裕をもって養える以上の人間が存在するという事実にすぐさま結びつく。トゥルクソン枢機卿がみずからリストアップした次のような問題も例外ではない。すなわち、大気を浄化し、二酸化炭素を削減し、ローマの悪魔的な交通量を大幅に減らす必要があるという問題だ。トゥルクソンはイタリア人が駐車場を探すために無駄にした時間を嘆き、公共交通機関のいっそうの充実と燃料節約のための自転車利用を呼びかけている。ヨーロッパの経済的成功を測る決定的な尺度が、人々にどれだけ多くの自動車を買う気にさせるかであるという状況は、犯罪的だと考えている。

「フォルクスワーゲンが発明されたとき、そのうたい文句は『あらゆる人のための自動車』でした。やがて、あらゆる人がそれを所有すると、駐車スペースがほとんどなくなります。そこで、自動車はどんどん小型化します。こうして、次に何が起こるかはご存じのとおり。

(2)「フマーネ・ヴィテ」以降、合衆国で司祭職の勉強をしている神学生は半数以下に減った。現在、合衆国の尼僧のうち、四〇歳未満はわずか一パーセントにすぎない。（出典：Center for Applied Statistics for the Apostolate, Georgetown University）

一家族に二台が必要になり、問題は二倍になるのです」

過剰消費が嘆かわしいことは疑いない。だが、それだけを考えると、多すぎる自動車は多すぎる人口の帰結だという明白な事実から目をそらすことになる。それが今度は——少なくともローマ・カトリック教会によれば——やがて世界のキリスト教徒のリーダーになるかもしれない心優しく知的な人物が、次のことを知らないふりをするというばつの悪い光景を生む。つまり、精子は女性の体内で排卵の最長六日前から生きていられるため、粘液、体温、あるいはカレンダーに基づく避妊法は往々にして失敗するのだ。

南北両極の氷が溶け、干ばつが深刻化することを心から心配する一方で、ほぼ四日ごとに新たに生まれる一〇〇万人は神の恵みだと言い張る学識者たちのこうしたねじれの背後には、単純なそろばん勘定が潜んでいる。不謬な教皇といえども、キリスト教徒が極端に少なくなれば、力はほとんどなくなってしまう。ヤセル・アラファトの子宮兵器論やイスラエルのユダヤ教超正統派の出産過剰と同じように、カトリック教会は人の数に根本的な利権を持っているのだ。世界にカトリック教徒が増えれば増えるほど、ヴァチカン市国に住む一〇〇〇人の男性市民の判断が重みを増すのである。

トゥルクソン枢機卿は、七〇億人の世界におけるアフリカの苦しみや飢餓をいやというほど目にしてきたから、一〇〇億人の世界がどうなるかはよくわかっている。さらにトゥルクソンは、現在七つの大陸を揺るがし、海を波立たせている問題に関して道徳的指針を示す責任を担うヴァチカンの評議会の議長でもある。そうした問題とは、たとえば、どの種を救いどの種を犠牲にするかをめぐる倫理的ジレンマ、つまり、あらゆる空間と資源を使い尽くそうとしている人間がもっと少なければ生じなかったであろうジレンマだ。ところがトゥルクソンの属するカトリック教会は、あらゆる人に空間は残されており、人口増加を防ぐ有効な手段を用いることは処罰に値する罪だと主張しているのだ。

だが、トゥルクソン枢機卿は、教義には背けないことを知っている。彼は、二〇〇九年世界平和の日におけるベネディクト一六世のメッセージを引き合いに出す。教皇はその際、われわれは、未来の存在および地球に依存しているほかの存在と連帯して生きる必要があると語っている。「たとえば動物ですね」

だが環境保護論者は、これは連帯の表明というだけにとどまらず、ともに生き延びることだと主張する。脇役を抜きにして人間が存続できる場がありうるだろうか？　脇役の数はおそらく神のみぞ知るところだろう。

トゥルクソンは質素な木製の椅子に座り、この問題について考え込む。「神が世界を創りはじめたとき」と、彼はようやく口を開く。「世界は混沌としていました。神は『これをあらしめよ』『あれをあらしめよ』とおっしゃいました。混沌は秩序あるものへ、美しいものへ、整然とした世界へと変わりました。この変化は神の言葉を介して成し遂げられました。キリスト教徒としての私にとって、それが意味するのは、神の言葉がなければわれわれはふたたび混沌に戻りかねないということです。私が信仰を持たない人間であれば、心配でたまらないことでしょう。聖書で言われているように、神がこの世界を混沌に陥らないよう創造したことを信じていなければ、心配でたまらないことでしょう」

だが、この惑星がはち切れんばかりになり、リヴェットがはじけ飛びそうな時代に入っているとすれば、自制について考えることも聖書によって正当化されるのではなかろうか？

枢機卿は深く、考え込むように息をつく。

「自制することはとても理にかなっています。聖書には、自制すべき時とすべきでない時の両方の例が記されています。不幸にして、われわれの文化が遂げてきた発展のせいで、『コヘレトの言葉』に耳を傾けるのが難しくなってしまいました。そこでは『抱擁の時、抱擁を遠ざける時』があるとされているのです。いまでは、つねに何かをすべき時であり、何かを自制すべき時はまったくありません。マルディグラ（脂の火曜日）〔訳注：謝肉祭の最終日で、灰の水曜日の前日〕の祝い方は誰でも知っていますが、灰の水曜日に求められる禁欲のことは誰も考えません。マルディグラがマルディグラにすぎないとすれば、意味をなすでしょうか？」

「性的な自制について言えば、動物の世界では、イヌもネコも発情期でなければつがうことはありません。時期を選ばず愛を交わすのは人間だけです。しかし、人々に推奨できる実用的な代替手段があります……」

トゥルクソンは話を中断して床に目をやる。そして、目を上げる。

「私が言おうとしたのは、われわれが禁欲生活を誠実に送っていれば、世界に向けて、そうした行動が可能だという説得力あるメッセージを送れるはずだということです」と、トゥルクソンは穏やかな口調で言う。「しかし、このメッセージの説得力はひどく傷つけられてきたのです」

## 3　美しい女性と子供

子供に対する一連の広範な性的暴行を助長したことによってあらわになった教会の醜態は、セックスは純粋に「子孫を残す責任をともなう」行為であり、享楽や楽しみのためではないという公式見解を結局は無効にしてしまうように思える。だが、ヴァチカンは史上最古の政治的反響室だ。サン・ピエトロ大聖堂の共鳴するドームが、その布告を布告者たちの耳のなかで増幅するからである——ヴァチカンの城壁を一歩出れば、それに耳を傾ける者も注意を払う者もほとんどいないにしても。研究によれば、合衆国の女性カトリック教徒の九八パーセントは避妊の経験があるという。カトリック教国のイタリアでは、その数字はもっと低いかもしれない——だがそれも、特に保守的な北部イタリアでは膣外射精が好まれるという昔からの文化のせいにすぎない。もっとも、膣外射精もまたヴァチカンに対する許されざる罪とされているのだ。それにもかかわらずイタリアの出生率がどの地域でもきわめて低いという事実は、国会議員のエンマ・ボニーノが一九七八年に妊娠中絶の合法化に成功したことによってある程度は説明される。ボニーノの中絶合法化キャンペーンは、彼女自身の秘密裏の中絶のあとで仕掛けられたものだった。彼女を黙らせようとする教会の企ては無視された。

ボニーノはその長い公務キャリアのなかで、現在はイタリア上院副議長の地位にあり、外務大臣を務めたこともある。

一九九〇年代、イタリア女性の出産率は一人あたり一・一二人で世界最低だった。ようやく二〇〇一年に、カトリック教国スペインがそれを追い抜いた。博士号を持つ女性の割合が世界最高水準にあるイタリアは——男性より女性の博士のほうが多い——教育が出産率を引き下げることをはっきりと証明している。だが、細かく見れば事態はそれほど単純ではない。

サブリナ・プロヴェンツァーニは、大学時代からの友人のリチア・カッパレッラと床に座って寛いでいる。リチアの三歳の双子のミケランジェロとアドリアンは、サブリナの豊かな髪をしげしげと眺め、母親の長い茶色の巻き毛と比べている。二〇一一年一月、公共放送ネットワークであるイタリア放送協会のプロデューサーを務めるサブリナは、一日休暇を取っている。シルヴィオ・ベルルスコーニ首相の圧力で、CEOが彼女の番組をまたもや延期しためだ。首相は——在任日数はもはや数えるほどしか残っていないようだが——このところ、一七歳のモロッコ移民のダンサーが絡むこれまで以上に醜悪なスキャンダルから抜け出せないでいる。サブリナの番組がこの事件を扱ったため、ベルルスコーニはまたしても関係者に脅しをかけているのだ。

何よりもサブリナを怒らせたのは、公にされた盗聴の内容だった。何人かの少女の親やきょうだいが「そう、あの男と一緒に行くんだ。気前のいい男だから。将来のためだ」と語っていたのだ。最近のイタリアでは、月に七〇〇ユーロどころか、一晩で七〇〇〇ユーロを稼ごうと飛びついてくる少女が簡単に見つかる。[3] イタリアで最も高い教育を受けている層は女性だろうが、彼女たちは最も報われていない層でもある。思い出す気にもならないほど長い年月、一日一二時間働き、サブリナは一六〇万人の視聴者を持つテレビ番組をつくってきた。だが、賃金はフィアットの工場労働者と変わらなかった。イタリア放送協会は、月単位の労働契約を延々と繰り返すことを禁じる法律を巧妙に回避するため、週単位で、福利厚生を受ける資格のある職員としてではなくコンサルタントとして契約しているのだ。

サブリナと夫でソフトウエア・デザイナーのエミリオは、すでに三〇代後半になっている。子供を持てるだけの経済的安定を手にしたいとかねがね思ってきた年齢だ。だが、リチアが思い出させてくれるように、働いている女性が思い切って子供を持とうとすると、あらゆるものをリスクにさらすことになる。

リチアは、何年にもわたりイタリアで最も古い環境NGOの一つで働いていた。動物について記事を書き、ウェブサイトを管理し、仕事を愛していた。朝の九時から夜七時まで働き、週末に出勤することもよくあった。おかげで上司の受けも良かった——ただし、妊娠するまでは。

「本当にばかだったわ。走って職場に入ると、わくわくして上司に報告したんだもの」

(3) 約九三四ドル。

反応は冷ややかだったにもかかわらず、リチアは働きつづけた。地下鉄のなかで気を失いそうになったときでさえ、職場に通いつづけ、ほかの誰もが働きたがらない夏のあいだもずっと働いた。「六カ月後、双子の妊娠ですっかり太ってしまい、産休を取ったとき、法律で禁じられてはいたけど、ベッドでできることはないかと職場に電話をかけつづけたわ。そんなとき、契約の更新をするつもりはないと言われたのよ」

実は、NGO側が適法な契約を結んでくれたことは一度もなかった。法律では、二度目の更新以降は完全な医療給付契約と五カ月の産休を与えるよう求められていたにもかかわらず、リチアは三年間、六カ月ごとの臨時雇用契約を繰り返していたのである。

「本当に、そのとおりね」と、サブリナは言う。

リチアはうなずく。NGO側はリチアにある選択肢を与えた。子供を産んだあとで職場に復帰できるが、それまでの年功権は失われ、最初からやり直さなければならないというのだ。現在は週に二日、公園のガイドとして無契約で働いている。「誰も調べないのよ。どうしても仕事が欲しいので、それで我慢しているけど」

リチアが我慢しなかったのは、環境NGOの処遇だった。彼女は六万五〇〇〇ユーロの賠償金を求めて訴訟を起こした。それは、最初から正規の契約をしていたらもらえたはずの未払い金に当たる額だった。驚いたことに、NGO側は三万五〇〇〇ユーロでの和解を申し出た。女性の裁判官は、それほどの額を払うつもりがあるなら、NGOは実質的に法律違反を認めたことになるので、本来なら全額を払うべきだという辛辣《しんらつ》な意見を述べた。だが結局、闘いがさらに長引くのを避けるため、リチアはその金額プラス裁判費用で和解した。

二人の乳飲み子を抱え、その金は天の恵みだったが、以前のポストへの復職はもはや論外だった。

「それでも、私たちは運がいいほうよ。寝室は二つあるし。ソファで子供を寝かせている人や、肉を食べなくなった人のいることも知っているわ。こうした有能な人たちがみな、月末までやっとのことでやりくりしているのよ。友人の一人は生物学の博士号を持っているけど、見つけられるのは月に一〇〇〇ユーロのコールセンターの仕事だけ。私たちは中世の農奴のようだわ。イタリアの新貧困層よ」

フランスでは、託児所や幼稚園に国家が資金を出して親を楽にしていると、リチアは言う。

「ローマ全体で、託児所はおそらく三、四カ所といったところでしょうね。あなたは本当に子供を持とうと考えているの？」と、彼女はサブリナにたずねる。

「話し合っているところなの」

「がんばってね。誰も助けてはくれないから」。「ベルルスコーニ・ボーナス」なるものがある——出生率を上げるために政府が出す奨励金で、赤ん坊一人あたり一〇〇〇ユーロだ。

「おむつ代にもならないわ。いまでは、政府は教育予算の削減が必要なため、幼稚園を半日に短縮しようとしているの。その一方で、ベルルスコーニが教会の支持を得られるようにと、政府の資金がカトリックの私立学校に吸い上げられているのよ」

リチアの父親は一四人きょうだいだった。リチアは四人きょうだいだ。彼女がこのかわいらしい双子に恵まれていなかったら、子供は一人っ子だったろう。「子供が二人いるのは幸せなこと。ただし、苦労も二倍ね」

一世代前、男女は二〇代で結婚した。女性はいまより早く子供を産み、その数も多かった。それでも、産業革命によって農村が工業都市に変わり、女性が労働力の一部になって以来、家族の規模は縮小を続けてきた。こんにち、女性は立派な教育を受けているというのに、独身で子供がいないうちしか雇用してもらえない。一方、イタリアの男性はいまや三〇代になるまで親と同居し、結婚資金をためようとしている。男性と薄給で働く恋人が十分な資金をためるまでは、時間も金も子供一人分しかないのが普通だ。

「いまでは」と、リチアは言う。「三〇歳はまだ娘よ。私は四〇歳だけど、母であることに慣れはじめたところだもの」

彼女の友人はみなイタリアを出ようとしている――ドイツ、オーストラリア、スペインにまで。そこにも仕事はないが、女性への援助はまだありそうだ。サブリナとエミリオもどこかへ行くことを空想してきた。何という世紀なのだろう。イタリア人は、金がかかりすぎるせいで子供を持とうとしない、あるいは、どこか別の国で子供を持とうと逃げ出しているのだ。一方、イタリアの学校は超満員の状態だ。消えてしまった地元の子供の穴を、移民の子供が埋めているからである。

「子供がいたら、子供たちにはどんな未来があるかしら?」と、サブリナは問いかける。サブリナとエミリオは、友人のクラウディア・ジャファリョーネとヴィンチェンツォ・ピピトーネの家で夕飯をともにしている。

シチリア出身のクラウディアは、友人たちに、クスクス［訳注：粗びき小麦粉を蒸してつくる北アフリカ料理］と、スモークサーモン、リコッタチーズ、アサツキを詰めた塩味のブリオッシュを配膳している。クラウディアの黒い髪、つぶらな黒い瞳、ハート形の顔は、サブリナに美しい飼いネコを思い起こさせる。彼女は薬理学と生物学の学位に加え、栄養学の学位も持っている。クラウディアの夫で、背が高く、すらりとしていて、ハンサムなヴィンチェンツォは軍医だ。二人は、同年代――クラウディアは三五歳になったばかりだ――の大半のイタリア人より経済的に安定しているものの、サブリナとエミリオのように、子供を持つことを考えると怖くなる。

エミリオ――彼が最近設計したアプリケーションはオリーヴオイルのガイドだ――は自分自身の不安を現金で表してみる。「僕は月に約三〇〇〇ユーロ(4)を稼いでいる。僕たちが避妊しているのは、子供を育てる金銭的余裕がないのではと不安だからだ。とはいえ、一〇年後にもっと大きな家に移り、もっといい学校に通わせてやる余裕ができるとしてみよう。さらに一〇年後、僕の年金は五〇〇ユーロくらいのものだろう。つまり、二〇年後、僕はいまよりも貧しいんだ。子供を持つまで一〇年待つとしても、どうやって子供を育てろというんだ

(4)　約四二〇〇ドル。

い？」

「エミリオの言うとおりだわ」と、クラウディアが言う。

「そんな話はばかげているよ」と、ヴィンチェンツォは言う。「軍の任務でアフガニスタンへ行くと、動物のように貧しい人たちがいる。電気は通っていないし、治安も悪い。でも彼らは家族を持っているんだ。イタリアはどうかしているかもしれないけど、少なくとも平和だ。僕たちがアフガニスタンの人たちより幸福であることは間違いない。ところが僕たちは、自分が持っていないもののことばかり考えている。イタリアの国技、それは不満を言うことだね」

しばしのあいだ、彼らは代わる代わるその国技に参加し、多くの古代の驚異的事物——また、それにふさわしい古代のインフラ——を抱える一方で、美しくもいら立たしい母国を酷評する。ヴィンチェンツォが医学生だったころ、住んでいた場所から四五キロ離れたある病院に派遣されたという。公共交通機関がなかったため、通勤には三時間かかった。

「僕の兄は娘の顔を見ることがないんだ」と、エミリオは言う。「出勤するときはまだ起きていないし、帰って来たときにはもう寝ている。兄がそんなに懸命に働いているのは、娘を外国で勉強させるためなんだ。そうなれば、顔を合わせる時間がさらに減ってしまうけどね。でも、娘たちがこの国の経済から逃げ出すにはその方法しかない。兄は、この経済が娘にまともな仕事を与えてくれないことを確信しているんだ」

「それは偏執病よ！」と、サブリナは嘆く。だがそれは、相変わらず怖くて子供をつくれないサブリナたちが、いつか子供ができたとき、そうなってしまうのではないかと恐れている事態そのものだ。

「僕たちは、一四歳になる前に子供は家を出ると思っている。イギリスか、中国に。あるいは、インドかもしれない」と、エミリオは憂鬱《ゆううつ》げに言う。

「子供がこの国で暮らすとしたら、相当なストレスを感じるでしょうね」と、サブリナは言う。「何も動かない。私たちは自分が築いたわけでもない過去に縛られているのよ。私は一〇年前から代わり映えしない自分のショーを観ていただけ。同じゲストが登場し、同じ問題について語っていたというわけね」

だが、クラウディアの頭にあるのはイタリアのことですらない。もっとずっと大きな心配事を抱えているのだ。

「そもそも、どうすれば子供を産もうなんて考えられるのかしら？」と、彼女は問う。

二日前、クラウディアは毎年恒例の「ローマ科学フェスティバル」を見に行った。今年のテーマは「世界の終わり――そこに生きる者の手引」だった。開会式では、ナショナル・ジオグラフィック・チャンネルの映画『人口過剰』が上映された。この映画の前提はこう想像してみることだった。一四〇億の人々――家族計画プログラムが失敗した場合、二〇八四年に到達すると国連が予測する人口の最大値――が地球で暮らそうとしている、と。メキシコシティがみずからの重みで文字どおり崩壊する様子が映し出されたあとで、時間をさかのぼり、一九三〇年には二〇億という暮らしやすい人口規模にあった惑星が描かれる。それ以降、惑星にはニューヨーク市一〇個分の人口が毎年追加されていく。続いて、人口が急速に倍増するアジアの様子が映され、途中の所々に、都市が突如として丸ごと崩壊するアニメーションが挟まれる。二〇〇階建てのアパートがそびえ立ったかと思うと、崩れ去る。森林も同じことで、農地を増やすために伐採される。食糧を運搬するトラックの容赦ない重みのせいで橋が落下する。中国の四つの新しい石炭火力発電所から吐き出される汚れた雲が、毎週、ロンドンからロサンゼルスにかけて大気を汚染する。マンハッタンの下水管からは汚水があふれ、髄膜炎を伝染させるネズミが現れる。国民を養うことに必死な各国は、化学物質を大地にたっぷりと塗りたくる。

三五年にわたって一四〇億人あまりの重みに耐えたあとで、とうとう、飢餓によって人類の八〇パーセントが死滅する。人口は四〇億人で安定する。映画の最後に、生態系が復活しはじめる。魚はふたたび大洋に満ちる。草木が一気に生い茂る。人々は食糧となるものを十分に育て、鳥たちはあらためて歌いはじめる。

場内が明るくなると、クラウディアはいくつかの中学校が科学フェスティバルに生徒を連れてきていることに気づいた。彼女はこう想像して身震いした。この一四歳の学童たちは、ドキュメンタリーとされる映画で、自分たちが足を踏み入れたばかりの世界が、彼らがまだ生きているうちに大変動へ向かってまっしぐらに進むのを見てどう思うだろうか、と。

「あんなにひどくなる前に、人間はきっと解決策を見つけるわ」。会場からぞろぞろと出て行く生徒のなかで、ネイビーブルーのセーターにジーンズの少女が言った。「誰かが何かを考え出すはずよ」

「あんなことが起こる前に、私たちに警告を発する映画だと思うわ」と、その後ろにいた少女は言った。膝までのスエードのブーツを履いている以外、前の少女とそっくりな服装をしている。

「私は子供を産まないつもり」と、紫色のスカーフの別の少女が言った。

「みんなが農業をやらなければいけないとすれば、子供が必要だよ」。青いストッキング・キャップをかぶった少年が口を挟んだ。

農業をやらなければいけないと聞いて、少女たちは不安そうに視線を交わした。

「私たちはとにかく多すぎるのよ！」。中心が溶けている温かいチョコレートケーキを配りながら、クラウディアは言う。「私たちは細菌コロニーのようなものになって、自分自身の排泄物で食いつなぐようになるわ！　こんな問題だらけの世界で、どうやって子供を産むというの？　私たちは滅びる運命にあるというのに」

ヴィンチェンツォはワインに手を伸ばしたものの、考えを変えて、食器棚からグラッパのボトルを取り出す。

崩壊しつつある地球の生態系に愕然としているクラウディアは、世界で最も汚染された場所を舞台にスパイ小説を書いていることを明かす。科学フェスティバルに行ったのは、設定についてアイデアを得ようとしたからだ。彼女が考えているのは、アラル海の消滅後に残された塩分を含んだ荒れ地、太平洋を覆うプラスチックの浮き島、溶けつつある北極地域のメタンガスの間欠泉だという。

「何かとても暗い話を書き終えれば、君も赤ん坊について考える気になる――」。ヴィンチェンツォはそう言いかけて、彼女の悲しげな表情を見て口をつぐむ。

ヴィンチェンツォはグラッパのグラスを取り上げる。「世界の終わりを見届けるために生きるわれわれの未来の子供たちに」。彼は首を振ると、グラッパをぐっと飲み干す。サブリナとエミリオはテーブル越しに見つめあっている。

しばらくのあいだ、全員が黙り込む。「コーヒーはいかが?」。やっとクラウディアが言うと、緊張は解け、みんなが声を立てて笑う。

「クラウディアと僕は考え過ぎだと思う」。クラウディアの背後に立って腰に手を回したヴィンチェンツォが、帰る客を送り出しながら言う。クラウディアはネコのようなつぶらな瞳でヴィンチェンツォを見上げる。

テヴェレ川沿いのルンゴテヴェレ・デッラ・ヴィットリア通りの黄色い街灯の下を、エミリオとサブリナは手をつないで車に歩いていく。その年のうちにサブリナが妊娠していることがわかると、ぞっとするような世紀に子供を産むか否かという問いへの答えは即座に明らかになる――答えは「もちろん産む」だ。子供というのはただの子供ではなく、未来の化身《けしん》だ。本当に望むべきもの、つまり子供のための世界があれば、絶望は消え去る。その世界の存在を確実にするためなら、人はどんなことでもするだろう。そこには巨大な問題がいくつもあるはずだ。だが、赤ん坊は解決策の一部であり、あなたもまたそうだろう。地球を救う最も説得力ある理由は、子孫を守りたいという親の願いであり、その子孫のうちの誰かが、あらゆる公算をひっくり返してしまう奇跡を起こすかもしれない。

出産予定日の二カ月前、サブリナは仕事を辞め、アパートを引き払い、ロンドン行きの英国航空機に乗り込む。エミリオはすでに一年近くロンドンにいる。彼が休暇で会いに来たときに、サブリナは子を宿したのだ。エミリオは業績のいいアパレル会社で携帯電話向けアプリケーションの設計をしており、すでに昇進もしている。

サブリナはイギリスへのいちばん新顔の移民だ。娘のアニータが生まれてから、サブリナとエミリオがさらに四年間イギリスにとどまっていれば、アニータはイギリス国民となる。

# 第七章　人間に包囲されたゴリラ——ウガンダ

## 1　DNA

獣医科大学を出たばかりの女性獣医グラディス・カレマは、みずから薬品を装塡《そうてん》したばかりの麻酔弾に目をやると、ふたたびマウンテンゴリラを見た。メスが三頭、若いゴリラが二頭、幼いゴリラが三頭、ブラックバック（背の体毛が黒い青年期のオス）が二頭、群れのリーダーであるシルバーバック（背の体毛が白い成熟したオス）が当然ながら一頭いる。このシルバーバックは、グラディスの見るところ体重が五〇〇ポンド（約二二七キログラム）近くあり、ずば抜けて大きい。円錐形の額の下方にはカボチャほどの大きさの顎がある。特大の犬歯が光る大きな口に向けて、両腕で木の梢《こずえ》を曲げている。長く濃い体毛は黒だが、筋肉質の背中にだけ鞍《くら》状に銀白色の部分がある。左右の間隔が狭い黒くつぶらな瞳は、ぴりぴりしている公園保護官《パークレンジャー》には一瞥《いちべつ》もくれず、グラディスをしっかりととらえている。彼女が何をたくらんでいるかをわかっているかのように。

グラディス、パークレンジャー、ケニア人の客員獣医が、夜明けから待機していた三人の野生動物探索員に先導されて南西ウガンダのブウィンディ原生林に分け入ったのは、二時間前のことだった。坂道をよろよろと登ったあと、一行はコルクウッドの木立のなかでついにこの群れを発見したのだ。若いゴリラは木々のなかにいて、芽吹いたばかりの若葉のあいだを体を揺すりながら歩いている。大人のゴリラは地面にだらりと座り込み、自分の口元や赤ん坊の手の届くところまで木の枝を引き寄せている。

シカゴの半分にも満たない広さのブウィンディの森の上部は、生物学的に驚くべき傾斜地であり、アフリカのどこよりも多くの固有種が生息している。四〇〇頭と推定されるブウィンディ・ゴリラは、世界に生存するマウンテンゴリラの半分近くを占めている――残りはルワンダからコンゴ民主共和国にかけて散らばっており、ほとんどが三〇マイル（約四八キロメートル）南のヴィルンガ火山群に暮らしている。両国の国境がウガンダと接する場所だ。

八五〇〇フィート（約二五九〇メートル）の山並みが連なることから、時に「アフリカのスイス」とも呼ばれるブウィンディ。その並外れた生物多様性は、標高に変化があることと、それが地球最古の森の一つであることのおかげだ。この森は少なくとも二万五〇〇〇年前、つまり最後の氷河期よりも前から存在している。森の周囲に広がる入植者の農地を襲う類人猿が、実は希少なマウンテンゴリラであることに生物学者が気づいたのは、二〇世紀も後半に入ってからのことだった。

ゴリラに言わせれば、事態は逆だったかもしれない。つまり、襲われたのは自分たちのほうだ、と。かつて、この冷涼な森からヴィルンガ火山群の裾野にかけて、アルバーティーン地溝帯に沿って熱帯雨林の林冠が切れ目なく続いていた。アルバーティーン地溝帯はアフリカ大地溝帯の西の支脈で、ウガンダ－ルワンダ－コンゴの国境を形成している。そこに暮らす唯一の人間は、森に住むバトワ族（ピグミー）だけだった。彼らはカワイノシシやダイカー［訳注：アフリカ産の小型レイヨウ］を狩り、天然の蜂蜜を集め、遠縁にあたる霊長類の仲間と平和に共存していた。

ところが、過去数世紀にわたり、バントゥー族の農民が次から次へとやってきた。彼らは森を伐採して焼き払い、畑をつくった。地溝帯全体に広がっていたジャングルは三つの地域に分断され、そこに暮らすゴリラはたがいに孤立した。その後、イギリスからの入植者が換金作物として茶を持ち込むと、濃緑色の茶畑が広がるにつれ、ジャングルの断片はますます縮小した。グラディス・カレマがブウィンディ原生林を初めて見たのは、一九九〇年代初頭のことだった。そのときマウンテンゴリラの生息数を確認したことが、ウガンダ政府による原生林の国立公園への格上げにつながった。だがそのころには、ブウィンディは、畑の上に落とされたぼさぼさの緑のカツラのような姿になっていた。茶、キャッサバ、バナナ、キビ、トウモロコシ、ソルガムといった作物や、ピンク色のジャガイモの花が森の縁に押し寄せていたのだ。

そしてそのことが、首都カンパラにあるウガンダ野生生物保護局（UWA）の本部から、国を横断して自分が呼びつけられる事態を招いたトラブルの原因だと、グラディスはにらんでいた。UWA初の常勤獣医として働きはじめたばかりの彼女のもとに、ブウィンディのパークレンジャーから緊急協力要請が舞い込んだ。ゴリラの毛が抜けてしまい、白い素肌がろこ状に、観光客が気づくほど大きく露出しているというのだ。国立公園が置かれた理由はひとえに、ゴリラを一目見られるチャンスを求めてヨーロッパ人やアメリカ人が一人五〇〇ドルを支払うことにあった。国立公園の境界が官報で公示された。バトワ族は追い払われてしまった。生物学者チームがブウィンディの密生した蔓《つる》植物や広葉樹の森を苦労して歩き、ねぐらに残された大小の糞を計測することによって、ゴリラの生息数を数えた。それから、三八の別々の群れのうちの二つを人間の存在に慣れさせることに注力し、出会うたびに数メートルずつ近寄っていった。シルバーバックが突進してきても、自分が菜食主義であることを彼が思い出してくれるよう願い、逃げなかった。

二年後、シルバーバックに威嚇されたり、ほかのゴリラに逃げられたりせずに、七メートル以内まで近づけるようになると、彼らは観光客を受け入れはじめた。ゴリラと人間のDNAは約九八パーセント共通なので、金を生むこの霊長類を人間からまるまる七メートル離しておくようにした。数年前にルワンダのマウンテンゴリラのあいだで流行した悪性の麻疹《はしか》は、人間から感染したものと思われたからだ。一九七〇年代に数十万人の自国民を処刑した恐ろしい独裁者のイディ・アミンの追放後、ようやくのことで観光客を説得し、ウガンダに戻ってもらえるようになるまで、一〇年以上がかかっていた。したがって、何かほかのことで問題を起こすわけにはいかなかった。

ブウィンディへの一〇時間に及ぶ未舗装道路のドライブに出る前、グラディスはカンパラのある医師に電話してこうたずねた。「人々のあいだで最も一般的に見られる皮膚病は何ですか？」

「疥癬《かいせん》です」

グラディスはロンドンで獣医の勉強をした。母はウガンダの国会議員だった。母が政界に入ったのは、閣僚だった父が、一九七一年のアミンのクーデターに続いて殺された最初の犠牲者の一人となったあとのことだった。イギリスでは、疥癬にかかることはめったにない。しかし、ウガンダの田舎の衛生状態は劣悪であり、レンジャーからの報告からして、ゴリラが人間の疥癬にかかってもおかしくはなかった。

いまや、グラディスはそれを確かめようとしていた。レンジャーはゴリラを見慣れているが、皮膚をこすり取ったり採血したりすることには慣れていない。背中の毛が半分抜けた六歳のゴリラは最もひどい状態だった。だが、グラディスが近づけばシルバーバックが向かってくるに違いない。レンジャーは助けにならないだろうと、グラディスは思った。ケニア人の獣医は怖がっているようだ。ケニアにライオンはいるかもしれないが、五〇〇ポンドのゴリラはいない。身長わずか一六二センチメートルのグラディスは、ため息をついて立ち上がると、シルバーバックと向き合い、手を打ち鳴らし、叫びはじめた。ルワンダで麻疹が大流行した際、獣医たちがゴリラに向かってそうしているのを見たことがあったのだ。もっとも、ここにいるゴリラよりもはるかに長いあいだ人間に慣らされたゴリラだったのだが。ここでもうまくいってほしいと、彼女は願っていた。その巨大な動物は数メートル後ずさりした。明らかに狼狽《ろうばい》している。だが、グラディスが前進して、六歳の若ゴリラの大腿部に空気銃を打ち込んでも、グラディスとの距離を縮めようとはしなかった。

一〇分後、グラディスは、ひどい症状のせいで麻酔にかかったまま体を掻《か》きつづけている、その気の毒な動物からサンプルを採取した。ゴリラが体を動かしはじめると、この若い獣医は五〇ポンド（約二二・七キログラム）の若ゴリラを両腕で抱え上げ、シルバーバックのところへ運んでいった。それを見てレンジャーたちは肝をつぶした。数日後、疥癬との診断が確定した——やれやれだった。白癬《はくせん》であれば治療ははるかに難しくなったはずだからだ。翌朝、グラディスは、ゴリラの群れ全体を一回の処置で治療できるだけの麻酔弾とイベルメクチン（寄生虫駆除薬）を持って森に戻った。

ゴリラがどうやって病気に感染したかは、何となく予想がついた。地元民の泥壁の小屋や観光客向けのロッジの下方に広がる畑や土地は、かつて、ゴリラたちの縄張りの一部だった。慣らされたゴリラは人間を恐れなくなり、国立公園の境界線を以前にも増して無視するようになった。とりわけ、農民が栽培しているバナナの汁気の多い幹や葉はゴリラの大好物だったからだ。現地の農民が大家族をつくる理由は、ゴリラを畑から追い払うのに子供が必要だというところにもあることを、グラディスは知っていた。

しかし、子供は昼夜を問わず石を投げたり、鍋を叩いたりすることはできない。そこで、農民たちはぼろ着を着せた案山子《かかし》を立てた。グラディスが調べたゴリラはすべて、同じ種類の疥癬ダニに大量に寄生されていた。ゴリラたちは怖がるどころか好奇心をそそられ、案山子のぼろ着をあれこれと検分し、ダニに取りつかれてしまったのだ。

グラディスは報告書で、現地の人々は、みずからの幸福と地域社会に収入をもたらす野生生物のために、基本的な衛生知識を習得する必要があると書いた。それは容易なことではなかった。トイレや水道を利用できる者はいなかったし、ほとんどの人は石鹼すら買えなかったからだ。ウガンダ野生生物保護局と国際ゴリラ保護プログラムは、ブウィンディ地区向けの教育プログラムを作成してくれるようグラディスに依頼した。グラディスはある自然保護レンジャーとともに、八つの村落で一〇〇〇人以上を対象にした研修会を準備し、説明用の図表《フリップチャート》を携えて村を訪れた。「ゴリラも、人間の寄生虫、麻疹、赤痢《せきり》、肺炎、結核に感染する恐れがあります」と、彼女は説明した。ウガンダは結核罹患率が世界で最も高い国の一つだった。国立公園の周辺地域で慢性的に咳をしている人の四分の一が、検査の結果、陽性であることが判明した。ブウィンディ国立公園スタッフの五パーセントも同じ結果だった。

グラディスが、石鹼がない場合は木炭で洗濯するといった対策の一覧表を出そうとしたとき、レンジャーが彼女の腕をつつき、「彼らに対策を提案してもらいましょう」と言った。

外国で教育を受けた都会人であるグラディスは、教育のない人々は無知なものと思い込んでいた。ところが実際には、いったん問題を理解すれば、彼らは自分たちの置かれた状況を誰よりもよくわかっていたのだ。グラディスはその話に耳を傾けた。人々はもっと身近な公共医療サービスを求めていた。もっと安全な水を欲しがっていた。もっと多くのもっと良質な竪穴式トイレを、またふた付きのゴミ捨て場を必要としていた。

彼らは自分たちに何ができるか、政府にどんな援助を求めるかについて話し合った。子供を危険にさらさずにすむように、ゴリラを畑から追い払う手助けが必要だった。その結果、「HUGO（人間・ゴリラ紛争解決パトロールチーム）」が結成された。HUGOは、ゴリラ保護NGOからゴム長靴とレインコートを、公園管理本部から食料のコーンミールを、そして地域社会から敬意を受け取った。この敬意がとりわけ重んじられることを、グラディスは学んだ。

ウガンダ野生生物保護局に獣医として二年間勤務したあと、二年をかけて合衆国で公衆衛生の修士号を取得し、ウガンダ人の遠距離通信の専門家と結婚したグラディスは、その後ある決断を下した。実際にマウンテンゴリラを守るには、自分自身のNGOが必要だった。野生動物の保護を成功させるには、人間の健康というもう一つの問題に立ち向かわなければならなかった。しかし、ウガンダ政府内でそれをやろうとする者は誰もいなかったからだ。

## 2　略語の海

二〇一〇年七月、エイミー・フーディッシュ医師はリング鉗子《かんし》と検鏡《スペキュラ》を置き、検査手袋を外して、看護師たちのその日の労をねぎらうと、ブウィンディ市民病院の産科病棟から午後の日差しのなかへと歩き出す。中庭では、花柄の木綿の服を着た女たちがしっくいを塗った壁の陰に腰を降ろしている。ほとんどが、出産を控えた母親向けの付属宿泊所に泊まるため、何時間も歩いてやってきた人だ。エイミーはこの日、四人を診察した。一・五〇ドルに相当するウガンダ・シリングで、女性一人が、妊婦健診、宿泊所での滞在、出産、産後ケアのすべてをまかなえるクーポンを一枚買うことができる。このクーポンに助成金を出しているのが、マリー・ストープス・インターナショナルだ。アメリカの国際家族計画連盟のイギリス版である。(1)その助成金が底を突きつつあるというのに、新たなスポンサーはまだ見つかっていない。

ブウィンディ市民病院は、文字どおり一本の木の木陰で始まった。国立公園の創設にともない、約一〇〇家族のバトワ族が立ち退かされ、すでに限界にあった環境のなかの極限の状況で自活するよう放り出された。土地を失い、バントゥー族からは人間以下と見なされたうえ、かつての本拠地である森で食料を探せなかったため、バトワ族の狩猟の技術や蜂蜜のありかを嗅ぎあてる不思議な能力はもはや役に立たなかった。それゆえ、彼らはアフリカの貧困層のなかでも最も貧困な層に落ち込んだ。バトワ族の子供はほとんど死に、平均寿命は二八歳だった。二〇〇三年、スコット・ケラーマンというアメリカ人の伝道医師がバトワ族のために即席の屋外診療所を開設した。しかし、ケラーマンも気づいたように、国立公園を取り巻く村々に住む一〇万人のバントゥー族も、数軒のドラッグストアを利用できる以外は、土地を奪われたバトワ族と同程度の医療しか受けていなかった。ケラーマンは結局、病院の建設資金を集めるための財団を設立した。

三〇代初めの産婦人科医であるエイミーがカリフォルニアからやってきたときには、ブウィンディ市民病院は四棟の鉄筋コンクリートの建物になっていた。日本大使館の寄付によって四〇床に拡張されたばかりの産科病棟もあった。ところが、その病棟の落成式が行なわれたときには早くも、ケラーマン財団は病床数を二倍にすべく二段ベッドを探しはじめていたのだ。多くの男が複数の妻を持ち、世界で最も出生率が高い国の一つであるウガンダ——三三〇〇万の人口は二〇五〇年までに三倍以上になるだろう——にあっても、ブウィンディの出生率は全国平均より高いほうで、八人以上の子供を持つ家庭がふつうだった。

そよ風がゴウシュウアオギリの葉をさらさらと鳴らしている。エイミーは病院から延びる小道を進んでいく。「小さな家族は豊かな家族」と書かれた看板の前を通り過ぎ、雑木林を抜ける。雑木林のなかでは、タイヨウチョウが桃色のハイビスカスの花をめがけて飛んでいる。小道の先の道路には、水の入ったポリ容器を握りしめ、果物の籠をバランスよく頭に載せた裸足の女性があふれている。ブホマ村の真ん中にある埃っぽい市場から帰宅するところなのだ。ブホマ村はブウィンディ原生国立公園の入り口、コンゴとの国境から二キロメート

（1）マリー・ストープスがマーガレット・サンガーから助言を受けたのは、一九一六年にサンガーが猥褻罪による逮捕を逃れるためにイギリスへ渡ったときのことだった。しかし、その後数十年にわたり、性と生殖に関する女性の権利のために闘った二人は、たがいを忌み嫌い、張り合うことになった。

ルの場所にある。エイミーの行き先はその道路を渡ったところにあり、茂った葉のあいだから突き出した小さな白い木の看板が目印だ。そこには「ＣＴＰＨ――公衆衛生を通じた環境保全：マウンテンゴリラをはじめとする各種生物のための現地クリニック」と書かれている。グラディス・カレマ・ジクソカ獣医とその夫ローレンスが設立したＮＧＯだ。

呼びかける声がする。エイミーはキガ語――バントゥー諸語の現地の方言――はわからないが、振り向いてみる。六〇歳くらいに見える痩せた女性が、バナナを頭に載せた二人の仲間に支えられ、杖をついて足を引きずりながら近づいてくる。歯のない口元に笑みを浮かべ、エイミーを抱きしめようと両腕を広げている。前日、エイミーはこの女性の一〇人目の子供にあたる娘を取り上げたのだ。そのあとで、エイミーは通訳の看護師を介し、まだ子供を欲しいかどうかをたずねた。

実年齢は三〇歳のこの女性はわっと泣き出し、「絶対にいやです」とささやいた。女性はＨＩＶに感染しており、すでに一度脳卒中を起こしたことがあった。「もう体が耐えられません」。しかし、夫の考えは違っていた。そこでエイミーは、今後一二年間妊娠しないでいられるように、子宮にある物を挿入することもできると説明した。「あなたがお望みなら、いますぐできます」

彼女はそれを望んだ。

ダークブロンドの髪をポニーテールに結んだエイミーは、ＣＴＰＨのテラスで、わらぶき屋根の下の籐椅子に座った一四人の女性と一二人の男性の前に立つ。彼らは周辺の村から採用された家族計画ピアカウンセラーで、報酬は石鹸とヤギだ。仕事は近隣の人々を啓蒙することで、コンドーム、毎日服用する経口避妊薬（ピル）、効果が三カ月持続するデポ・プロヴェラ避妊注射、五年間持続する上腕埋め込み式のホルモン剤などの有用性と相対的利点を教えるのだ。

グラディス・カレマ・ジクソカと五人のスタッフも出席している。グラディスは、修士号を取得中にこう結論していた。ウガンダ西部のジレンマに取り組まないかぎり、どうやってもゴリラを救う方法はないのだ、と。世界中の生物学的ホットスポット［訳注：絶滅寸前の種が多く発見される地域］がそうであるように、この肥沃な地域には動物が多いのと同じ理由で人間も多い。数百マイルにわたって都市がないにもかかわらず、ウガンダ人の三分の一近くが、ブウィンディ周辺にあたる国土の南西部の四分の一の範囲で暮らしている。ここは、アフリカで最も人口密度の高い農村地域の一つなのだ。住民の半分以上は一五歳未満で、農地はすでに何回も分割されてきたため、現在では大半が一ヘクタールにも満たない。その結果、腹をすかせた人々が公園管理官を買収したり脅したりして、国立公園の境界線を侵食するのを黙認させるようになる。グラディスはそうした実態を知ったのである。

動物の健康を保つには、人間の健康を保たなければならなかった。だが、人間が健康であればあるほど、生き延びる人は増え、長生きするようにもなる。そのため、多くの人々がすでにブウィンディの森に押し寄せており、ゴリラの生息地は危険にさらされていた。人々の健康管理が改善されれば、人口はさらに増えるだろう。論理的に考えれば、健康な人間の総数を制限するために、人々に自制するインセンティヴと手段を提供するしかない。疥癬と結核の撲滅キャンペーンによってすでに市民の信頼を得ていたので、CTPHはここで家族計画を活動に加えた。人間の数を管理することが、ゴリラにとって唯一のチャンスだった。

グラディスにとって好ましい要因の一つは、その地域におけるゴリラ観光の重要性だった。公園への入園料の二〇パーセントは周辺の地域社会に分配される。それを危険にさらしたい者はいなかったし、一九九九年のあの日を忘れた者もいなかった。ルワンダでツチ族が勝利を収めたあと、コンゴのジャングルに逃げ込んでいたフツ族の暗殺部隊が国境を越えてウガンダのブウィンディ原生国立公園に侵入し、一四人の観光客と一人の公園管理人を捕虜にしたのだ。彼らの標的はイギリス人とアメリカ人だった。両国の政府がフツ族の打倒を支持していたからだ。フツ族はドイツ人とフランス人を解放した。そこにはフランスの代理大使も含まれていた。二人のアメリカ人、四人のイギリス人、それに英語を話す人間として一緒にされた二人のニュージーランド人が鉈《なた》で叩き殺された。彼らを止めようとした公園管理人は縛られ、焼き殺された。観光客が戻るまでには三年かかった。その間、地域全体がふらふらの状態だった。

「手に余るほどの子供を持ち、大きく育てようとしつづければ」と、グラディスは説明した。「作物を増やすために森をさらに伐採することになり、ゴリラは失われ、観光客は二度と戻って来ないでしょう」。女性を説得する必要はほとんどなかった。多くの子を持つことで尊敬されるというこの地域の伝統は、男性に根づいているにすぎなかった。女性は子供を育てながら、たがいに同情を募らせるだけだった。

キガ語に家族計画という概念はなかったため、女性はまもなく英語でそれを言うことを覚えた。だが、子供を減らそうという意思があっても、その手段がなければ意味はなかった。一つの障害はウガンダ大統領のヨウェリ・ムセヴェニだった。ムセヴェニは、イディ・アミン統治下の血みどろの混乱ののちに平穏を取り戻した指導者として人気があった。現在、四半世紀を超えて政権にあるムセヴェニ大統領は、中国とインドにおける経済の急成長は、膨大な人口に比例していると信じていた——したがって、ウガンダ人が多ければ多いほどウガンダは裕福になるはずだと判断していたのだ。

ムセヴェニは、自国の人口がわずか一七年で倍増したという事実を、とらえるべき絶好のチャンスと考えた。つまり、人口の増加は次のことを意味したのだ。より多くの国民が、より多くの金を稼ぎ、より多くの国産品を買い、より多くの税金を払うことでより多くの国民の教育資金を提供し、といった具合である。政府は避妊を禁じてはいなかった。厚生省は避妊具を提供したほどだ。しかし、その乏しい予算は外国の援助に頼っており、全国の出産できる女性の半分にも行き届かなかった。二〇〇八年、予算のうち使われたのはわずか六・四パーセントで、その大部分は、大統領夫人が排卵日の計算に推奨していた携帯型のそろばんに費やされた。ムーンビーズとして知られ、リズム法を基に改良されたこの道具は数珠に似たもので、妊娠を避ける効果もそれとほぼ同等だった。

「イエバレ《みなさん》・ムノンガ《ありがとう》」。エイミーは知っているキガ語のほとんどを動員して、地域保全ヘルスワーカーを自称する参加者に感謝の気持ちを伝える。エイミーは、自分が婦人科医であり、大切な家族計画ツールを配布するためにやってきたこと、それは現在彼らが使っているものよりずっと長持ちすることを英語で説明する。同僚の一人が通訳するあいだは口をつぐむ。彼もエイミーと同じく、ＣＴＰＨのロゴ――人間のカップルとともにゴリラの母子が描かれている――のついたグレーのＴシャツを着ている。

　エイミーは、アメリカ製の子宮内避妊具「パラガードＴ－３８０Ａ」を取り上げる。その週の初めにここへ来たときから自分でも挿入しているものだ。エイミーはそのＴ字型の子宮内避妊具（ＩＵＤ）を参加者に回す。長さ一インチ（約二・五センチメートル）の乳白色のポリエチレン製で、端から二本のナイロンのモノフィラメントがぶら下がっている。Ｔ字の軸の部分と腕の部分に細い銅のコイルが巻きつけられている。コイルの太さは約三二分の一インチだ。その費用は、合衆国のＮＧＯのポピュレーション・サービス・インターナショナルが援助してくれるおかげで、ここでは一ドルにも満たない。

　女性たちが手で重さを量っている。重量はほとんどない。

「どういう仕組みなのですか？」と、ある参加者がたずねる。

「銅から放出されたイオンが、精子が卵子に達するのを防ぐのです」と、エイミーは説明する。長々とした通訳がそれに続く。

「効果はどのくらい持続しますか？」

「一二年です。古いものを外したら、新しいものを挿入できます」

「副作用はどうですか？」。これはいつも最大の関心を呼ぶ問題だった。産児制限をめぐる多くの作り話――その出所は男性であることが多い――がウガンダに広まっていたのだ。たとえば、デポ・プロヴェラ［訳注：三ヵ月に一度女性に注射する避妊法］を行なっている女性は大量の月経血を体内にとどめるため、子宮が腐るといったような話だ。

「ＩＵＤはホルモン法のような、頭痛、肥満、情緒の変調といった副作用はまったくありません」と、エイミーは答える。「人によっては生理が重くなる場合がありますが」

それが通訳されると不満の声が起こる。「しかし、数ヵ月で正常に戻るのがふつうです。私の経験では、それで困った状態になる女性はほとんどいません。もし多量の出血が続くなら、膣のなかに下がっているこの紐を引っ張れば、簡単に取り外せます」

「男性はそれに触れられますか？」

「紐は短く切られ、男性の届かないところまで巻き上げられています。見ることもできません」

エイミーはバッグから革でできた子宮の大型模型を取り出す。白人の皮膚と同じピンク色だ。みんながくすくすと笑う。一方の端に輪がついた小さな鉗子に似た器具を使って、ＩＵＤが簡単に挿入でき、取り外せることを試しにやって見せる。

「体のなかであちこち動きませんか？」

エイミーは首を振る。この器具の良いところは、長期にわたって効果があり、完全に元の状態に戻せることだと説明する。デポ法のように三カ月ごとに注射する必要もなければ、新たな装着のために医師のところまではるばる出向く必要もない。若い女性なら、赤ん坊を持つ準備が整うまで挿入しておくのもいい。出産のあとでまた挿入し、次の子供が欲しくなったら外すこともできる。もう子供は要らないという年配の女性は、装着して一二年間そのままにしておくこともできる。そのころには、もう避妊は必要ないだろう。

「それに」と、エイミーは続ける。「ＩＵＤを最も挿入しやすいのは、出産後四八時間です。そのときには、いずれにしろすでに病院にいるからです」

その意味を十分に理解してもらえるように、エイミーはしばらく間を置く。「夫が知る必要はないのですか？」。オレンジ色の布をまとった女性がたずねる。

「ありません」と、エイミーは答える。「妻が言わないかぎりは」

全員がにやりと笑う。

この場にいるピアカウンセラーの何人かは、それぞれの村でデポ法による避妊注射をするよう訓練を受けていた。子宮内避妊具を挿入する資格を持つ者はいない。だが、出産後にＩＵＤを無料提供する病院を女性に紹介することはできる。参加者たちは椅子をさっと並べ替えて三人のグループをつくり、治療先を紹介するための役割演技《ロールプレイ》をする。エイミーは各グループにシナリオを与える。あるシナリオでは、結核にかかっている二七歳の女性が長期の避妊を望んでいる。適切な対応はＩＵＤの利用を勧めることだ。ホルモン法とは違い、女性の病状を悪化させたり、ほかの治療法と衝突したりする副作用がないからだ。妊娠八カ月の二〇歳の女性が、第一子と次の子のあいだに適当な間隔を空けたいと考えている——どんな家族計画法を利用すべきだろうか？　この場合は、コンドーム、薬物、子宮内避妊具といったあらゆる方法を説明し、女性が自分の状況に最も適しているのはどれかを決められるようにすべきだ。ただし、出産後のＩＵＤの装着は、外すために病院へ行く必要があることを除けば、最も心配のない方法であることに触れておくのがいい。いったん外してしまえば、次の排卵で妊娠することもできる。

彼らはほかのさまざまな状況を検討する。三カ月ごとに避妊注射を受けることにうんざりしている三二歳。ＩＵＤの簡便さには魅力を感じるものの、ＩＵＤは体内を移動してはるばる心臓まで達する——あるいは、うまく装着できずに胎児の頭のなかに入り込むことがあると聞いて警戒している二〇歳。全員が患者とカウンセラーを交互に演じてみる。その後、たがいに批評し合う。ＩＵＤを取り外せば体は元どおりになることを言い忘れなかったか？八人の子を持つ母親に、この先子供が産まれるたびに幸福は大きくなるか、それとも問題が生じるかをうまく質問したか？　ＩＵＤは好色な夫に気づかれずにすむ効果的で化学薬剤を用いない避妊法であるだけでなく、出産後にＩＵＤを挿入してもらえることが、病院で出産するもう一つの立派な理由であることに触れたか？

エイミーとともに一週間働いた看護師が、病院での出産が大事であることに注意を促す。病院で子供を産む女性の死亡率は、全国平均より八〇パーセントも低いからだ。「乳児の死亡率も同じです」と、看護師は付け加える。「母親が出産で亡くなれば、母親のいない赤ん坊が生きながらえる可能性は大きくありません」

グラディスは、二人のよちよち歩きの息子をそれぞれ腕に抱きながら、後ろで見守っている。長い巻き毛に囲まれた顔には、満面の笑みが広がっている。CTPHが、寄生虫や、結核、エボラ熱、ポリオといった災厄――これらの寄生虫や病気は、人間とその毛深い親戚の境を跳びこえて広がる可能性がある――に注意を促すことで信頼を築いたあと、みずからの任務に家族計画を加えてから四年が過ぎていた。これまで、家族計画プログラムはウガンダ西部にはほとんど広まっていなかった。現在では、現地相談員のいくつかのチームと、プログラムを採用する一つの病院がある。

こうした活動には多くの苦労がともなってきたが、その大半は女性ともゴリラとも無関係だった。あらゆる慈善活動がそうであるように、従来の資金源が枯渇するたびに、たえず新たな資金源を探さなければならないのだ。ノースカロライナ州立大学の修士課程に在籍していたとき、グラディスは助成金申請書を書き、CTPHを合衆国で非営利組織として登録することを学んだ。最初の資金提供者はワシントンに本部を置くアフリカ・ワイルドライフ基金だった。それを皮切りに、ジョン・D・アンド・キャサリン・T・マッカーサー基金、アイルランド政府、米国魚類野生動物庁、アスピリンメーカーのバイエル社から支援を得てきた。グラディスが性と生殖に関する健康《リプロダクティヴヘルス》へと活動を拡大したのは、赤褐色の髪をした元気あふれるアメリカ人女性との偶然の出会いに触発されてのことだった。その女性はいままさにグラディスの左隣に座り、メモをとりながら、エイミーの研修会の進行に合わせてうなずいている。彼女は公衆衛生疫学者のリン・ガフィキン博士だ。エイミー・フーディッシュをブホマ村に招き、世界各地で家族計画を推進しようと奮闘する多くの取り組みへの資金提供機関――米国国際開発庁（USAID）――にグラディスを結びつけた人物である。

リン・ガフィキンは大学の第三学年を海外で過ごした。ナイロビ大学の古人類学者、リチャード・リーキーのもとで化石の分類に携わったのだ。二人の交換留学生と連れ立って、ケニアとイディ・アミン政権下のウガンダをヒッチハイクで横断し、野生のチンパンジーとマウンテンゴリラを見て回ったこともある。四年後の一九七八年、リンはフルブライト奨学金を得てアフリカ文化研究のためにケニアへ戻った。だが、リンの人類学のキャリアは、数年前に訪れたことのあるケニアの村々で脱線してしまった。そこはいまや、両眼にハエのたかった子供であふれていたのだ。高校時代、リンは『人口爆弾』を読んで、人口ゼロ成長に関する章を信奉すらしていた。いまや、エーリックが言わんとした状況が目の前に広がっていた。翌年、リンはカリフォルニア大学ロサンゼルス校へ戻り、公衆衛生学の修士課程で学びはじめた。

リンはそこで、シカゴのマイケル・リース家族計画病院から休暇で来ていた産婦人科医のポール・ブルーメンソールと出会った。リンはポールにアフリカのことを話して聞かせた。仏教の僧侶のように穏やかに生きるマウンテンゴリラを見たことや、ゴリラの悠然とした態度に接した観光客が黙り込み、畏敬の念に打たれる様子などだ。残っているゴリラの数はきわめて少なく、ゴリラを養っている土地は霊長類の親戚である人間に侵略されつつあった。何かを変えなければ人間もゴリラも消え去ってしまうだろう。

二人が結婚したあと、リン・ガフィキンは地域医療と疫学の博士号を取得し、ポール・ブルーメンソールは最終的にジョンズ・ホプキンス大学の生殖保健学部長《リプロダクティヴヘルス》になった。一九八〇年代から九〇年代にかけて、二人はアフリカやさらにその他の地域に滞在することが多かった。リンはケニア保健省とマウンテンゴリラ獣医プロジェクトのアドバイザーに就任した。後者はダイアン・フォッシーの遺産である（ダイアン・フォッシーもリーキーの弟子の一人だ――といっても彼女の場合はリチャードの父親で考古学者のルイス・リーキーであり、ルイスはジェーン・グドールをチンパンジーの研究に導いた人物でもある）。

二人はマダガスカルで二年を過ごした。世界の生物多様性ホットスポットであるマダガスカルでは、昔から「七人の息子と七人の娘が授かりますように」という言葉で結婚式を祝う。そのとおりになると人口は二〇年ごとに倍増する。だが、新任の大統領は、国の経済と島そのものの健全性は持続可能な人口にかかっていると宣言し、保健省を「保健並びに家族計画省」と改称した。ポールはマダガスカル政府のアドバイザーを務め、一方リンはUSAIDの「人口・保健・環境（PHE）」と称する新しいプログラムの特別研究員として、アフリカの持続可能性構想《イニシアティヴ》の調整に当たった。

二〇〇七年、ポールはスタンフォード大学で家族計画を指導するよう招かれた。彼が始めたプログラムの一年目、一四カ国、二八万人の女性がIUDを利用した。カリフォルニアではリンが、ナイロビからやってきたかつてのヒッチハイク仲間と再会を果たしていた。その二人はいまでは結婚していた。児童書の作家である妻のパメラ・ターナーは、マウンテンゴリラの獣医について本を書くため、リンと一緒にアフリカに戻った。そこで二人は、ブウィンディ原生林でゴリラの疥癬の流行を止めた若い女性獣医について耳にした。

数年後、かつてルワンダでマウンテンゴリラを観察して新婚旅行を過ごしたエイミー・フーディッシュ医師は、ターナーの『ゴリラ・ドクターズ（*Gorilla Doctors*）』を目にした。その後まもなく、エイミーはその本に出てくる疫学者と一緒に出発した。グラディス・カレマ・ジクソカの獣医兼産科のNGOで、出産後のIUD利用について教えるためだ。

研修会のあとで、地域保全ヘルスワーカーたちはエイミーと一緒にポーズをとってグループ写真に収まる。ニューヨークのブロンクス動物園に本部を置き、ウガンダにも事務所を構える野生動物保護協会（WCS）のプログラムを通じてわずかばかりの資金ルートはあるものの、リン・ガフィキンがCTPHの家族計画プログラムのために仲介したUSAIDの助成金はすでに底を突いてしまった。グラディスは、環境、公衆衛生、家族計画を抱き合わせにすることによって、三分野のすべてで寄付を募ることができる。それでも毎年が、慈善活動という先の見えないジャングルを生きて通り抜けるための厳しい道程だ。あらゆる発展途上国のあらゆるNGOが同一の慈善資金を奪い合っている——その資金は、経済の縮小と人ロの増加にともない、北極の氷のように小さくなりつつあるのだ。

一週間ぶっ通しで、グラディスとリンは資金提供機関に提出するためのCTPH活動報告書の作成に取り組んだ。リンがそれを、頭字語の点在するお役所言葉へ翻訳した。リンがそれを習得したのは、家族計画への資金の流れを維持するためだった。グラディスは、資金提供者を魅了する文章をすらすらと並べるリンを見て感謝しながらも、略語の海を泳いでいるような気がしてくる。たとえば、こんな具合だ。「USAIDはBMCAにおいてRH／FPの利用がないことを早期に認識し、一〇年近くにわたり、その地域においてCREHPを実行するためにCAREに資金を提供した」

参加者たちはそれぞれエイミーと抱き合い、別れのあいさつをする。リンは首都カンパラに向かう。脆弱《ぜいじゃく》な供給ラインに手を焼く都市のNGOの相談に乗るためだ。移り気な資金提供者から、腐敗した官僚、医薬品を高温にさらす無能な倉庫管理者まで、いかがわしい中間業者や怠惰な運転手から、老朽化した配送トラック、通行できない道路、間違った荷札の付けられた貨物、パンク寸前の診療所、働き過ぎの看護師まで。この連鎖はどこで切れてもおかしくないし、実際に切れることが多い。つい最近も、国中からコンドームがなくなったことがあった。自分たちにどんな選択肢があるかについて、女性の意識を高め、教育するあらゆる努力をしても、その後、ピルや避妊用注射薬の入荷が一週間遅れてしまえば、数百という意図せざる妊娠を招くことになりかねない。

グラディスは、緊急事態に対処すべく、五〇キロメートル北のクイーン・エリザベス国立公園へ向かう。そこは、自然の水路でつながった二つの湖を擁する開けたサヴァンナで、数千という漁師の家族、ヤギ、畜牛、ゾウ、アフリカスイギュウ、ウォーターバック、クロコダイル、ヒョウ、カバが集まっている場所だ。目下、炭疽病《たんそ》の流行によって六七頭のカバの命が奪われていた。厳しさを増す食糧難と増大する人口に苦しめられ、人々は密猟したカバの肉を食べることがますます増えている。グラディスは炭疽病の感染者が出ないよう祈っている。いずれにしても、ハイエナやハゲワシが炭疽菌の芽胞を大地溝帯全域にばらまきはじめる前に、一体三トンもあるカバの大量の死骸を焼却するか埋めるかする必要がある。

「炭疽病」という言葉に、エイミーは身震いをする。学部学生の時代にミネソタ州セントポールにあるアメリカ家族計画クリニックで働いていたのだが、ある日そこに白い粉の入った封筒が届いたのだ。そのときの恐怖が、女性が性と生殖に関する意思決定をみずから下す手助けをすることに、どんな意味があるのかを教えてくれた。だが、それはまた、自分が生涯を賭ける仕事に何を選ぶべきかを確認させてくれたのだ。

「ここで、ゆっくりしていてください」。リンはエイミーにそう言うと、グラディスのほうを向き「カンパラで会いましょう」と言う。二人は、ともに尊敬するジェーン・グドールが、ウガンダのチンパンジーのために催す資金集めのパーティーで会うことになっているのだ。

「カバたちのために祈ってね」と、グラディスは言う。

ウガンダ人口局全国計画部長のジョイ・ナイガ博士は浮かばない顔をしている。細身の黒いスーツに身を包み、シェラトン・カンパラ・ホテルのレストランに座っている。会議の合間にコーヒーを飲みに立ち寄ったのだ。テーブルの下では、ハイヒールの上に素足を載せて休ませている。

「経口避妊薬《ピル》の開発から五〇年目の記念日です。私は母が服用していたのと同じピルを使っています。女性は同じＩＵＤを利用しています。これは新たな技術ではないのです。この国ではいまだに、十分な避妊用品を手にするだけの経済的余裕がありません。避妊用品も携帯電話と同じように市場に出せるといいのですが」

彼女は大統領が好きだ。大統領と第一夫人に会ったことがある。彼女は次のような計算について説明を試みた。仮にウガンダが突然石油を掘り当て、年間ＧＤＰが一〇パーセント上昇しても、女性一人あたり七人という出生率のままでは中流国にはなれない。「出生率を二・一人に低下させてはじめて、中流国という目標を達成できるのです」

しかし、大統領は依然としてウガンダを「アジアの虎」のアフリカ版にしたいと望んでおり、中国やインドが超大国への道を歩み出そうとしているのは、その膨大な労働力のおかげだと主張している。こうした考え方は、ナイガをとりわけがっかりさせる。というのも、ムセヴェニ大統領は、全国的な啓蒙キャンペーンを展開することによってエイズの流行に鮮やかに対処したからだ。そのキャンペーンのスローガンは「放牧をやめよう」――つねに畜舎の近くで餌を見つけるヤギのように、男もふらふらと出歩くべきではないという意味――というものだった。これは賢明な戦略だった。道徳を説くのではなく、夫人が何人いるにせよ、性生活は自宅で営むようにと男たちに言っているにすぎない。結果は良好だった。一〇年足らずのうちに、ウガンダのＨＩＶ感染率は一五パーセントから五パーセントに低下したのである。

「それができたのなら、何でもできるはずです」と、ナイガは言う。だが、全国規模の健康サンプリング調査によれば、女性の四一パーセントが避妊の手段を持たないことがわかっている。「しかも、これは既婚女性だけを対象にした調査なのです」

彼女も認めるように、ウガンダ政府が調達する避妊の手段はとても十分とは言えない。その大半は国連人口基金（ＵＮＦＰＡ）を通じて寄贈されたものだが、ＵＮＦＰＡ自体が必要に応えようとしつつも問題を抱えている。ウガンダの避妊具不足は、少なくとも年間一〇〇万件の意図せざる妊娠を生んでいる。ある研究によると、三〇万件が危険で違法な中絶で処理されるという。望まれない余分な子供をつくらないためだ。

「家族計画は、貧困から抜け出すための最もコスト効率の良い方法です。環境の悪化に対処する時間を与えてくれるし、女性の命を救ってくれるはずです。私たちが人口増加のペースを落とさないのなら、神に助けを求めるしかありません」

屋外へ出ると、カンパラは世界のきわめて耐えがたい都市の一つに姿を変えている。交通は訳がわからないほど無秩序で、化学物質で汚れた空気がしおれかけたジャカランダノキの花のあいだに渦巻いている。カンパラの丘陵からヴィクトリア湖畔のエンテベまで、三〇キロメートルにわたり、人間の営みが切れ目なく広がっている。道は、腰を曲げて緑色のバナナを担いだ男、何人もの幼児を一抱えにした母親、色とりどりの制服を着た大勢の子供でごった返している。ヴィクトリア湖では、船べりを水面ぎりぎりまで沈めた何隻もの細長い丸木舟が、エンジン音を響かせて、チークをはじめとする硬材が積み上げられた桟橋に向かっている。それらの硬材は数時間離れた島々で伐採されたもので、漁獲が減っているテラピアやナイルパーチを薫製《くんせい》にするための木炭になる。世界で二番目に大きな淡水湖であるヴィクトリア湖は「アフリカの給水塔」と呼ばれ、カンパラへの給水源であるとともに、汚水処理工程の最終地点でもある。油で汚れた桟橋に打ち寄せる濁《にご》った緑の液体から、どちらの役割が優勢になりつつあるかは一目瞭然だ。

ウガンダで最も古い家族計画NGOのパスファインダー・インターナショナルは、イディ・アミンの悪夢の時代を含めて一九五〇年代から活動している。現在の代表者であるアン・フィードラーには二六人のきょうだいがいる。学校長で一夫多妻主義者だった父親は、五人の妻を持っていた。大学に入学するとすぐ、アンは病院へ行き、子供は欲しくないからと言って卵管結紮《らんかんけっさつ》を依頼した。両親が自分のために十分な数の子供を産んでくれたとも言った。だが、夫、恋人、父親のいずれかの署名付き同意書が必要だと告げられた。避妊のためであっても同じだという。

エイズ流行の最盛期に、アン・フィードラーはティーンエイジャーのためのラジオ番組『ストレート・トーク』を始めた。現在は、もうすぐ母親になろうとしている一六歳の聴取者たちに、二人の子供を愛し、食べさせ、学校に通わせることと、七人をそうしようとすることの違いを教えようとしている。

「アミン時代を生き延び、次いでＨＩＶも生き抜いたあとで、誰もが多くの人が亡くなったと感じ、それを回復したいと願いました」。赤い縁の眼鏡で注意を引きながら、アンは言う。アン自身も妹をエイズで失った。妹は大学の友人から感染させられたのだ。その友人にはほかに三人のガールフレンドがいて、二人はすでに死んでいたことがあとでわかった。「妹はピルを使っていました。コンドームも使うべきだとは知らなかったのです」。アンは現在は結婚し、子供が一人いる。大学に行かなかった姉妹のなかには六人の子を持つ者もいる。

「人口の増加は未来を追い越そうとしています。もう指導者を待ち望んでいる場合ではありません。行動を変えるべき理由を各家庭に説明しなければなりません。さもなければ」机の上に広げた帳簿を指さしながら、彼女は言う。「私たちは、ピル、コンドーム、避妊注射薬といった大量生産される品々を売り歩いているだけになってしまいます。しかし、村の誰かに、国全体が危機にあるのだから子供の数を減らすようになどと言っても、わかってもらうのは容易ではありません」

二〇一〇年七月の最終金曜日、リン・ガフィキンは仕事をすませ、カンパラで最も高級なセレナ・ホテルへ急ぐ。たそがれ時である。この一週間、政府の建物、各国大使館、セレナ・ホテルを含む五つ星ホテルの屋上で二四時間配置についていた軍の狙撃兵たちが、ようやくAK－47自動小銃を手に立ち去った。ホテル客が通らなければならなかった三重の検問所も通常に戻る。金属探知機は三台から一台に減り、X線検査は一度だけ、続いて鞄と財布の手探り検査だ。

こうした異常なまでの治安対策は、アフリカ連合の指導者による第一五回サミットのためだった。サミットが始まる一週間前、二個の爆弾が同時に――一つはラグビークラブで、もう一つはレストランで――爆発するという事件が起きていた。どちらの場所も、サッカー・ワールドカップ決勝のスペイン対オランダ戦を見ている客で満員だった。数名の外国人観光客を含む七六人が死亡した。リビアの独裁者であるムアンマル・カダフィが到着すると、事態はいっそう悪化した。その爆破事件の最重要容疑者だったからだ。四〇年にわたって権力の座にあるカダフィは、ムセヴェニをひどく嫌っていた。年下で、たった四分の一世紀しかウガンダを統治していないというのに、自分が提唱するアフリカ合衆国に反対しているからだ。カダフィの構想では、アフリカは単一国家になるはずだった。そうすれば強力な経済戦線が生まれるだろうとカダフィは主張したが、ウガンダを含むアフリカのキリスト教国は、そこにイスラム教の優位を築こうとするたくらみを感じ取っていた。サミット開会式で、カダフィの三〇〇人のボディガードがムセヴェニの大統領護衛隊に殴り合いを仕掛けたため、その疑惑が薄まることはなかった。

だが、その週はそれ以降何事もなく過ぎていった――例によって、サミットでは重要なことは何も決まらなかった――そしていまや、ヤシの木や人工の滝が並ぶセレナ・ホテルのプールのテラスは、ジェーン・グドール博士の資金集めの舞台となる。グドールは、みずからの名前を冠した機関の創設者で、アフリカのチンパンジーを存続させようと尽力している。

ウェイトレスが、ワイングラスと薄切りペストリーのオードブルを載せたトレイを手に、シルクのブラウスにオーダーメイドのスラックスという姿のキャリアウーマンや、上着を着てネクタイを締めた外交団の男性のあいだを回っている。米国大使と何人かのスタッフも出席しており、世界自然保護基金（WWF）、野生動物保護協会（WCS）、ウガンダ野生動物保護連合（UWA）の関係者もいる。

黒いセーターにグリーンのスラックスというでたちのリンは、サンダルにCTPHのポロシャツ姿のグラディスを見つける。グラディスの夫で遠距離通信の専門家であるローレンスはブレザーを着ている。ローレンスには一夫多妻主義者で一〇〇人の子を持つ大伯父がいた。子供たちの年齢は数世代にまたがっており、孫より幼い子供もいた。ローレンスの祖父はウガンダ初のエンジニアの一人で、子供は六人しかいなかった。子供の多い兄はそのことにあきれていた。「本当にもっと子供が必要かい？」と、祖父は答えたものだ。家族全員が、兄の子供の世話を助けなければならなかったのだ。

「親戚の面倒を見るためだけに、個人のNGOが必要でしたよ」と、ローレンスは言う。ローレンスはウガンダではめったにない存在だった――一人っ子なのだ。彼の母親は、ローレンスにとっての継父と再婚し、さらに六人の子供を引き継ぐまでは、子供は一人しか欲しがらなかった。親戚から、新しい夫とのあいだに子供をつくる気はないのかとたずねられると、ローレンスの母は子供の学費を出してくれるのかと問い返したものだった。

テラスがざわめいたのは、ジェーン・グドールが姿を見せたときだ。背筋の伸びたほっそりした女性で、白髪混じりの髪を伸ばし、黒いタートルネックに濃いオレンジのショールを羽織っている。人々がすぐに彼女を取り囲んだ。

「適切な広報をすれば」と、ローレンスがささやく。「グラディスはゴリラにとってのジェーン・グドールになれると思うのです」。ゴリラにとってグドールの役割を果たす者がいないのは、悲しいことに、ルイス・リーキーのよく知られた弟子のダイアン・フォッシーが、自分の山刀《マチェーテ》らしき凶器で殺されたからだ。犯人は彼女が闘っていた密猟者か、あるいは観光産業に携わる敵対者だったかもしれない。フォッシーは、マウンテンゴリラを不必要に人間の病気にさらしていると感じ、観光産業を嫌っていたのだ。

リーキーがチンパンジー研究のために現在のタンザニアにジェーン・グドールを送り出してから、五〇年がたった。ジェーンがウガンダに来たのは、自分が生涯を賭けた仕事を始めたとき、アフリカの二一カ国にまたがって一五〇万頭のチンパンジーがいたことを、アフリカ連合のサミットで講演するためだった。現在、その数は三〇万頭を割っている。ウガンダのわずかなチンパンジーはアルバーティーン地溝帯に生息している。その一部はブウィンディ原生林にいるが、ほとんどはクイーン・エリザベス国立公園の北部にすんでいる。

そして、そこはまさに、最近になってウガンダの運命を変えてしまった場所だ。ウガンダはなんと石油を掘り当てたのである。

ムセヴェニ大統領の描くウガンダの将来像が、突如として夢物語ではなくなったらしい。いくつもの鉱区賃借権が設定されていた。実際、今夜の催しのスポンサーとなっているイギリスの石油探査会社は、チンパンジーの生息密度が最も高いアルバーティーン地溝帯の一部の地域で契約を結んでいるのだ。この会社からも幹部の一人が青い開襟シャツで出席している。

「わが社はチンパンジーと共存していることを誇りに思っています」と、彼は出席者たちに語る。そして、掘削をしている地域で始めた植林キャンペーンについて説明する。「わが社は環境をつねに意識しています。それを発見したときよりもよい状態で、後代に残す責任があるのです」

彼は、そこに建設している石油精製所については触れない。また、せいぜいのところ、油田の予想寿命にあたる二〇年しかその地にとどまらないことも語らない。ウガンダの石油埋蔵量は三億バレルと推定されているが、これは合衆国の約一六日分の消費量にすぎないのだ。

話を終えると、彼はジェーン・グドールを聴衆に紹介し、抱き合う。グドールはほほ笑む。そして、大地溝帯に初めて旅した時のことを語る。当時は、ブルンジ国境の北からはるか南のザンビアまで、チンパンジーの生息地が切れ目なく広がっていたという。

「断崖の上に登って東に目を向けると、見わたすかぎりがチンパンジーの生息地で、緑のうねる森でした。そうした森は次第に姿を消していきました」。グドールの組織が本部を置くタンザニアのゴンベ国立公園は、二〇平方マイル（約五二平方キロメートル）にまで狭まり、そこで暮らすチンパンジーは一〇〇頭にも満たない。まだ森が残っているのは、急峻《きゅうしゅん》な崖に囲まれているおかげで、耕作したくてたまらない農民や、薪が欲しくてたまらない女性が手を出せない土地だけだ。

グドールは石油会社の幹部のほうをちらりと見やる。「そしていま、私たちはアルバーティーン地溝帯を石油会社から救うため、死ぬほどがんばっているのです」。ふたたび、グドールが前とまったく同じようにほほ笑むと、全員が声を立てて笑う。グドールは次のことには触れない。地球温暖化は別として、核によらない環境災害として史上最大の二つの事例は、石油会社がナイジェリアとエクアドルのジャングルで起こしたものなのだ。

グドールは〈根と芽《ルーツ・アンド・シューツ》〉への資金援助を訴えて話を終える。ルーツ・アンド・シューツは、若者が未来への希望を失わないようにと、彼女が一二〇カ国で設立した国際的な環境教育NGOだ。

「できるだけ多くの若者が正しい価値観を身につけて成長するよう支援しましょう。そして」と、彼女は付け加える。「私たちが人口の増加率を横ばいにし、人口を最適化できるかどうかを見てみましょう。つまり、適正な数の人々が適正な場所で暮らすということです」

続いて、ジェーン・グドールとチンパンジーが一緒に写ったポートレート一枚と、グドールのサイン入り回想録数冊のオークションが行なわれる。石油会社の幹部と派手な金髪の夫人が、ポートレートに最高値を付ける。グドールは幹部夫妻との記念撮影のためにポーズをとりながら、またほほ笑みを浮かべる。

リン・ガフィキンは回想録を一冊落札すると「あなたに」とグラディスに言う。グラディスは演壇に歩み寄り、グドールにサインしてもらう。世界のチンパンジーを救うことに五〇年を捧げながら、チンパンジーの五分の四が姿を消すのを見守るしかなかった上品な高齢の女性が、世界で最後に残った数百頭のゴリラのためにベストを尽くそうとしているこの若い獣医に、自分の人生の物語を手渡す。

二人が交わすたがいを認め合うほほ笑みは、本心からのものだ。

# 第八章　人間の長城——中　国

## 1　機械的に一律に

林霞《りんか》(1)は夕食のときに母がたまたま口にするまで、それをまったく知らなかった。「まだお前を母乳で育てていたところだったわ」と、母は言った。「妊娠の可能性は低かったから、ＩＵＤ（子宮内避妊具）も外したままだった」

当時、母はすでに復職しており、トラック修理工場で帳簿をつけていた。「仕事と生まれたばかりの娘を抱えて」。母はほほ笑みながら霞に話しかけた。「忙しすぎて子供をもう一人なんて考えられなかった」。厚切りのリンゴに手を伸ばしながら、退職教師の父もそのとおりとうなずいた。

忙しすぎるだけではなかった。中国の〈一人っ子政策〉が始まってまだ三年しかたっていなかった。彼らは北京の南六〇〇マイル（約九六六キロメートル）に位置する安徽省《あんき》に住んでいたが、田舎の家族にもまだ特例はなかったし、霞の両親も一人っ子政策を知っていた。子供を産んだ女性がもう一人産もうとすると、不妊手術を受けさせられることもあった。そこで、霞の母は二人目の妊娠を律儀に勤め先に報告した。彼女に与えられたのは、産休どころか、手術費用、回復期療養費、ステンレス製ＩＵＤの更新費用を含む助成金付きの妊娠中絶休暇だった。「当局はいまでもそうした助成をしているわ」

林霞は、きょうだいのいない理由を初めて知った。「怖くなかった？　悲しくなかった？」。霞はそう言うと、やさしい目で母を見つめる。若々しく、ふっくらした顔の母は、霞の姉だと言っても通るほどだ。姉がいたとすればの話だが。

彼らは北京の霞のアパートにいた。二八階建ての四角い高層ビルの一一階で、まったく同じ建物が一〇棟並んでいる。母は霞の茶色のネコを膝に引き寄せた。「おできを切るようなものだったわ」と、母は答えた。「子供は堕《お》ろさなければならないの。怖くはなかったわ。少し不安だっただけ。お前が学校で家を離れてしまってから、もう一人産んでおけばよかったと思ったけど、法律に違反してまで、とは思わなかったわ」

法律に違反すれば年収を超える罰金が科される場合もあった。いまでもそうだ。罰金の額は、省によって、また、地域の家族計画担当官が毎月のノルマをどれだけ達成しているかによってさまざまだ。どこかの国のスピード違反の反則切符と同じように、余分な子供に対す

（1）本人の希望により名前を変えてある。

るペナルティーは、中国における重要な歳入源である。上海や富裕な江蘇省《こうそ》では、この「社会的お荷物税」は、二人目の子供で三万ドル、三人目ではさらに多くなりかねない。しかし、農民は数百ドル相当の人民元を支払うだけでいいのだ。

「その当時」と、母は言った。「当局は妊娠をあきらめさせることに力を入れていたわ。中絶を逃れるために逃亡すれば、その女性が戻るまで家族が投獄されたのよ」

「ロープか瓶入りの毒薬を買ってやる」と言われたものだと、父が言った。「それが、中絶するくらいなら死ぬほうがましだと言う女性に向けての当局のスローガンだった。いまでは、農民は当局を無視して、男の子が生まれるまで三、四人の子供を持つ。一九八〇年であれば、彼らの家はブルドーザーでつぶされてしまっただろう」。父は自分で茶をついだ。「そうしたひどいことをしたのは地方の役人たちだ。中央政府の意図はよかった。中国は産児制限をするしかなかったんだ」

父と母の両親は、一九五八年から一九六二年にかけての史上最悪の飢饉《ききん》を何とか切り抜けた。毛沢東の〈大躍進〉政策の時代のことだ。当時、個人の農場は集団化され、数百万人という農民が工場労働者として動員された。遠く離れた北京からの的外れな指示のもとで、収穫高が急減したにもかかわらず、穀物は拡大する都市のために徴発された。あえて逆らう者はいなかった。往々にして死刑を意味する追放処分を恐れ、壊滅的な収穫の実数をわざわざ報告する者もいなかった。食料不足はすさまじいもので、最大で四〇〇〇万人に及ぶ中国人が亡くなった――正確な数字は誰にもわからない。さらに数百万人が栄養失調に陥った。

人口を支えられるだけの食料にも事欠いたという記憶は、中国の集団意識に焼き付けられた。「家をつぶしたり家財を没収したり、あるいは、女性が中絶するまでその親を投獄したりなどというのはひどすぎた」と、父は言った。「しかし、われわれにはなんらかの政府の方針が必要だった。とにかく人間が多すぎたんだ」

新たに選出された習近平《しゅうきんぺい》国家主席は、二〇一三年、賛否両論のある一人っ子政策を自分の任期中に徐々に緩和する意向を示したが、一人っ子政策という名称はすでに適切ではなくなっている。およそ二二種の法律上の例外規定によって、三五パーセントの家庭が二人以上の子供を持つことを許されているからだ。そのため、多くの中国人はその政策を「一・五人子政策」と言っている。林霞の両親は田舎に住んでいたから、六年後には男の子を産むべくふたたび妊娠できることになっていた——必要とされる間隔は省によって異なるのだが。田舎に対するそうした緩和措置に加え、二〇〇二年以降、五六の少数民族——言い換えれば九二パーセントを占める漢民族でない者——には、文化的絶滅を防ぐために三人の子供が許されている。一人っ子政策の例外は鉱山労働者（死亡率が高いため）、障害者、外国で生まれた子供にも認められている。

近年では、一人っ子同士で結婚した男女にも二人の子供が認められている。もっとも、ほとんどのカップルは自発的に一人で止めてしまう。一人っ子同士のカップルは、四人の引退した親と最大で八人の祖父母の面倒を見ることも期待されているため、子供にかかるコストにおじけづいてしまうのだ。中国では、過去に地球が目にしたことのない巨大な都市が、かつてないほどたくさん建設され、コンクリートが乾くやいなや人でいっぱいになってしまう。そこで暮らす新たな都市住民は、もはや農場で働く息子を必要としない。代わりに、割り当てられた一人っ子を育てるために工場の給料を必要とする。起業家的手腕を発揮して、社会階層を上昇する幸運に恵まれた者だけが、さらに子供を持つことを考えるにすぎないのだ。

きょうだいを持てなかったとはいえ、林霞は一人っ子政策から恩恵も受けた。かつて男の子が好まれた時代、大学生のうち女性は四分の一にすぎなかった。こんにちでは、女子学生がほぼ半数を占めている。機械工学と通信学を学んだのち、林霞は科学記者として働いている。勤務する雑誌社の事務所は、遼寧省《りようねい》は朝陽《ちようよう》に立ち並ぶ数十という超高層ビルの一つに入っている。これらのビルが建てられたのは、二〇〇八年のオリンピック前の狂乱期のことだった。ごみごみした工業地域だった朝陽は、北京のようなまばゆい中心業務地区に生まれ変わった。この驚くべき都市、とてつもなく大きな国に暮らすのはわくわくする。

だが、実のところ中国はどれくらい大きくなれるだろうか？

中国はいまや世界最大の穀物、食肉、石炭、鉄鋼の消費国であり、自動車の最大の市場にして生産国だ。また、世界最大の炭素排出国でもあり、それに見合った煤煙《ばいえん》と$CO_2$を吐き出している。中国は、煙突からの排出物の四〇パーセントは合衆国向け製品の製造によるものだと主張するが、金を嫌う者はおらず、さらに多くを排出しつづけている。

現在、中国には一〇〇万人を超える人口を擁する都市が少なくとも一五〇ある。二〇二五年には、二二〇になるだろう。二一世紀の初めの二五年間、世界で新築されるビルの半数は中国に建つ。国民の半数がいまや都市に暮らし――一九八〇年には五分の一だった――二〇三〇年までに四分の三が都市住民になると予想されているから、建物は増える一方だ。中国の出生率は、一人っ子政策が成立して一〇年足らずで人口置換出生率にまで急低下したものの、まったくの惰性によって、人口はさらに一世代のあいだ増加しつづける。二〇一二年には、中国の人口は約七週間ごとに一〇〇万人ずつ増加した。

「さらに四億人の中国人なんて想像できないわ」と、霞が言う――その数字は、一人っ子政策が達成したと広く信じられている減少分だ。霞は両親に、自分の仕事について話した。北京周辺の干上がった湖、甘粛省《かんしゅく》の樹木のない黄塵《こうじん》地帯、悪臭を発する黄河などを見てきたことだ。たくさんのダムについても話した。世界中の四万五〇〇〇の巨大ダムの半分は中国にある。一三〇万人を立ち退かせてつくられた揚子江の三峡《さんきょう》ダムが最大で、人類の歴史上最も費用のかかった建造物だ。この三峡ダムも、さらに費用のかかる〈南水北調プロジェクト〉にまもなくその座を奪われる。このプロジェクトは完成までに半世紀を要するとされ、揚子江デルタから一二〇〇キロ北の北京周辺の乾燥地帯まで、もう一つの黄河に相当する水路を敷設するという計画だ。

黄河そのものの下にトンネルを通す南水北調プロジェクトでは、流路の半分以上の区間で水をくみ上げる必要がある。これは、水を逆流させるためにアジアを傾けるようなものであり、揚子江デルタの水が北へ吸い上げられる上海にとっては恐ろしいプロジェクトだ。上海はすでに膨大な水をポンプでくみ上げてきたせいで、六フィート（約一・八メートル）も地盤が沈下している。南水北調プロジェクトでは、地球全体が温暖化するにつれ、揚子江の上流域で降雨量が増えると想定されている。だが、これまでのところ、気候変動は降雨を増やすどころか深刻な干ばつをもたらしている。そのせいで石炭輸送用の荷船が低水位の川を航行できず、電力不足が起こり、中国はコメとコムギを輸入せざるをえなくなりつつある。

林霞は、国家人口家族計画委員会のもう一つのスローガンを思い出す。「これ以上の子供を養うには、母なる地球は疲れすぎている」。霞は以前、中国の著名な人口学者が、中国にとっての適正人口は七億人――現在の一三億人の半分強――と言うのを聞いたことがある。かつて目撃したモンゴルに匹敵するほど巨大な砂嵐や、隣り合った四つの省をすっぽり包むほどのスモッグを考えれば、彼女も同感だ。

「考えてみて」と、霞は言う。「あれだけの石炭すべてを燃やしたり、これ以上ダムをつくったりする必要はないはずだわ」

七億人というのは一九六四年の中国の人口だ。わずか半世紀前のことなのである。

## 2 ロケット科学

二〇三〇年頃には、中国の人口は一五億人弱でピークに達するはずだ――一人っ子政策の緩和も小さな家族を指向する現在の傾向を変えるとは思えない。人口はその後、高出生率中国と低出生率中国のあいだの過渡期世代が世を去るにつれ、劇的に減少するだろう。人口置換水準を下回る出生率が何年か続いたあとで、過渡期世代に置き換わるほどの子供が生まれることはない。二一〇〇年までに、中国はふたたび人口一〇億人に満たない国になる。しかし、問題は現在からそのときまでに何が起こるかだ。

　蔣正華《しょうせいか》は老齢化する過渡期世代について考えながら、レッドウォール・レストランの庭園に座っている。紫禁城《しきんじょう》から数ブロック離れた、北京にもほとんど残っていない昔ながらの胡同《フートン》［訳注：元時代からの細い路地］の静かな小道にあるレストランだ。蔣はあるアメリカ人の女性科学者と会食することになっている。彼女は、一人っ子政策を推進するうえで蔣の果たした役割に関心を持っている。三日後の二〇一〇年九月二五日、一人っ子政策は施行三〇周年を迎えるのだ。蔣は彼女と会うことを楽しみにしている。彼女は、人類が環境保全から得られる費用便益を計算するという先見性ある業績によって、ヨーロッパ、アジア、アメリカで数々の栄誉を手にしてきた。その研究が示すところでは、人間にとって最善の策は、人類の生みの親である自然の基礎構造《インフラストラクチャー》を破壊しないことだという。彼女がアメリカの個体群生物学者、ポール・エーリックの弟子であることもわかっている。中国が人口抑制を決めたとき、エーリックの研究は興味を持って注目されたのだ。

　中国で、彼女は蔣の弟子である人口学者の李蘇州《りそしゅう》と共同研究をしている。李は一人っ子政策の不測の結果、つまり、数百万人の女の子が人口調査から消えていることを専門に研究している。二〇〇〇年、李蘇州は〈ケア・フォー・ガールズ〉を共同で設立した。これは、男の子が欲しかったが女の子が生まれてしまった家族の相談に乗り、融資し、女の子の養育を監視するプログラムだ。現在、農工民主党中央委員会副議長の地位にある蔣正華自身、関連する課題の解決に手を貸すよう政府から要請されている。すなわち、若年者が大幅に減ってしまった現在、高齢者をいかに世話するかという課題だ。アメリカ人科学者がそれについてどう考えるかを聞くのは、実に興味深いことだろう。

「蔣教授、お会いできて光栄です」と、グレッチェン・デイリーが言う。蔣は、スポーツ選手のように引き締まった体つきの女性にほほ笑みかける。金髪をショートカットにし、目には親しみのこもった光が浮かんでいる。彼女は、ピンストライプのスーツにペイズリー柄のネクタイを締めた、いかにも大学教授らしいその男性にほほ笑み返す。髪はまだ黒く、背筋は伸びており、彼が七〇代半ばであることを示すものは、大きすぎる縁なし眼鏡だけだ。蔣はレストランを経営している女性にグレッチェンを紹介する。彼女は蔣をとても大切にしている。蔣は自分とグレッチェンのために料理を注文する。カモ、ナマコの蒸し煮を添えた有機米、オーストラリア産のシラーズ・ワイン。蔣は椅子に深く掛け、両手を組む。

蔣正華は中国きっての美しい街の一つ、杭州《こうしゅう》で生まれた——とはいえ、まさにぎりぎりのところで。日中戦争のさなか、杭州に日本軍が侵攻してきたところだった。両親が疎開しようとしていたとき、母親が城門で陣痛を起こし、蔣はその場で生まれたのだ。こうして、一家は杭州にとどまることになった。父は小学校で歴史と地理を教え、母は数学を教えていた。

戦争が終わり、中国が毛沢東の下で共産主義を採用すると、歴史家である父は蔣に何冊かの本を与えた。そこには、中国人が数百世代をかけてこう信じるようになった経緯が説明されていた。政府はよりよい生活のために国民を統一すべく天命を与えられた権威なのだ、と。

蔣は交通大学電子工学科を卒業したあと、一九五〇年代後半にはすでに、人口を七億から八億のあいだで安定させ、もっと健康的な環境のなかで中国を発展させようという計画について耳にしていた。

「何に関心が向けられていたのですか？」と、グレッチェンはたずねる。「食料や医療ですか？　森林ですか？　土地の劣化ですか？　当時の人々は何を考えていたのですか？」

「経済発展です」と、蔣は答える。「一九五〇年代、中国人は環境について知識がありませんでした。中国人的な考え方では、中国は資源豊富な大国だから、環境について心配する必要はないというのです。もちろん、一九五八年までの話ですよ。ご存じの大躍進政策が始まった年です。いろいろとばかなことをやりました。はげ山になるまで山の木を切り倒しました。お粗末な炉で鉄を溶かそうとしました」

六〇〇〇年にわたる農耕生活から、中国を工業の時代へ一気に引き上げようとした毛沢東の大躍進政策のあいだ、農家の裏庭に設置された数十万基というレンガ造りの溶鉱炉から出る油煙で大気が汚染された。農民は溶鉱炉をつくって鉄くずを製錬するよう命じられていたのだ。割当量を達成するため、各家庭は自転車や鍋釜を溶かした。燃料は主として切り倒された ばかりの数百万本という生木だったため、できあがった銑鉄はほとんど役に立たなかった。

「ばかげていた」と、蔣は繰り返す。「しかし、当時は誰もおかしいと思いませんでした。一九五〇年代、政府はとても尊敬されていました。日本との戦争が終わったばかりでした。共産党は何でもできると、みな信じていたのです」

だが、人口の増加を抑制するという考え方は共産主義からの完全な逸脱だった。マルクスとエンゲルスは、トマス・ロバート・マルサスを次のように非難していた。マルサスは、過剰な人口が資源への圧力となって生産を減少させると述べたが、実はまったく逆で、人口は生産を増大させる労働資源を供給するというのだ。マルサスは資本家の支配階級に味方するブルジョア擁護者であり、世界のさまざまな問題を身分の低い被搾取階級のせいにしていると見なされた。当初、それは中国共産党主席である毛沢東の信念でもあった。国民の数は力であり、障害ではないのだ。しかし、大躍進政策が惨憺《さんたん》たる結果に終わると、毛沢東と周恩来首相は混乱する国の安定を図るべく科学者を集めた。

人口管理という考え方が初めて現れたのは、その数年前のことだった。一九五三年の人口調査によって、中国の人口は六億人近いという驚くべきニュースが届けられていた。そこで、コンドームや子宮頸管《けいかん》キャップが配布されるとともに、第一子の出産を先延ばしにしたり、第二子を産むまで数年待ったりするよう女性に勧める政策がとられた。毛主席は、反マルサス的マルクス主義と、人口が抑制できなくなりつつあるという認識のあいだで板挟みになり、二つの立場を行ったり来たりすることも多かった。大躍進政策のあいだ、毛沢東は初めて国家的な産児計画を提示したものの、その後それを破棄して人口学者を迫害した。

毛沢東による一九六六年の文化大革命が、最終的に一人っ子政策のお膳立てをした。だが、その方法は思いも寄らないものだった。「実は、私が取り組んでいた仕事はミサイルの制御と」蔣正華はそう言ってにやりと笑う。「原子炉の制御だったのです」

「驚きです」と、グレッチェンは言う。

一九五八年に蔣が卒業する直前、交通大学は工学部を含む大部分が、沿岸部の上海から一三〇〇キロ内陸にある古都、陝西省西安《せんせいせいあん》へ移転していた。表向きの理由は、高等教育を全国に広げるためというものだったが、蔣は台湾からの敵機がたびたび上海を襲ったことを思い出す。彼の所属部門を守ることには戦略的な理由があった。そこで彼は、コンピューター・サイエンスという新分野に取り組むよう命じられていた。蔣の任務は、誘導ミサイルと原子炉の自動制御装置を設計することだった。

大躍進の時代、中国の初期のコンピューターの能力は、裏庭の溶鉱炉から鉄鋼生産の能率を上げようとする企てに浪費されていたと、蔣はグレッチェンに語る。だが、それが大失敗したあとの五年間、研究は非常におもしろくなった。

「われわれはロケットを組み立てました。独自の半導体チップさえつくりました」

「私の夫はレーザー物理学の研究をしているのですが」と、グレッチェンは言う。「半導体チップはすべて中国から手に入れています」

蔣はまたにこやかに笑う。しかし、その後の出来事を思い出し、彼の誇りはため息とともにに消えてしまう。「文化大革命です。あれがなければ、中国ははるかに早く発展していたことでしょう」

実際には、一九六六年、毛沢東はブルジョア分子と疑われる人々を追放しはじめた。それは、七〇年代半ばに彼が死ぬ直前まで続いた。集団農場から共産党自体の指導者層にいたるまで、社会のいかなる部分も容赦されることはなく、なかでも大学は最も厳しく指弾された。紅衛兵《こうえいへい》と呼ばれる学生集団が、毛沢東にあおられて怒り狂い、大学の管理者や教員を「走資《そうし》派《は》」、反革命知識人、反逆者として糾弾した。教授たちは街中を引き回され、殴られた。専門誌の発行や海外の同業者との交流は止められ、図書館は破壊された。一九六七年までに大半の大学が閉鎖され、教授たちは無産階級の農民に社会主義者として再教育してもらうため、辺境の地へ追放された。農民は彼らに鍬《くわ》を持たせた。多くの人々は一〇年以上も戻って来なかった。

だが、戦略上の免除制度があり、ミサイルシステムを研究していた蔣正華はその対象となった。国家防衛に不可欠と考えられていたコンピューター技術だけが、無傷でいられたのだ。こうして、世界一有名で厳しい産児制限政策という奇妙な事態が、通常ならば社会科学者や人口学者が扱うはずの問題であるにもかかわらず、一組のミサイルエンジニアによって設計されることになったのである。

こんにち、中国人でない者にとって理解しがたいのは、世界で最も急速に成長し、その驚異的な成長によって資本主義者に畏怖と羨望《せんぼう》の念を抱かせていながら、中国人が共産主義者、と自称することに固執する理由だ。この矛盾は文化大革命にまでさかのぼる。当時、中国は世界とのかかわりを取り戻そうとすると同時に、外部からの影響を排除しようとしていた。一九七一年、国連は中華人民共和国を中国の正統な政府と認めた。それ以前、正統な政府および安全保障理事会常任理事国としての地位は、中華民国、つまり台湾によって保持されていたのだ。台湾の人口は〈赤い中国〉の六〇分の一にすぎない。

中国は、地球規模の意見の対立に騒々しく割り込みはじめた。当時、その対立に加わっていたのは、いわゆる第一世界——北米と西欧に加え、日本、オーストラリア、ニュージーランドといった資本主義諸国——と第二世界と言われる共産圏諸国だ。両陣営とも、発展途上にある第三世界諸国の忠誠を勝ち取ろう——あるいは強要しよう——としていた。一九七四年にブカレストで開かれた第一回国連世界人口会議において、中国の関与はとくに先鋭なものになった。その会合のあいだ、中国の黄樹則《おうじゆそく》団長は、人口爆発によって世界の農業と資源が壊滅的打撃を受ける日は近いという西側の懸念をあざ笑った。

持たざる国が貧しいのは人口過剰のせいだという主張は、超大国によって言い古されたものです。人口が多すぎ、食糧供給が少なすぎ、天然資源が不十分であることを証明すべく、彼らはどれだけ多くの数字を計算してきたことでしょう！　ところが彼らは、アジア、アフリカ、ラテンアメリカから略奪した天然資源、横取りした社会的富、搾り取った超過利潤は、決して計算に入れないのです。超大国の搾取も勘定に入れるべきです。そうすれば、人口問題に関する真実がすぐに明らかになるでしょう。

ハーヴァード大学の人類学者スーザン・グリーンハルが、『一人っ子（*Just One Child*）』――中国の人口政策に関する二〇年に及ぶ徹底した調査に基づく論文――に書いているように、こうしたとげとげしい糾弾は、とりわけ一九七二年のある研究報告に向けられたものだった。その報告を作成したのは、ドネラ・メドウズ、デニス・メドウズ、ヨルゲン・ランダースという、マサチューセッツ工科大学の三人のシステムモデラーだった。本一冊分にも及ぶその報告書は、国際的シンクタンクのローマクラブからの依頼で作成された。『成長の限界』（大来佐武郎監訳、ダイヤモンド社、一九七二年）というタイトルのこの報告書は、四年前のポール・エーリックおよび中国人が呼ぶところの「悪名高きマルサス」の警告を繰り返すものだった。その予測によると、膨れ上がる世界人口と資源の大規模な採取は、このままではやがて衝突し、破滅が訪れるというのだ。エーリックの『人口爆弾』と同様、『成長の限界』も世界中で数百万部が売れた。

一九七四年当時、中国は『成長の限界』を認めていなかった。黄樹則はブカレストの人口会議で述べた。

こんにち、世界の人口はマルサスの時代の四倍を超えているにもかかわらず、社会の物質的な富ははるかに大きくなっています。数々の障害を乗り越えようとする一般大衆の努力のたまものです。建国から二〇年あまりで、中華人民共和国は生産高を何倍にも増やしました。人民の創造力は無限であり、天然資源を開拓・利用する人民の能力も無限です。超大国が流布している悲観的な見解はまるで根拠がなく、隠された動機によって広められているのです。

黄樹則が知らなかったのは、中国でも、コンピューターを利用できる数少ない同胞、つまりミサイルと国防の専門家が、みずからシステムをつくっていたことだった。科学者が、合衆国、ヨーロッパ、ソ連のライバルに遅れずについていくことは国家の優先課題だった。そのため彼らは、西側を旅行するといった、類のない特権を享受していた。西側の技術専門誌を読んで、電気回路から交通整理、社会組織にいたるあらゆるものにシステム工学を応用する方法を学んだ。彼らは『成長の限界』を読み、黄樹則同志とはかなり異なる結論に達していた。

「それは非常に興味深い考え方でした」と、蔣正華はグレッチェン・デイリーに説明する。中国の指導部は蔣に経済シナリオをモデル化するように指示していた。「中国の経済学者は理論は得意ですが、数学は得意ではありません。もっと速く経済を発展させたければ、どんな種類の投入《インプット》が必要か？　資源が限られているとすれば、最大産出量《アウトプット》はどれくらいか？　彼らは発展の限界と資源配分の方法を知りたがっていました。投入—産出モデルをつくるため、われわれは、さまざまな経済要素のバランスを考慮しました。それとともに——私はローマクラブのデータを読んでいたので——環境システムの要素も考慮しました」

「とてもおもしろいわ」と、グレッチェンが言う。

西安交通大学の蔣正華のシステム部門のほかに、中国で稼働していたコンピューター複合装置は、北京の第七機械工業部に設置されていた。それは宇宙産業向けのものだった。この部門でミサイルを担当する主任研究員は、ほっそりした体つきで穏やかな性格の銭学森《せんがくしん》という名の男だった。銭は一九三四年に交通大学の機械工学科を卒業し、その後マサチューセッツ工科大学で修士号を、カリフォルニア工科大学で博士号を取得すると、後者の教授陣に加わるよう要請された。彼は、パサデナにあるカリフォルニア工科大学ジェット推進研究所の創設者の一人であり、第二次世界大戦中は合衆国のためにミサイルを設計し、空軍大佐に任命された。それにもかかわらず、マッカーシー時代［訳注：一九五〇年代前半、共和党上院議員ジョゼフ・マッカーシーによって共産主義者排斥運動が行なわれた時代］に、銭はアメリカ人の科学者や軍将校の抗議もむなしく共産主義者の嫌疑をかけられて追放され、一九五〇年代半ばまで自宅に軟禁されたのち、中国に帰国した。

銭は、開発を手伝ってきた合衆国のミサイル技術に関する詳細な知識を持ったまま、狂信的な反共産主義者が最も恐れていた本物の共産主義者の腕のなかへ追いやられ、毛沢東と周恩来の科学アドバイザーにして中国のミサイル計画の父となった。第七機械工業部の銭の弟子のなかで最も優秀だったのは、宋健《そうけん》という名のサイバネティクス・エンジニアだった。宋は、力学から軍事戦略、社会構造にいたるコンピューターの応用分野で、効率を最適化する洗練された計算理論を考え出した。第七機械工業部では、宋はミサイル誘導システムに取り組んだ。

文化大革命のあいだ、師である銭学森の庇護《ひご》のもと、宋は自分の理論とミサイル部門のコンピューター能力を応用し、社会計画への高まりつつあったニーズに応えるモデルを開発するよう勧められた。蔣正華と同じく宋も、旅をしたり、西側の科学文献を読んだりする自由があった。宋は、淡水、土壌、公害に加えて人口動態を定量化し、それらの相互作用を理解することが、経済と社会の発展を先導するためにきわめて重要であることを認識していた。宋も蔣も、欧米のエコロジストが、中国の人口が環境収容能力を超えつつあると懸念していることも知っていた。だとすれば、中国を含む世界の高出生率の発展途上国にとって、それは何の前兆だったのだろうか？

中国は国連の会議では地球上の抑圧された人々との連帯について大言壮語していたにもかかわらず、これらの科学者が指導部から受け取ったメッセージは、第三世界に属する誇りにかかわるものではなかった。科学的にも経済的にも、目標は第一世界の大国と同じだった。中国の科学者は、サイバネティクスの手法を応用し、その目標を達成する方法を決定するという任務を負っていたのだ。

西安と北京で別々に研究しながら、蔣正華と宋健は生態系の最も定量化しやすいパラメーター、つまり人口に焦点を合わせた。スーザン・グリーンハルが『一人っ子』で述べているように、人口科学は自然科学と社会科学の交差点だ。蔣と宋が、自分たちのスキル、モデル、機械装置、学際的広がりを応用して、自国にとって適正な人口はどれくらいかを決めようとしたとき、二人はある長編物語の最新にしておそらく最も決定的な章の前衛となった。歴史上の宗教的権威、哲学者、科学者を魅了し、また激怒させてきたこの物語は、一つの疑問に要約される。すなわち、人間とは何か、という疑問だ。

ホモ・サピエンスは高度に進化している、あるいは、神々しさを身に付けているから、自分以外の自然を支配する法則を超越しているのだろうか？　それともわれわれは、地球の偉大で生き生きした野外劇の一部——間違いなく感動的な一部——にすぎず、その存在は地球上のほかのあらゆる生物と同じ限界に服するのだろうか？

指導部からの指令は経済的なもの——供給可能な投入量《インプット》の範囲内で、産出量《アウトプット》を最大にするには、どれだけの人間がいればよいか？——だったにもかかわらず、彼らが考慮しなければならなかった変数は、『成長の限界』の執筆者が関心を寄せたものと同じだったのだ。

「人口、経済成長、環境の関係については、あまりはっきりとはわかりませんでした」。さらにワインを注ぎながら、蔣正華は言う。

「いまだにわかっていないように思えますね」。ワインを一口飲んで、グレッチェンは言う。

だが、それにもかかわらず、彼らは研究を進めた。政府の各部門からデータを集めてコンピューターに入力し、マルサスにまでさかのぼる人口学者や経済学者の業績を研究し、生物学者や農学者と話し合った。人間が彼らのモデルに織り込まれる一つの生物学的変数にすぎないのか、自然体系のなかに正確に位置づけられるかは、判断する者次第だった。

一九七九年一二月、四川省の省都、成都《せいと》で開かれた「人口理論に関する国内シンポジウム」で、宋と蔣はそれぞれ研究を発表した。このシンポジウムを主催したのは、出生計画国家委員会と中国科学院だった。この両組織は文化大革命のあいだ壊滅状態で、第一線の科学者たちは農場や工場に追放されていた。しかし、いまや中国は、史上有数の驚くべき躍進を遂げようとしていた。「偉大なる舵取り」である毛沢東は世を去っていた。彼の晩年、四人目の妻で元映画女優の江青《こうせい》と、周恩来に庇護されていた鄧小平《とうしょうへい》のあいだで権力闘争が勃発した。鄧小平は文化大革命の時代に追放されたが、どうにか復権を果たしたのだ。市場主義的な経済改革の唱道者として、鄧は毛夫人の江青により再度追放されたが、一九七九年までに江青をはじめとする「四人組」は失脚し、鄧が復活して権力を掌握した。

このシンポジウムはさまざまな分野の社会科学者の集会だった。人口学者、社会学者、古典研究者、民族誌学者などである。大学や研究機関の再開にともない、全員が最終的には復職した。約一五〇人が論文を提出したが、彼らの研究は一〇年にわたり厳しく抑圧されていた。出生計画国家委員会はそろばんを使って人口を予測していると、ある情報提供者がスーザン・グリーンハルに語ったという。

この集会に参加していた宋健と蔣正華はミサイル科学者だったため、コンピューターを使って大規模な計算を行なっていたし、世界の情報を入手してもいた。「われわれは二つの異なる報告書を提出しました。おたがいに相手が何をしているのかは知りませんでした。彼は私と違う数式を使っていたのですが、計算の過程にも結果にも大きな違いはありませんでした」

それは、ほかのどの研究者の報告と比べてもはるかに数学的だった。図表、数値、さまざまなシナリオのグラフィック・シミュレーションは、その分野の専門家だけでなくきわめて多くの聴衆の興味をそそった。中国の人口扶養能力を計算するには、無数の変数を考慮する必要があった。だが二人は、耕作適地、国内で調達可能な資源、それ以外の資源の輸入コスト、増加する人口一人あたりの経済的能力（とその維持コスト）に焦点を絞った。蔣はローマクラブの報告を参照しながら対応するものを探り、こう気づいた。中国の人口一人あたりの水、森林、金属資源は、世界の多くの国よりもかなり少ないのだ。食糧供給能力と生態系のバランスを重点的に研究した宋のグループは、蔣と同じように、中国にとっての最適人口は六億五〇〇〇万人から七億人のあいだに収まるとはじきだした。

だが、中国の人口はすでに九億を超えており、急速に増加しつつあった。宋のプレゼンテーションで示された一枚のグラフによると、女性一人あたり三人の子供という現在の出生率が続けば、二〇七五年までに中国の人口は四〇億を超えるとされていた。

「われわれの結論は」と、蔣は両腕を広げながら言う。「二〇〇〇年までに人口を一〇億以下にできる可能性はないというものでした――すべての家族がただちに一人の子供しか持たないようにしてもです」

会議に参加していた人口学者や社会科学者は、鄧小平が次のように考えていることを知っていた。人口は、資産ではなく経済の障害となる前に抑制されねばならないと。鄧小平がかつてこうした反マルクス主義的冒瀆発言のせいで追放されたことは、有名な話だ。その目標へ向けて、彼らはいくつかの漸進的計画を準備していた。たとえば、自発的な産児制限、出産間隔の拡大、出産の先送りなどにインセンティヴを出すといったことだ。彼らが予想していなかったのは、数学的シミュレーションに基づく宋健の提案だ。この先の数十年にわたり、一世代の人々が世を去って人口増加グラフが一〇億人超でピークを打つまで、一カップルあたりの子供を一人にしようというのだ。その後は人口の趨勢《すうせい》が逆転し、最適な規模へ向かって減少するので、人々は徐々に人口置換水準に戻ることができる。

シンポジウムが終わっても、彼らが、宋健のきわめて変則的だが有効な戦略の準備をすることはなかった。蔣正華にしても同じだった。「宋は自分の研究成果を『人民日報』に発表しました」。蔣は感心して、またいくらかの羨望をにじませながら、頭を振って言う。

宋健は、中国で最も影響力のあるニュースメディア、つまり共産党中央委員会の機関紙に自分の論文を載せるため、高級幹部との関係を利用した。人口の抑制という話題は、突如として、学術会議の世に知られぬテーマから全国的なニュースへと変貌を遂げた。『人民日報』に掲載されるということは、政府によって承認されたのも同然だった。したがって、一面に掲載された社説は宋の論文と歩調を合わせ、人口増大を止めるための一人っ子政策を支持するものだった。

蔣正華の研究は、異なる計算式を利用して同じ結論に達していたため、宋健の仮説の重要な裏付けとなった。社会科学者たちは、国防を担うこれらの科学者の統計に基づく集中砲火に不意をつかれ、反論したものの、鄧小平政府による一人っ子政策を求める叫び声にかき消された。一人っ子政策は一九八〇年に公認された。

それらの反論のいくつかは、数年を経て数学モデルが見落としていた社会問題が表面化すると、将来を予見していたことがわかった。そうした問題には以下のようなものがある。農村における子供の価値は都市と比べてどれくらいか？　息子の価値は娘と比べて伝統的にどれくらいであり、階級や境遇に応じてそれらの価値はどう変化するか？　現在の三・〇という出生率は人口置換水準を超えているが、一世代足らず前の五・〇から低下している。中国の人口目標はこうした思い切った手段をとらなければ達成できないのだろうか？

こうした問題の背後には、言い方を間違えば粛清されかねない国において、口に出すには慎重を要するもう一つの問題が隠れていた。数学的モデルを使って人間の行動を管理することは、非人間的ではないだろうか？　欲しいと思う子供を持つことを禁じる政策は、人間性を踏みにじるものではないだろうか？

「人々に厳しい規則を課したくはありませんでした」と、蔣正華は言う。「しかし、われわれは自分たちが目にした数字に衝撃を受けていたのです。資源の量、人間の数。どんな苦難が訪れるかはわかっていました」。蔣は眼鏡を外し、目をこすった。彼は二〇代初めの数年にわたる飢饉を忘れていなかった。「私の願いは、すべての人が健やかに暮らせる中国でした。出生率を引き下げることはそれを達成する最善の方策に思えました。いまや、人口は少ないほうが幸せなのです。しかし、適正な水準に達するまでには長い道程があります。したがって、当面はこうした強制的手段が必要だったのです」

さらに五億人近くの中国人が、仕事、水、魚、穀物、機器、自動車、住まいを必要とするのかと思うと、蔣は背筋が寒くなる。中国の驚異的な近代化にともない、出生率は西欧諸国と同じように低下していたはずだが、その転換の強制によってそれがずっと早く実現したことは間違いない。だが、政府はその政策が生み出す苦しみに配慮しただろうかと、グレッチェンは首をかしげる。地域の役人に無理強いされた妊娠後期の中絶は、割り当ての達成に固執した結果ではないのか？　ブルドーザーでつぶされた家や罰金、家族計画の担当者による抜き打ち検査からあわてて隠される子供たち、彼らを買収するために支払われる慣例化した賄賂についてはどうだろうか？　なかでも最悪なのは、子供の性別による間引《まび》きだ。農民である両親が、女の子を溺死《できし》させたり、森に放置して殺したりして、農作業を手伝える男の子をつくろうとするのだ。これはどうなるのだろうか？

「そうした事態を予測したモデルはなかったのでしょうか？」

蔣はこの質問には答えない。「実は」と、彼は言う。「一人っ子政策のはるか以前から、中国には性差別があったのです」。女性の纏足《てんそく》の習慣は中華人民共和国の誕生によってほとんど消滅し、現在では法律で禁止されている。女性に足を引きずって歩かせる目的の一つは、男の仕事ができないようにさせ、文字通り分を守らせることだった。現代の中国の職場では、女性の運命は大幅に改善されている。「雇用されている女性の数、全国人民代表大会における女性議員や女性公務員の割合は、多くの先進国を上回っています。しかし、こんにち見られる男女の数の不均衡は、依然として性の選好に起因しています」

蔣の言う不均衡とは、年平均で女の子一〇〇人に対し男の子が一一八人生まれることを指している。ホモ・サピエンスにとって自然な出生比率は、女の子一〇〇人に対して男の子一〇五人くらいだ。中国の不自然に偏った比率の理由はよく知られている。以前から議論の的となり、おそらくゆがめられてきたその理由は、男の子と女の子の相対的な重要度である。


中国における女児の間引きには世界中が憤慨しているものの、いまではそうした事例はまれだと考えられているし、一人っ子政策の期間を通じてほとんど行なわれていなかった可能性がある。一人っ子政策が緩和され、第一子が女の子だった農村地帯のカップルに男の子を生むための出産が認められた（その後さらに緩和され、性別にかかわらず二人の子を持てるようになった）あとは、なおさらである。中国の強制的な産児制限のはるか前、有史以前の祖先の時代から、世界の大半で幼児殺しは家族を適切な規模に保つための手段だった。中国の一人っ子政策のもとで、生きている女児の殺害が広く行なわれているという噂は、偏った男女比に起因する早まった思い込みに基づいていたのかもしれない。かつて西欧人が軽率にも「野蛮な中国人」と呼んだ相手に対する古くからの偏見も、そうした思い込みをある程度助長したのだろう。

一部の人類学者によれば、消えてしまった女の子の（ほとんどではないにしても）多くが、それ以外の二つの原因によって説明できるかもしれないという。一つ目の原因は――不快なことに変わりはないが――出生前に胎児の性別を調べてから選択的に中絶をすることだ。偶然ながら、賛否の分かれる産児政策を実施する一年前、中国は超音波装置の製造を開始した。まもなく、中国の大半の地域で、女性は胎児の性別を容易に知ることができるようになった。一九八四年以降、農村地域の親は二人の子供を持てるようになったので、第一子が女の子でも中絶しないのが普通である。しかし、農村地域における第二子の発表されている男女比は、女の子一〇〇人に対し男の子一六〇人と大きく偏っている。

もちろん、多くの人は、中絶は赤ん坊を揚子江に投げ込むのと同じ殺人だと考えている。第二の原因はもっと穏当なものであり、一部の研究者は、中国で男の子が明らかに多すぎるのはほとんどそのせいだと思っている。その原因とは、女の子の誕生が届けられていないことだ。国連の人口学者も中国の国勢調査員も、中国の男女比のゆがみが小学校入学者では縮小しているらしいことに気づいていた。地域の家族計画に携わる役人を買収し、子供の数を実際より少なく数えてもらうことに加え、中国の工業主義の急激な高まりのおかげで、余分な女の子を隠しやすくなっている。西部の農業地帯から数百万人という親たちが、一年の大部分の期間、東部の工場へ出向いているため、誰かが残された子供の面倒を見なければならない。都市化した中国の新しい流動的な社会構造のなかで、数千年にわたって一緒に暮らしてきた家族が、いまや地図のあちこちに散らばっている。子供はおじさんやおばさんと暮らすために省境を越えることも珍しくない。こうした若い国内移民が学校に上がるとき、地域の役人にとって、そのおばさんが自分自身の女の子を一人か二人すべり込ませたのかどうかを知る術はほとんどない。

完全に合法的なある方法が、相当数の消えた女の子の原因だと主張する研究者もいる。その方法とは、養子縁組だ。国内での養子縁組は、子供のできないカップルによるものであれ、合法的に一人以上の子供を持ちたいと願う人々によるものであれ、中国人が豊かになるとともに増加している。国際的な養子縁組という現象も見逃せない。北米、ヨーロッパ、オーストラリアの若い世代に中国系の美しい女の子がちらほら見られるのだ。そうした女の子を養子にして慈しんでいるのは、子供のできないカップルや、再度の妊娠のリスクなしに、あるいは人口を増やさずに、自分たちが生んだ子供にきょうだいを持たせてやりたいと願うカップルだ。

女の子の赤ん坊を没収して、孤児院――実態は養子市場向けの保育施設――に売り飛ばす役人の噂が出ている。だが、中国における女の子に対する差別が、数千という子供のいない家族に幸福をもたらしてきた事実は、人口を管理しなければならないという結論をいつか下すはずの世界において、有益であることがわかるかもしれない。ある国の家族計画政策がどんなものであれ、あるいは、それがなかったとしても、孤児や捨て子が希少な資源だったことは一度もない。混雑しすぎている地球で、生殖の抑制を求められる時代に入ったことを人類が認めざるをえないとすれば、支えきれるかぎり多くの子供を受け入れようとする家族にとって、養子縁組は一つの選択肢である。

人口学者がときとしてユーモアを解さない会計士と呼ばれるのは、彼らが合計している数字はたんなる金銭ではなく、われわれ人間だからだ。中国では、多産取締官の不正な目こぼしのせいで、人口学者の仕事はいっそう難しくなっている。いまや中国では女性よりも男性のほうが二四〇〇万〜五〇〇〇万人多く、その半分以上が「葉のない枝」——結婚適齢期にありながら相手が見つからない男性——だとされている。その正確な人数は誰にもわからない。国勢調査員がいかに断固たる取り組みをしようとも、その数字を無条件に信じている者はほとんどいない（中国が二〇一一年に行なった最新の調査では、人口は一三億四〇〇〇万人と見積もられている。国連は少なくとも一四億人と予想していた。この六〇〇〇万人の差を隠すのは難しいように思えるが、ほとんどの中国人が名前も言えないほど目まぐるしい速さで大都市が生まれていることを考えれば、そうとも言い切れない）。

中国の余剰男性が実際に何人であろうとも、それは自然が最終的には許容しない緊張状態をつくりだす。これまでのところ、供給不足の妙齢の女性をめぐって争う嫉妬深い男性のあいだで、激情に駆られた犯罪が蔓延《まんえん》しているわけではない。しかしいまや、中国の独身男性はヴェトナムへ嫁探しの旅に出るようになっている。ヴェトナムでは、五〇〇〇ドルを超える金を払えば、親によって結婚仲介業者に売られた貧村出身の大勢の娘のなかから妻を選ぶことができる。ヨーロッパにおける移民労働者と同じく、インターネットとジェット機の時代の花嫁通信販売は、不公平な世界で富が再分配される一つの方法だ。

超音波判定後の男女産み分けのための中絶は一九九五年に違法となり、引退した親の多くが、自分たち――また最大で四人の祖父母――の面倒を見てくれる最も頼りになる一人っ子は娘であると気づいている。幼児殺しはまれだとしても、センセーショナルなマスコミ報道はいまだに見られる。とりわけ身の毛がよだつのは、二〇一二年に韓国から報じられた、強壮剤として密輸された数千のカプセルの押収をめぐる話だ。AP通信社は韓国税関の話として、「そのカプセルは中国東北部でつくられており、赤ん坊の体を切り刻み、ストーブで乾燥させてから、粉末にされたものだ」と報じた。そのカプセルが中国産であることを韓国税関がどうやって知ったのか、あるいは、そのカプセルの中味が新生児なのか胎児なのかについて、説明はなかった。しかし、それを否定する声もなく、中国当局は調査を指示したと報じられた。

実験の価値は、それが成功したかどうかだけでなく、何を明らかにしたかによっても測られるとすれば、一家族につき一人の子という中国の実験は、中国国外では忌まわしいこととして決まって糾弾されるにしても、大いに価値があった。この実験がなければ、現在より数億人も多くの中国人が、水、魚、農地がすでに不足しつつある国土で暮らしていたはずだ。しかし、この実験は人口抑制の隠れた落とし穴をも明らかにした。たとえば、ある世代の思いも寄らない無慈悲な男女比の偏りだ。それが均衡を回復するには、少なくとももう一世代の時間がかかるだろう。

今後数十年のあいだに、二〇代の中国人は半分近くに減少する。一方、定年を過ぎた人々はさらに急速に増加するだろう。「平均寿命は一貫して伸びつづけています」と、蔣正華は言う。「二一世紀末までに、先進地域では九〇歳まで伸びるかもしれません」。こうした見通しのせいで、蔣自身の引退も遅れている。高齢者向けの政策立案を手伝うよう政府から命じられたのだ。ヨーロッパと同様に中国も、こんな懸念を抱えている。若い稼ぎ手が減りすぎて、大量の高齢者の社会保障を支える年金基金に掛け金を払う人が足りなくなってしまうのではないか、と。

「われわれは、引退した人々の生活共同体を構想しています。比較的若い人たちが、もはや自分自身の面倒を見られなくなった人たちを世話するのです」。若者が減れば、一部の学校や大学は敷地内に高齢者向けの住宅地を取り込むかもしれない。いくつかの地方で進行中の試験的プロジェクトは、「長寿者銀行」として知られている。比較的若い高齢者が、自分がさらに年を取ったときに見返りに助けてもらうという了解のもとに、より高齢の人のために時間と資金を拠出する労働銀行だ。

こうしたことが中国の広範な地域で現実になれば、予想もつかない難問がさらに現れることも、蔣は承知している。それでも、彼は自分たちが下した決定に良心の呵責《かしやく》を感じていない。

「われわれの結論は、中国が支えられる人口は最大で一六億人だというものでした。しかし、それは最適な人口ではありません。資源への負荷、科学技術の限界、われわれが無理なく担える負担を考慮すれば、最適な人口は七億人からせいぜい一〇億人までででしょう」

「気候に関する新たな理解をもとにした場合、現在、最適な人口の規模はどのくらいだと思いますか?」。ともに席を立つ準備をしながら、グレッチェンはたずねる。

蔣は椅子に座りなおし、考え込む。「人類全体に害をなすリスクを取るべきではありません」。蔣は空のワイングラスをロウソクの光にかざして、しげしげと眺める。「古代中国では、人間の生まれながらの本性について哲学的論争がありました。ある学派によれば、人間は邪悪なものとして生まれる──それがわれわれの本性だとされました。別の学派によれば、人間は善良にして寛容なものとして生まれるとされました。私はどちらも正しくないと考えています。つねによりよい生活を求めるのが人間の本性だと思うのです。そう考えれば、人間が人間以外の自然、つまり環境のために行動すると期待すべきではありません。期待できるのは、人間が自分自身の利益のために環境を維持することだけです」

「それはわかりますが──」

蔣は片手をあげて相手を制す。まだ続きがあるのだ。

「だからこそ、為政者が決めなければならないのです。実際に危険が降りかかってくるまで、人々はそれに気づきません。一九五八年、中央政府の最高指導部はすでに人口管理の必要性を論じていました。しかし、その議論は無駄でした。毛沢東は管理の手段がないと言い、ほかの党幹部は、人口を減らすどころか増やしたがっていたのです。そのため、何も起こりませんでした。人口が八億人に達してようやく、彼らは問題を理解し、その大きさにショックを受けたのです」

## 3　傾斜地

曲がりくねった道を二時間もドライブしたあと、グレッチェン・デイリーは、ビュイックのグレーのミニバンからほっとして降り立つと、しばしのあいだ四川省の風景をうれしそうに眺める。宝興《ほうこう》県まであと三〇キロメートルの場所だ。目の前には、丘陵の斜面で波打つ畑がモザイク状に広がり、サヤマメやインゲンマメ、サツマイモ、キャベツ、タケなどの列がそれを覆っている。パッチワークのような農地のところどころに、根覆い用の乾燥させたトウモロコシの茎が円錐形に束ねられている。

「中国で実際の耕作地に足を踏み入れるのは、今回がほぼ初めてです」。グレッチェンは、中国科学院の生態環境研究センター長である欧陽志雲《おうようしうん》と、山地災害・環境研究所の汪淤款《おうおかん》にそう語る。周囲では、白、青、黒、オレンジのチョウが暖かな微風に乗って旋回している。主要な五科のうち四科が見られると、グレッチェンは書き留める。シロチョウ、シジミチョウ、タテハチョウ、それにたくさんのアゲハチョウだ。大きなハチがサツマイモの花のあいだをブンブン飛び回っている。

この一週間の大半、グレッチェン、欧陽、汪、さらに何人かの同僚は、北京と西安のビルに閉じこもり、最新の調査結果を交換して過ごした。その間、グレッチェンが最も身近に接

四川省宝興県の農地

した自然は、北京の香山飯店ホテルの庭園だった。そこで、うれしいことに、元気なスズメの群れに出会ったのだ。大躍進政策のあいだ、毛主席は中国のいたるところに見られるスズメに宣戦布告した。スズメは穀物を食べるというのがその理由だった。四年間にわたり、人々はパチンコでスズメを撃ち、巣を壊し、スズメが降りて来ればすかさず鍋や釜を打ち鳴らして脅し、空へ追い払った。やがて、スズメは疲れ果てて死んでしまった。数百万羽のスズメが殺され、その種が絶滅の危機に瀕するまで、国中のイネをむさぼり食うイナゴの大群と消えたスズメの関係を考える者はいなかった。あとでわかったことだが、スズメはイナゴの主要な天敵だったのだ。

中国の生態系からスズメが欠けていた数年間が、三〇〇〇万~四〇〇〇万人もの人々が亡くなった大飢饉の歳月でもあったことは、驚くに当たらない。グレッチェンは、自分が目にしたスズメ――人間による大虐殺の生き残りの子孫――が、自分の中国滞在が成果を収める吉兆であってほしいと願っている。

グレッチェンと案内役の中国人たちは、「ナチュラル・キャピタル・プロジェクト」という国際的な共同研究事業の同僚だ。このプロジェクトの目的は、生態系とそれに依存して生きる人々――すなわち全人類――との健全な相互の均衡を維持することだ。したがって、文字通り、太陽の下にあるあらゆるものを含む三つの領域――陸と海の利用、気候の安定、人口統計と経済――に焦点を合わせ、あのスズメたちのように絶対必要なものを守ることで、この地球が人間の生活を支えられるようにするにはどうすればいいかを判断することになる

（逆に言えば、人間がどこまでやると、陸や海の風景がすっかり破壊され、もはや何者も支えられなくなってしまうかを問うことになる）。

二〇〇六年以来、ナチュラル・キャピタル・チームはいまでも、四つの大陸と世界の海洋に浮かぶいくつかの列島で活動している。彼らが開発したＩｎＶＥＳＴという強力なソフトウエアは誰でも無料で利用できる。[2] これは、たとえば、保水、花粉媒介、土壌保全といった、自然の恵みの潜在的な利益を計算することによって、何を保存し、回復すべきかを決める手助けをしてくれるものだ。しかし、そのプログラムの有効性は、土地利用のシナリオに組み込めるデータの厚みによって決まる。今回の調査行で、グレッチェンは同僚の中国人が持っている膨大な生の知識に畏敬の念を抱いている。欧陽志雲の発表は、森林、湿地帯、土壌、養分循環、浸食指数、炭素蓄積、水資源についての驚くべき総目録であり、とりわけ、水資源についてのデータは誰もかなわないほど完璧なものだ。

中国は、人類の歴史上、人間と人間以外の自然のあいだで最も大規模な相互作用が起こった現場である。そして、数千マイル下流で洪水を引き起こしたものは何か、あるいは、丸一日歩かなくてはならない場所で穀物不足が起きているのはなぜかを知るために、数百万というデータ点を蓄積できるだけの人的資源を有している。グレッチェンはポール・エーリックとジョン・ホルドレンから、どんな些細《ささい》なことも見逃さないよう教え込まれた。だから、教え子の大学院生にはコーヒー農園のコウモリの糞をふるいにかけさせ、個々の木々の役割を記録させている。しかし、生態系は果てしがなく、彼らの学識も不完全なので、計器の針の動揺をどう解釈するかははっきりしないことが多い。だが、ここには息をのむほど膨大な情報を持つ欧陽がいる——グレッチェンにしてみれば、数値を入力し、答えを得て、何をすべきかがわかる完全な計器盤の前にいるようなものだ。引くべきレバーはわずかかもしれないが、良さそうに思えれば、中国人は進んでレバーを引いた——たとえば、必要だと思われれば、ある世代全体に犠牲を払うよう求めたのだ。

なんらかの種類の有効な均衡がここで生み出せるなら、それはどんな場所でも成立するはずだ。彼らが目にしている風景は一つの例だ。薄い髪を後ろにかきあげながら、欧陽はなだらかな耕作地の向こうのぼんやりした山の尾根を指す。「あそこの森林は一〇年前にはすべて農地でした。あなたが目にしているのは『農地から森林へ《グレイン・トゥー・グリーン》』というプロジェクトの結果です。植えた樹木もありますし、自然に回復したものもあります」

「グレイン・トゥー・グリーン」は、政府が試みてきたなかでも最も野心的で費用のかかる環境事業、中国の「傾斜地転換プログラム」の一環だ。三〇〇〇万の人々に、平均して年に八〇〇〇元[3]の補助金が現金もしくはコメで一〇年にわたって支払われた。土地が二五度以上

---

（2）www.naturalcapitalproject.org/InVEST.html にて配布。ナチュラル・キャピタル・プロジェクトはスタンフォード大学、ネイチャー・コンサーヴァンシー［訳注：一九五一年設立のアメリカに本部を置く自然保護団体］、世界自然保護基金、ミネソタ大学が共同で運営している。

（3）約一二六〇ドル。

傾斜している最も山がちな地帯にある農地を離れ、新しい村に移住してもらうためだ。そうした土地のすべてに、元々そこに自生していた草木が植えられることになった。中国がまだ原生林に覆われていた一九五〇年に暦が戻ることを期待してのことだ。

　これによる食糧と木材の損失額は合計で数十億ドルに達し、プログラム自体の費用は四〇〇億ドル以上に及ぶ。しかし、傾斜地転換プログラムは、はるかに大きな損失から中国を救うに違いない。中国は辛い教訓を通じて、こうした土地には住むべきでないことを知った。この教訓はまず一九九七年に与えられた。干ばつである。あるべき場所に樹木が残っていれば、その根が土壌の水分を保持できるため、それほど壊滅的な干ばつとはならなかったはずだ。しかし、現実は違った。黄河下流が二六七日間にわたって干上がり、中国北部全域で給水が危機的状況に陥った。翌年、今度は逆の問題が生じた。中国中央部で揚子江が氾濫し、地球上の人間の一〇人に一人が暮らすその流域が水浸しになったのだ。四万平方マイル（約一〇万三六〇〇平方キロメートル）が浸水し、二〇億トンの表土が流出した。数千人が亡くなり、数百万戸の家屋と数十億ドル相当の資産が失われた。干ばつの場合も洪水の場合も、主犯は樹木を伐採された傾斜地だった。

　ナチュラル・キャピタル・チームの科学者たちは、四川省の省都である成都から、揚子江の支流の青衣《せいい》江《こう》を南へとたどってきた。青衣江はきわめて急峻で、それゆえ人の手の入っていない長い流域を残している。この川谷の上に広がる森林こそ、中国南西部の山岳地帯が世界最大の二五の生物多様性ホットスポットの一つを形成している理由だ。コンサヴェーション・インターナショナル［訳注：アメリカに本部を置く国際環境NGO］によると、そこにはどこよりも豊かな固有の温帯植物相があるという。四川省には、モミ、トウヒ、イトスギ、マツ、カラマツ、タケ、サッサフラス、秋には傾斜地を金色や深紅に彩るカエデなど、中国西部でしか見られない多くの固有種がある。これらの高地は、内海に没することなく地質史上最も長く存在してきた陸塊の一部なので、ここにあるのは地球で屈指の古さを誇る森林なのだ。この森には地球最古のモミの種であるカタヤが生育している。ヨーロッパの褐炭《かったん》の大部分はこの木の化石だ。メタセコイアは六五〇〇万年のあいだ変化していない。自生するイチョウはジュラ紀初期にさかのぼる生きた化石だ。当時は世界の大半を覆っていたが、いまでは中国のこの狭い地域一カ所でしか見られない。

中国の人口が一〇億人を上回る勢いで増加していたとき、人々は人を寄せ付けないような土地にさえ侵入し、森林を伐採しはじめた。一九四九年の中華人民共和国の建国以来、四川省は原生林の約三分の二を失ってしまった。そこはユキヒョウやウンピョウのすみかだが、何よりもジャイアントパンダが最も多く生き残っていることで有名だ。

野生に残っている約一八〇〇頭のパンダのうち、一〇〇〇頭がこの地域に生息している。この調査行でグレッチェンが目にするのは「成都大熊猫繁育研究基地」にいるパンダだけだ。この施設では、野生生物学者が捕獲した九七頭のパンダにどうにか子供を産ませようとしている。飼育環境で生まれたパンダを自然に戻すのは難しい課題であることがわかっている。初めて野に放たれたパンダが野生の仲間に殺されてしまったことを受け、人工飼育のパンダがその環境に慣れないように、研究者たちはパンダの着ぐるみを着て、動物の臭いのするスプレーを体にかけるようになった。

密林で生きる知恵に加え、パンダには生き残るためのすみかが必要だ。傾斜地転換プログラムでは、森林という巨大な保水スポンジを植え付けることで、パンダにすみかを与えることが期待されている。だが、三〇〇〇万人を農場から都会の職場へと移動させるには、そうした人々の食料を、とにかくどこかほかの場所でつくる――あるいは購入する――しかない。「傾斜がそれほどきつくないこうした土地は、いまでは端から端まで耕作されています」と、周囲を指さして欧陽は言う。「人口密度は非常に高いのです」

「われわれは全員を養うことはできません」。小型のコウモリほどもある白黒のタテハチョウから目を離し、汪淤款は言う。「この国を食べさせるには輸入に頼らざるをえないのです」

中国の戦略は、工業化した日本や韓国の後を追い、農地よりも工場を優先して世界各地からより多くの食糧を購入するというものだった。しかし、食べさせなければならない人数があまりに多いので、中国は世界市場で商品を購入するだけでなく、世界そのものを大量に買い占めようとしている。つまり、アフリカ、ブラジル、フィリピンなどの衛星農地に投資しているのだ。だが、それらの国々もすべて自国民を食べさせなければならない。

傾斜地転換プログラムの二つ目の目標は、農民を貧困から救出することだった。農地を森林に戻した農民のなかには、利用可能な平坦地で、果樹園やスパイス栽培を始めることを許された者もいた。しかし、国が望んでいたのは、ほとんどの人が都市へ向かい、仕事を得て、移住先の新たな村に残る家族に仕送りすることだった。こうした人々は、巨大な派遣隊に加わることになった。中国の建設労働者の九九パーセントは国内の移住者だ。工場労働者、家庭内労働者、清掃労働者を合計すると、その数は合衆国の人口にほぼ匹敵する。これは、世界第三位の人口を誇る農業国を食糧生産から切り離し、その国の人々がこれからつくらねばならない都市に移住させるようなものだ。中国が、世界の供給できる建築資材をすべて欲しがっているとしても、それほど不思議ではない。

こうした地滑り的な人口移動のただ中で、中国科学院と国家環境保護部は、中国の傾いた生態系を立て直すべく環境機能区画（ＥＦＣＡｓ）を創設した。中国の国土のほぼ四分の一に及ぶその区画について、欧陽はミニバンに戻ってこう説明する。「ＥＦＣＡは、生物多様性、土壌、水を保全し、炭素を貯蔵し、砂嵐を防ぐように構想されています」。次第に狭まる渓谷へ分け入りつつますます曲がりくねる道路の両側は、すべてＥＦＣＡだ。最終的には国土の六〇パーセントを保全し、残りの四〇パーセントを貧困の軽減に役立てたいと、欧陽は言う。

環境保全と人間への配慮というこの組み合わせこそ、グレッチェン・デイリーがここにいる中国人科学者たちと手を組んでいる理由だ。両者の懸け橋となったのは、ミサイルエンジニアから人口学者へ転身した蔣正華の弟子にして、西安交通大学の人口研究部長である李蘇州だった。グレッチェンはスタンフォード大学の同僚を通じて李と知り合った。グレッチェンの中国への初旅行の際、李は彼女を四時間のマッサージに連れて行った。施術するのは、マッサージ療法士として訓練を受けた三人の出稼ぎ労働者だ。一人が足を、一人が背中と肩をもみ、もう一人がタケの綿棒で優しく耳を掃除してくれる。グレッチェンにとって、それは仕事上のつきあいの始まりとして避けがたいものだった。

李蘇州の師は一人っ子政策の共同立案者だったが、李はその政策を緩和すべき、あるいは廃止すべきとまで主張する社会科学者の一団に属していた。彼の説明によると、経済成長を上回るスピードで人口が増加する貧困国にとっては、人口を減らして一人あたりの富を増やすことが合理的であると、かつては思われていたという。だが、憂慮すべき男女比の不均衡は、中国社会が構造的な苦境にあることを意味していた。「問題は男女比の不均衡と老齢人口です。二〇四〇年までに、中国の八〇歳人口は一億人を超えるでしょう」

そのうえ、それにもかかわらず人口は減少しているはずだという。

「一人っ子政策が実施されなかった管理地域が四カ所あります。四つの省の合わせて八〇〇万人がそこに住んでいます。一九八〇年代半ばから、彼らには二人の子供が認められていました。それぞれの地域で、人口の増加は管理され、高齢化は抑制され、男女比率は正常です」

グレッチェンは、これほど巨大な国が八〇〇万人をサンプルに実験を行なおうとすることに驚いた。「よし、四つの省を対象にそれを試してみよう、と言うだけです。アメリカだったら決してやらないでしょう」

李の調査によれば、中国のほとんどのカップルは、たとえもう一人産むことを認められても、子供は一人しか欲しがらないという。「ですから、全国一律の二人っ子政策のほうが良いと思います」

イタリア、スペイン、香港、マカオ、シンガポール、日本、台湾の出生率は中国より低いが、いずれも一人っ子政策はとっていない。ところが中国は、人口にかかわる危機を乗り越え、経済面での遅れを取り戻すために、一人っ子政策を三〇年だけ維持するつもりだったにもかかわらず、指導部はそれを続けると発表した。前述の国々とは異なり、中国はいまだに地方の貧困層を抱えているため、一人っ子政策が突如として廃止された場合に出生数が自然に急増するのを懸念しているのだ。もう一つの理由は、五〇万人の職員を抱える国家人口・計画生育委員会が強力な官僚組織であるため、解体できないことだ。しかし、政府が最近この委員会を国家衛生部に統合した際の大方の見方は、それは合理化の手段ではなく、一人っ子政策がついに変更される合図だというものだった。実際にそうなるかどうかは、誰の声が大きいかによるだろう。すなわち、一人っ子政策が変更されなければ労働力が不足すると予想する政府の経済学者の声か、あるいは変更されると食糧や水が不足し、大気汚染でさらに大勢が死ぬと警告する政府の科学者の声か。

李蘇州は、ナチュラル・キャピタル・プロジェクトのために、生態系が継ぎ合わされて元どおりになると人々の暮らしはどうなるかを評価してきた。今回の調査行には李のチームから二人の女性経済学者が同行している。これまでのところ、二人の戸別調査から判明したことには相反する内容が含まれている。一人っ子政策のために、中国では高齢化が進み、労働力は逼迫《ひっぱく》しつつある。しかし、一人の子供の世話に四人の祖父母の手が借りられるので、自由になった両親は移住した村から都会へ出稼ぎに出られるようになり、労働力不足の緩和に役立っている。

一つ確かなことがある。生計を立てるには出稼ぎの必要があるため、人々は子供を持つことについてあれこれ考えてしまうのだ。

辺りの風景が一貫性のないものに変わる。農地を走っていたかと思うと、曲がりくねった高速道路沿いに建ち並ぶ高層住宅群が不意に現れ、それがまた突如として、竹林で埋め尽くされたすばらしい峡谷へと姿を変える。ジャイアントパンダは雑食性だが、タケが大好物だ。汪によれば、この森には四〇種ものタケやササが生えていて、パンダはそのすべてを食べるという。宝興県はまた、めったに見られないレッサーパンダ――この動物は実はクマではなくアライグマの仲間だ――をはじめ、イノシシ、クロクマ、ヤク、絶滅が危惧されているキンシコウ、数が減っている壮麗な虹色のカラニジキジの生息地でもある。

峡谷はさらに狭まり、ふたたび建物が現れ、霊関《れいかん》の町に着く。建物の窓、自動車、川沿いの木々の葉に積もっている白い粉がなければ、ここはスイスだと言っても通るだろう。切り立った夾金《きょうきん》山脈が四方を囲んでいる。この白い粉は雪ではなく、一〇〇を超える大理石加工工場からまき散らされる石の粉だ。霊関の町のすぐ裏には、中国の類いまれな天然資源の一つがある。全体が白大理石でできた山だ。

科学者一行はある最新鋭の工場で一時間を過ごす。この工場では、一台の機械が一〇トンの大理石の塊を、パンでも切るかのように薄い板に切り分けている。大理石の粉は水で捕らえられる。そうやってできた懸濁液《スラリー》は乾かされてペーストになり、壁塗り用のしっくい、ギプス包帯、化粧品などに利用される。大理石の粉をもうもうと吐き出している小規模な工場を説得して合併させ、同じような装置を設置できるようにしたいと、汪淤款は言う。「ここは生態学的に重要で、美しい地域です。埃を抑えることができれば、観光にもまさにぴったりの場所になります」

町はずれの小さな森林公園へ行くには、「神が遊びに来られるところ」という銘が刻まれた木製のアーチ道を通る。この公園は観光地化への手始めの試みだ。科学者たちが歩く道は、石の粉が漂う地表近くから上へ向かい、針のような葉をした固有種のシカンアカマツのかぐわしい群生地へと入っていく。ほかに観光客はいない。宝興県で最も有名な自然の呼び物であるジャイアントパンダは、人見知りでカメラを気にする生き物なので、観光にはなじまない。科学者たちはミニバンに戻ると、斜面を登りはじめる。運転手がカーブのたびにクラクションを鳴らすのは、柵で囲った荷台に一〇トンの白大理石を山積みにしたトラックが、反対方向から突進してくるからだ。三〇分後、高原に着いて道が平坦になると、グレッチェンは安全取っ手を握りしめていた手をゆるめる。

崖の上に赤い瓦《かわら》屋根の群れが見えてくる。チベット仏教の僧院だ。さらに走って、モモ、ナシ、リンゴの果樹園を通り過ぎると、硗磧《こうせき》に到着する。夾金山と呼ばれる、雪をかぶった石灰石の隆起の麓にある村だ。四川では、中国の多数派である漢民族がチベット族に取って代わられはじめている。ここでは五〇〇〇人のチベット族が、飾り立てた窓枠と手の込んだ木造のバルコニーのある白い家で暮らしており、バルコニーには色とりどりの祈禱《きとう》旗が紐で結ばれている。精巧な刺繡《ししゅう》の施されたきらびやかな衣装をまとい、リボンで飾った帽子をかぶったチベット族の人々が、ヤクのミルクと蜂蜜酒のカップを載せたお盆を手に来訪者を出迎える。

二〇〇八年以降、木を伐採したり家畜を放牧したりすることは許されていないと、青いローブを着た安礼興《あんれいこう》という村の長老は説明する。その代わりに、政府は安礼興をエコツーリズムについて学びに行かせた。また、男たちをガイドとして訓練した。景観やその地域の歴史的遺産――チベット文化や、一九三五年にこの地域を通過した毛主席の紅軍の長征［訳注：一九三四年に中国共産党が江西省瑞金《ずいきん》の根拠地を放棄してから翌年陝西省延安《えんあん》にいたるまでの大行軍］――について説明したり、キンシコウ、シカ、野牛の観察に人々を案内したりするためだ。季節によっては、ジャイアントパンダを見るチャンスもあるかもしれない。もっとも、そのチャンスはこの村にとどまっているほうが多そうだ。パンダは干してあるトウモロコシやソーセージを盗みに来るからである。

安礼興はグレッチェンの疑問に先手を打って答える。「私たちはダライラマを信じていません。彼は私たちを支援してくれませんが、中国政府はしてくれます。私たちは共産党を信じているのです」。彼らは中国人であること、チベット方言でなく四川語を話すことに喜びを感じていると、安は言う。「少数民族として、私たちチベット族は仏教を信じることや子供を三人持つことが認められています」。その結果、チベット族の人口は中国国内で最も急速に増えている。

科学者たちは二日前、陝西省西安の郊外の傾斜地にある再定住村、豊遷《ほうせん》を訪れていた。遠大な〈南水北調プロジェクト〉が進められている場所の近くだ。その村へ行くため、彼らはアジア最長のトンネルを通る多車線の新しい高速道路を走った。技術者たちが秦嶺《しんれい》山脈を貫く一八キロメートルのトンネルを掘るのに要した期間は、たった二年だった。これは中国が、黄河の下にトンネルを掘り、揚子江の水を北京を取り巻く新しい都市へ運ぶ能力を持っていることを証明した。

豊遷は、移住を余儀なくされた三〇〇〇万人の農民が入植した場所の典型だった。約三〇〇世帯が新しい高速道路近くのしっくい仕上げの多世帯住宅に落ち着いた。とはいえ、森のなかの泥壁の小屋と、電気、テレビ、トイレつきのレンガ造りの住まい——そのうえ補助金までもらえる——との交換に、不平を言う者はいなかった。二〇〇人を超える男女が中国東部の工場や建築現場に出稼ぎに出て、年間一万元(4)を稼ぎ、年に一度帰って来る。だが、依然として多くの人が農業をあきらめることに抵抗していた。そうした人々の大部分は、圧倒的

(4) 一五七五ドル。

に独身男性で、いまではカイコの餌となるクワの木の世話をしていた。

中国全体が一人っ子政策から生じた大混乱のただ中にある。工場のある都会の独身男性は、苦労して稼いだ人民元を女を買うことにつぎ込んでいる。ヴェトナム人女性は、自分の結婚した男が一〇年にわたって花嫁を買うために金をためたものの、いまでは家を買う資金もないことに気づいて逃げ出している——いまや、中国人男性にとって妻を引きつけておくことは義務も同然だ。独身女性は田舎の生活を見捨て、金を持つ男性が妻を求めて競い合っている都会を目指している。誘拐団はある省——あるいは北朝鮮やミャンマー——で妻となる女性をさらい、女に飢えている隣の省の男性に売る。甘やかされて育った一人っ子は譲歩する前に投げだすから、結婚はわずか数週間しか続かず、離婚率は高まる。

この調査行においてさえ、経済学者の一人は平気でこう口にする。自分は日本で博士号を取ったから、罰を受けることなく三人まで子供を持てるのだ、と。人々は、やむにやまれず、厳格で不自然な法律を犯すのだろうか？　一人っ子政策がなければ、中国はもっと裕福になっていたのだろうか？

「一人っ子政策がなければ、中国は二〇億人を超える人口に向かって突き進んでいたことでしょう」。欧陽が成都へ戻る車中で言う。「食糧にも水にもさようなら、生態系にもさようなら、というわけです」。欧陽には五人のきょうだいがいる。「妻の家族はもっと大勢います。妻の父親の家族は一〇人です。妻にはいとこが五三人います。私の息子は五七人の孫の一人です」

欧陽の息子が一人っ子政策の施行後ではなく、彼や彼の妻と同じように拡大する一族のなかに生まれていたら、少なくとも二七〇人の同世代の子供の一人になっていたはずだ。ほとんどの中国人は一人っ子政策の必要性を理解していると、欧陽は言う。意見の異なる中国人生態学者は、まず見つからないだろう。「一九七九年当時、湖南《こなん》省の私の故郷の町にはトラがいました。ある農夫がトラを撃ち殺したことがありました。私はその肉を食べたのですが、それが最初で最後のことです。それ以降、トラは姿を消しました」

汪は表情を曇らせる。「いつもこんなふうにたずねられます。いつの日かパンダがいなくなったら、生活にどんな影響がありますか？　トラがいなくなったら？」

欧陽とグレッチェンはそろってうなずく。

「私はこう言うのです。パンダがいなくなり、それからトラがいなくなる、次に姿を消すのは魚でしょう。それから畑の作物。そして何もかもなくなる。最後は人間です」

最終日、科学者たちは中国で最も小さく最も南の省へグレッチェンを案内する。台湾とほぼ同じ大きさの海南《かいなん》島は、中国本土から一九マイル（約三一キロメートル）沖の南シナ海に浮かんでいる。中国でただ一つの熱帯に入り込んだ土地なので、これまで二〇年以上にわたり、高級ホテルチェーンや開発業者に目を付けられてきた。こうした業者は南部の海岸を中国のオアフ島に変えながら、マンハッタン並みの価格を付けている。

彼らの目的地は中央の高地だ。そこでゴム・プランテーションが倍増しているのは、中国の自動車保有台数とタイヤ需要が爆発的に伸びたためだ。その結果、アジアでも有数の生物学的豊かさを誇る島の熱帯雨林が危機に瀕している。低地の大半が、イネ、キャッサバ、サトウキビ、コショウのプランテーションに飲み込まれているため、この森は海南島の生物多様性の最後の砦《とりで》であるだけでなく、洪水や表土流出に対する防御線でもある。

一行は島の中心部にある五指山《ごしさん》へと車を走らせる。数千本という蔓《つる》性のコショウの木が窓《か》外を通り過ぎる。麦わら帽子をかぶった男たちが、その世話をしている。それぞれの木は花崗岩《こうがん》から手斧で切り出された柱で支えられている。花崗岩は雨にあたっても腐らないが、柱をつくるには想像を絶する時間と人手が必要だ。数度の土砂降りに見舞われて予定が遅れたため、一行はタイワンアヒルが一面に泳ぐ小さな池の畔のレストランで休憩する。タイワンアヒルはこのレストランのメニューの目玉だ。いつものように、彼らは皿の上の種の数を数え、その地域に固有のスパイスや野菜を探す。どこからでも入手できるコメや大豆のほかに、オオバショリマ［訳注：レモンやバルサムの香りのするシダ植物］をはじめ一九種の固有種が見つかる。今回の調査行では、二晩前に訪れた成都の仏教寺院で出された、少なくとも三〇種の固有種を使った精進料理が最高だった。

一行は五つある山頂のうち三つ目の山麓に到着する。強まる霧雨のなか、彼らは陳海鐘《ちんかいしょう》とともに急斜面のゴム農園をとぼとぼと歩き回る。陳海鐘は四角い顔をした農民で、ゴム草履にひざ丈のカーキ色のズボンといういでたちだ。この地域のほとんどの農民と同じく、陳も傾斜地転換補助金を使ってゴムの木を植えた。アマゾン原産でゴムの原料となるこの作物が認められたのは、水分や土壌の保持に優れているためだった。陳は胃腸病の薬草やビンロウの実を間作《かんさく》してもいる。複作は双方にとって都合がいいものの、ゴムは合成肥料と農薬に頼っている。海南島に駐在している欧陽のチームは、もっと環境に優しい自生樹木への移行を促したいと願い、ゴムの木に対する傾斜地転換補助金の廃止を提案している。

「これはまたとない機会です」と、欧陽はグレッチェンに言う。「InVESTを使って、ゴムの木を自生林のように扱うことにより、傾斜地転換プログラムがこの土地に利益を上回る損害をもたらしてきたかどうかを検証するのです。選択肢となる経済的シナリオを活用すれば、人々の行動を変えられます」。欧陽によれば、シンプルなグラフィカル・インターフェイスを使って、〈C〉でなく〈AかB〉を実施した場合に何が起こるかを政策立案者に示し、明快で賢明な選択をしてもらうことができるというのだ。

政策立案者がずっとあんなやり方をしていたとすれば、「政府はあなた方の意見に本当に耳を傾けてくれるでしょうか?」と、グレッチェンは欧陽にたずねる。

「やってみます。自生種の森林や植物は将来に向けた戦略的備蓄だと説明するのです。中国で多収量のイネが開発されたとき、海南島の自生種のイネから採取した遺伝物資が利用されました。それは政府の関心を呼びました。彼らに信じてもらうのに役立ったのです」

霧雨はスコールに変わった。カーブのたびにクラクションを鳴り響かせながら、彼らはコンクリート製の新しい高速道路を急ぐ。エンジン付きのリキシャ、自動車、タクシーで渋滞している。五指山の第一峰の北面の保安林に着いたところで停車する。五〇年前、高さ二三〇フィート（約七〇メートル）の望天樹《ぼうてんじゅ》の林には、固有種の霊長類であるカイナンテナガザルがあふれていた。それがいまでは世界で最も希少なサルとなり、わずか二〇匹しか残っていない。

「人々は薬にするためにカイナンテナガザルを殺しました」と、欧陽は言う。「このサルの骨の粉末は精力をつけるとされているのです」。欧陽は首を傾けて自動車の窓越しに上のほうを見る。「テナガザルは樹冠から決して降りて来ないのが普通でした。しかし、一匹が死ぬと、ほかのサルがその周りに集まってきて鳴き声をあげるのです。狩人はそれを知っていました。そこで、一匹を撃って残りのサルが降りて来るのを待ったのです」

「絶滅寸前の種の骨を欲しがる気持ちを変えるために利用できる経済的シナリオはあるのでしょうか？」と、グレッチェンはたずねる。

「ないわけではありません。トラの骨を飲まなくても健康になれることを、いまでは人々も理解しています。媚薬《びやく》の場合、事態はもう少し困難です。男も女も、強健で美しくなれると思えば何でもやるでしょう」

一つの滝が一本の川となり、次々と続く深く透明なふちに流れ落ちている。雨は激しく降っているが、グレッチェンはこの原生林の観察をやめようとはしない。ほかのメンバーも彼女について山道を登っていく。一時間後、一行はずぶ濡れになりながらもうきうきした気分で戻って来る。小さなヒルをたがいの髪の毛からつまみ取らなければならなくても、水晶を思わせる大量の水を目にし、昨日創られたばかりのような世界の香りをかいだ高揚感が消えることはない。

だが、彼らが自然保護区を出て道を下るにつれ、汚れのない清澄さは消えてなくなる。あらゆる川の流れが、浸食された土壌で血のように赤く染まっている。ゴムやコショウのプランテーションから流れ出した一面の泥が、高速道路を洗っている。彼らがようやく島の北岸の飛行場に到着するころには、海南島の河川が堤防を決壊させ、南シナ海を赤い沈泥《シルト》で染めている。一行は飛行機で脱出できるからまだいい。翌日、枯葉剤で汚れたヴェトナムの数百万トンという表土を流出させた台風が、最大の勢力を保ったまま海南島に襲いかかる。それが通過するまでに、一三万五〇〇〇人が避難を余儀なくされる。

海南島では、ついでに言えばほかのどこであれ、ＩｎＶＥＳＴプログラムを支える三つの軸――陸と海の利用、気候、人口動態――は、結局のところ三つ目の軸にかかっているのかもしれない。土地をどう利用するかは決めることができる。気候変動はすでに進行中であり、順応するしかないだろう。だが、人間の圧倒的な存在が生存そのものを脅かしている場所から人々を動かすには、どこかへ行ってもらわなければならない。中国の場合、その「どこか」はますます増えている都市だ。

しかし、ある時点で、都市を増やすための余地が――あるいはコンクリートや、パイプや、アスファルトが――底を突くだろう。他国の土地を奪うための戦争は論外として、残る選択肢は中国が過去三〇年にわたって試みてきたことをもっと人間的にしたものかもしれない。

# 第三部

# 第九章　海――フィリピン

## 1　パンパレグラ

マニラ首都圏は世界屈指の人口密度を誇る都会だ。この首都圏を構成する一六都市のうち最も混雑しているマラボンに住むローランド[1]は、自然のことなどあまり考えないし、自然を目にすることすらない。ただし雨のときは別だ。いまや洪水によって街路が運河に変わってしまうことが日常茶飯事であるため、マラボンには「ヴェネツィア」というあだ名がつけられ、ローランドは水をかき分けての出勤を甘受している。雨は増え、嵐は強くなりつづけているから、沈みつつあるこの町は、いつかマニラそのものの後を追ってマニラ湾にもぐり込んでしまうだろう。オランダの駐フィリピン大使はすでに、東南アジアで最高の港に堤防を

（1）名前は仮名。

築くようフィリピンに提言している。だが、その資金はどこから出るのだろうか。

中国の海南島を水没させた台風が南シナ海を東に進んできた。勢力は弱まったものの雨量は相変わらず多く、フィリピン最大の島、ルソン島の上空を覆うとそこを水浸しにした。ローランドが二階の窓から見下ろすと、道は渦巻く灰色の水たまりになっている。その先では、人口二五五〇万人のこの巨大都市[2]を往来する自動車が、動いているのか動いていないのかわからない速度で流れている。まるで熱帯氷河の生物種のようだ。たまに塊がばらけて前進するが、別の塊に合流して車軸の高さまである水のなかでまた止まる。

ローランドは三九歳の痩《や》せた控えめな男性だ。気候がもたらした戸外の大混乱についてくよくよ考えたりはしない。別の差し迫った問題で頭がいっぱいだからだ。

一人の女性が産み育てられる子供の数は何人だろうか？

ローランドは、この問いに自分で答えを出した女性たちに毎日会っている。当局者の多くはその答えを快く思っていないはずだ。彼女たちは子供は二人以下でいいと思っている。もしくはいまいるだけで十分だと。だからみんな、彼のところにやって来る。彼女たちが求めているものは、ほかの国ではローランドが仲介しなくても簡単に手配できるかもしれない。しかし、フィリピンではそうはいかないのだ。

フィリピンの歴史は、スペインの修道院のもとで三〇〇年、続いてハリウッドのもとで五〇年と語られることがある。いまでは、フィリピンが大昔に敗れ去った自分たちの帝国の一部だったことを気にするスペイン人は数えるほどだ。一八九八年に合衆国がアメリカ・スペイン戦争で解放者を演じたのちに、プエルトリコと同じくフィリピンを自国のものにしておくことに決めた事実を知っているアメリカ人は、さらに少ない。アメリカは、フィリピン群島の情勢を監督し、紙幣を発行し、フィリピンには土着言語が一六五もあるのに英語を強制し、合衆国による植民地化に反対した二五万人以上のフィリピン人を虐殺したのだ。合衆国が最終的に手を引いたのは、第二次世界大戦が終わってようやくのことだった。

ハリウッド時代が始まったとき、フィリピンの人口はたった七〇〇万人だったから、三年間のアメリカ・フィリピン戦争における死者が二五万人というのはかなり多い。ただし、合衆国ではそう思われていない。このゲリラ戦について聞いたことがあるのは、フィリピン系のアメリカ人に限られるからだ（この戦争がのちのヴェトナム戦争とよく似ていたことを考えると、残念な話だ。その歴史がもっと知られていれば、ヴェトナム戦争の惨事は避けられたかもしれない）。

フィリピン共和国が一九四六年に独立したとき、人口は一八〇〇万人だった。それがいまでは、一億人に到達しようかという勢いだ。フィリピン以外では一〇〇年で人口が四倍になったが、フィリピンではその半分の期間で五倍になったのである。

(2) 二〇〇七年度の国勢調査によるこの数字は「大マニラ」（「マニラ首都圏」と公式に呼ばれている一六市に加え、隣接している都市区域を含む）を対象とするもの。

その最大の理由は、現在のフィリピン――共産主義の中国、イスラム教国インドネシア、仏教を信奉する東南アジア諸国に面した、七一〇〇もの島からなる群島――はアジア随一のカトリック国であり、一部の人が言うように、ヴァチカン神政帝国の最後の砦《とりで》だからだ。カトリック国スペインの政府は無料でコンドームを配布し、同じくカトリック国イタリアでは中絶が合法だというのに、フィリピンでは教会が譲らなかった。二〇一〇年、新たに大統領に選出されたベニグノ・(「ピノイ」)・アキノ三世(その一年前に任期中に亡くなったコラソン・アキノ元大統領の息子)は、就任前からうかつにもヴァチカンの不興を買った。選挙後に訪米したアキノは、サンフランシスコ在住のフィリピン人から、性と生殖に関する健康法案を支持するかどうかをたずねられた。避妊具の無料配布や貧困層向け妊婦ケアなどの家族計画を政府の事業にしようとするその種の法案は、四〇年前から定期的に議会に提出され、そのたびに否決されてきた。

アキノのきわめて信心深い母が大統領だったときには(彼女がフェルディナンド・マルコスに勝った大統領選は神の奇跡と称賛された)、このような冒瀆行為が法律になるなどありえなかった。上院議員の夫が暗殺されてからの勇気ある行動で人気を得たコリー・アキノは、カトリック教会にとりわけ大事にされていたし、彼女も教会の利益を文字どおり神聖なものと考えていた。マニラ大聖堂での葬儀のあと、彼女を福者にしようという運動が起こったほどだ。ところが、負けず劣らず人気者の息子も母の信心深さを受けついでいるだろうという予想は、当の本人のサンフランシスコでの受け答えによって裏切られた。自分はフィリピン人全員の大統領であり、八割を占めるカトリック教徒だけの大統領ではないと答えたのだ。ピノイは、子供が何人欲しいかは当の夫婦がいちばんよく知っており、政府は適切なサービスを利用できるようにすべきだと考えていた。

彼の発言はフィリピンで大きなニュースとなった。カトリック中央協議会は、内政干渉だとして合衆国を非難し、アキノは訪米中に洗脳されたのだと言わんばかりだった。マニラ大司教は市民的不服従と大規模デモを約束し（実現にはいたらなかった）、大統領を破門すると脅した。するとアキノは、話し合いの場を設けようと司教たちをマラカニアン宮殿での昼食会に招待したため、好戦的な姿勢を取る司教たちのほうがかえって愚か者に見えた。アキノは、提出されては否決の繰り返しである性と生殖に関する健康法案六本を支持する立場を変えなかった。両者のあいだで唯一合意されたのは、妊娠中絶の合法化を議題としないことだった。一度に一つずつというわけだ。

そのため、ローランドは現在の仕事を当分のあいだ続けることになる。最初からそのつもりだったわけではない。大学では正看護師になる勉強をした。フィリピンでは、看護はたんなる仕事でも職業でもない。成功への切符なのだ。いまや人口過多で雇用が追いつかず、国民を食べさせていけないため、フィリピンでは国民そのものが主要な輸出品となっている。フィリピンの海外出稼ぎ労働者（ＯＦＷ）を支援する海外雇用庁という政府機関が存在することでも、それがわかる。

フィリピン国民の一〇パーセント以上が常時外国で働いている。男性はたいてい３Ｄ――

フィリピン、マニラ

dirty（汚い）、difficult（面倒）、dangerous（危険）――の仕事に就く。建設作業員、腰をかがめっぱなしの農場労働者、船員などだ。女性だと主にメイドで、中東だけで二〇〇万人を超えている。サウジアラビアではフィリピン女性は事実上、家庭になくてはならない存在だ。ローランドはサウジアラビアのジェッダに向かった。そこでなら、看護師はフィリピンでの一カ月分を超える収入を一日で稼げる。医師であっても、ほかの国で看護師として働くほうが母国よりはるかに稼げるため、フィリピンの医師不足は深刻だ。

だが、ローランドの虚弱な老母は介護を必要としており、父はすでに出稼ぎ労働者として一年の大半をサウジアラビアのリヤドで過ごしていた。そこでローランドは、ある慈善診療所の地域奉仕看護師の募集に応じた。医療費が払えない女性に産婦人科の医療を提供する診療所だ。彼はこの仕事が気に入っていた。患者の多くは、彼が毎日通るマニラ湾のそばの貧民街の住民だった。そこは以前はごみ捨て場で、缶詰工場で働く大勢の労働者が、プラスチックで流れが詰まった排水溝にかかるさびついたI形鋼を爪先立ちで渡っていた。ネズミの尿を通じて広がり髄膜炎《ずいまくえん》の原因となる細菌、レプトスピラに感染したくないからだ。デング熱を避ける方法はなかった。

ローランドは、自分が貧しい人を助けることを神が望んでいるのだと信じていた。彼は敬虔な平信徒の団体であるレジオ・マリエの一員で、仲間とともに毎日のミサに出席していた。毎週マリア像を手に別々の家庭を訪れ、ロザリオの祈りの唱え方を教えた。ところが、いつしか自分の仕事とレジオ・マリエの奉仕活動が矛盾するようになり、ジレンマに陥った。

彼に隠し事をしようとする人はいなかった。採用面接の際、避妊についてどう思うかとたずねられた。聖職者ではない知人の大半と同じく、それは夫婦が決めることだと彼は思っていた(3)。看護師としては、出産の間隔を空けるのが賢明であることを知っていた。

患者のカルテにある「MR」という文字は「月経調節法」を意味し、ピルを使って女性の月経周期を調整する方法の婉曲表現であることを彼は知った。フィリピンには国レベルの家族計画プログラムはなかったものの、市町村で独自の条例を制定できた。マラボンでは避妊具が合法だったが、不足することが多かった。一方、大司教区であるマニラ自体では禁止さ

(3) 世論調査では、フィリピン国民の一〇人中ほぼ九人が、政府が助成する避妊に賛成している。

れているので、処方されていることを喧伝しないのが賢明だった。

だが、女性患者のカルテにある「VA」とは何だろうか？　答えがわかったのは、研修期間が終わり、クリニックのちょっとした手術に従事したある晩のことだった。言われて手伝っていたときでさえ、最初のうちは目にしているものが何か、はっきりとはわからなかった。

「それは、反中絶団体やカトリック教会が主張しているようなものではありません。彼らは、小さな胎児を目にすることになると言っています。そんな恐ろしいものではなく、血液と少々の組織にすぎません。医療処置なのです。それによって女性の月経を調整します」

「MR」が二段階に分かれた処置を指すこともわかった。まずはミフェプリストン（RU-486）を服用して子宮内膜から胎盤を剝離《はくり》させ、子宮頸管《けいかん》を柔らかくし、収縮を開始させる。続いてミソプロストールによって子宮を最終的な収縮に導き、「物」に子宮を通過させる。ローランドがその晩目にしたのは「VA」――手動真空吸引法――だった。鋭利な道具は使わず、検鏡、鉗子《かんし》、薄いプラスチック管、大きな筒型注射器だけですむ中絶法だ。彼にもわかってきたが、多くの人が化学溶液による二段階処置を望んでいた。手術の必要がないからだ。しかし、ミフェプリストンとミソプロストールは密輸に頼るしかなかった。真空吸引法なら確実だった。

「VA」は自動車事故という意味にもなった。当局が予告なしに現れ、カルテを見せるよう要求することがあるのだ。彼が勤めているような診療所は、警察の手入れも、印をつけた紙幣や隠しカメラを持ってやって来る偽患者を使ったおとり捜査も乗り越えてきた。こうした診療所はいまや、友人や元患者からの間違いない紹介しか受けつけず、二重に鍵をかけた部屋で手術を行なう。

法に対する恐怖など、死すべき魂への恐怖に比べたら何でもなかった。その後の数日間、ローランドは魂への恐れに取りつかれていた。ひざまずいて許しを請うた。しかし、理由はうまく説明できないものの、決して懺悔《ざんげ》はしなかった。その代わりに「造物主と自分の個人的な関係、看護師という職業、そして女性、とくに最貧困層の女性に哀れみを施す自分の仕事について熟慮する」ようになった。

彼はさまざまな女性を見てきた。五人の子供を抱え、ピルを買うか子供たちの食料を買うかで引き裂かれそうになっている母親。ロシアの石油掘削船やシンガポールのレストランで、あるいはテキサスの航空機整備係として海外で働く夫の年に一度の里帰りで、七人目の子供を妊娠させられた女性。ようやく海外での仕事が見つかったときに運悪く妊娠してしまった女性。シカゴに向かったすばらしい看護講師の友人がそうだった。

暴行の被害で妊娠した女性もいた。こうした女性は、マニラのキアポ教会の外にある露天市場へ向かった。そこでは、ロザリオのビーズや海賊版DVDに混じって、薬草商が瓶入りの妊娠中絶薬《パンパレグラ》や中国製の胃潰瘍の錠剤を二〇〇ペソで売っていた。ローランドが、その薬のぞっとするような結末の後始末をしなければならないこともあった。

自分で中絶手術ができるように訓練を受けてから一五年、彼もいまでは月に五件から一〇件の手術をこなしている。衛生的な病院の環境は、年間七五万件と見積もられる違法中絶手術の大半とは大違いだ。そうした中絶の大部分は、子宮にカテーテルを挿入するか、子宮収縮を誘発するかである。後者の場合、パンパレグラやマカブハイの蔓《つる》の抽出物（殺虫剤としても使われる）などの薬草を服用したり、潰瘍の薬を過剰摂取したりする。あるいは、フィリピン流のマッサージ師兼カイロプラクターであるヒロットに、腹部の塊を探しあてて両手でつぶしてもらう女性もいる。この処置は出血が始まるまで続けられ、叫び声を上げないよう患者は毛布をかまなければならない。

良心の葛藤を避けるため、ローランドはレジオ・マリエを辞めた。ミサにはときどき参加しているが、懺悔のために戻ることはなかったし、今後も戻るつもりはない。

「何を懺悔するのでしょう。困っている女性を助けていることを？　これは私と神との問題です。聖職者を介在させる必要はありません」

## 2　海峡とサンゴ礁

ルソン島はフィリピンの主な島のうち最大、最長、最北端の島だ。マニラから六五マイル（約一〇四キロメートル）下った南岸では、足にへらをくくりつけた男たちが、カルンパン川の干潟《ひがた》で重金属まみれの泥のなかを動き回り、貝を採っている。東では海岸線に絶壁がそびえ、その上に石油精製所の朝顔形の煙突や円筒形のタンクが並んでいる。石油タンカーが停泊できるくらい大きなコンクリート製の桟橋が、ルソン島とその南にある無数のフィリピンの島々を隔てるヴェルデ島海峡に向かって突き出している。

ヴェルデ島海峡はわずか一五マイル（約二四キロメートル）の幅しかなく、そうした島々のいくつかが水平線の向こうに見えるほどだ。また、熱帯の海洋生物が南シナ海と太平洋のあいだを通過する際の隘路《あいろ》でもある。海洋生物を捕らえるサンゴ網のある隘路だ。サンゴ礁三角地帯——フィリピン、マレーシア、インドネシア、パプアニューギニア、東ティモール、ソロモン諸島に囲まれた海域で、地球の海洋生物多様性の中心地として知られる——に関する国連食糧農業機関（FAO）の調査によれば、「中心地の中心」はフィリピンだという。五〇〇〇種の軟体動物、四八八種のサンゴ、世界に生息する七種のウミガメのうち五種、二八二四種の魚類、その他数多くの海生生物がすんでいるのだ。これらの種の生息密度が最大である——先述の調査全体で見つかった種の半分以上が生息している——のがヴェルデ島海峡であり、そのためこの海峡は、地球上で生物多様性の最も高い海域となっている。

ヴェルデ島そのものは三×四マイル（約四・八×六・四キロメートル）ほどの緑の点で、水中に身を隠したブロントサウルスのような形をしている。東端には三〇〇〇フィート（約九一四メートル）ほどのこぶがあり、西へ延びた長い首の先端に小さなこぶがある。舷外浮材《アウトリガー》つきの渡し舟が到着するその島は、ルソン島と標高二〇〇〇メートル級の山々がそびえるミンドロ島のあいだに浮かんでいる。単独の漁師が操るその他のアウトリガーつきカヌーが海峡を行き交っている。このカヌーのテクノロジーは、竹の支柱を縛るナイロンの綱を除けば、これらの島々を出てポリネシアやハワイを発見した人々が使っていたものとほとんど変わっていない。

ヴェルデ島に詰め込まれた六つの村の一つが、サンアガピトという漁村だ。村の南東部の海岸に青緑色の入り江がある。薄茶色の砂浜の背後にはココヤシが茂り、竹と斜子《ななこ》織りの草《くさ》葺《ぶ》き屋根でできたこぎれいな家並みを覆っている。さまざまな色に塗られた石が並ぶ小道は、貨物用の三輪バイクがやっと通れるくらいの幅しかないが、それが唯一の道路だ。家々の庭には、黄色いラン、ハイビスカス、アンスリウム、ジャスミンが咲いている。村は清潔で――道は毎日清掃されている――静かだ。日没から四時間だけ稼働する一基のディーゼル発電機が唯一の電気を生み出している。白しっくい塗りの壁に青いブリキ屋根のカトリック教会が一軒、ベッドが一つしかない産科病棟と予防接種の設備を持つ診療所が一軒ある。

ロメオ・ゴンザレスは、麦わら帽子をかぶり、継ぎ当てした赤い海水パンツをはいて、壁のない草葺き屋根の小屋のベンチに腰かけ、あちこち絡んでいるナイロンの引き網をほぐしている。彼の一族は、フィリピンに人が到達して以来、ずっとヴェルデ島で暮らしているという。四〇代の男やもめのゴンザレスは――妻は若くして心臓発作でこの世を去った――ずっと漁をしてきた。ハタ、タコ、タカサゴ科の魚、マンボウ、メガネモチノウオ、コノシロ、オヒョウ、カツオを獲っている。引き潮のときは、カキ、ロブスター、ホホジロザメの稚魚が獲れる。中心となる網打ち漁では、ヤリイカとコウイカが獲れる。大物だと四キログラムもある。夜はランプをつけて一本針のジグ［訳注：水中で上下に動かす擬似餌の一種］を使って釣りをする。

問題はここ一〇年ほど魚が激減していることだ。

「青酸カリを使う人が多すぎるんだよ」と、ゴンザレスは言う。サンゴ礁にいる魚を気絶させる手法だが、サンゴ礁にとっては命取りとなることが多い。「人が多すぎる。それだけさ」

少なくとも、この海域ではダイナマイトは使われていない。それは、魚を一瞬で大量に捕らえるもう一つの違法な手口だ。深海に潜って青酸カリを噴射するにはコンプレッサーが必要だが、自分は持っていないとゴンザレスは言う。子供の数も多くない。「三人だけさ。うちは家族計画を実行した夫婦の先駆けなんだ」。しかし、本当は二人だけのはずだった。彼らが頼っていた膣外射精の方法のおかげで、驚いたことに三人目が生まれたのだ。

「いまならピルもコンドームも、三カ月効果が持続する避妊注射もある。いいことだよ。さもなきゃ、どの家にも八人の子供がいるはずだ。一一人いてもおかしくない。この村の人口は一三〇〇人だが、そのうち四〇〇人が漁師さ」。タバコを持つ手を振って辺りを指さしながら、ほかの村には一五〇〇艘の釣り船があると、彼は付け加える。「そのうえ、ミンドロ島から侵入してくる船もあるんだ」

「こんにちは、ロメオ」

ロメオが手を目の上にかざすと、ジェマリン・ラヨスの姿がある。ピンクのクーラーボックスを肩から提げている。そこから、彼はメロン風味のフルーツアイスを選んだ。ジェマリンは七人の子供と八人のきょうだいとともに、アイスをつくって島で行商している。三〇代後半のジェマリンはサンアガピトの助産師でもあり、最近では家族計画を仲間に教える役も担っている。そのため、ひどくからかわれることになった。「はいはい。だって最近まで知らなかったんだもの」。彼女は七人の子供と、ほかのすべての人に、子供は二人までにしておくよう勧めている。

　彼女の雇い主である「貧困・人口・環境」は、海外からの資金で運営されていたものの二〇〇八年に終了したプログラム、IPOPCORMの後継団体だ。IPOPCORMというのは、「人口と沿岸資源の総合管理」――世界屈指の海岸線の長さを誇る国としては、もっともな理念だ――という固い名称をわかりやすく頭文字でつなげたものだ。IPOPCORMの設立者たちは、生物多様性の豊かさを誇る地域では出生率も高いことを実感していた。地域の豊饒さを考えれば当然ではあるが、それも典型的な転換点《ティッピングポイント》に迫りつつある。フィリピン人はたんぱく質の八〇パーセントを魚介類から摂取する。ところが人口が増えすぎて、たんぱく源が行き渡らなくなっているのだ。フィリピンで最も豊かな海が食べつくされようとしており、危機に瀕している種には貪《むさぼ》る側も含まれている。サンゴ礁三角地帯の中心において、フィリピンにとっての海洋はウガンダにとってのゴリラと同じだ。ただしフィリピンでは、人々は生息地を貪っているのではなく、野生生物そのものを食べているのである。

　人口増加と漁獲量減少の関連を明らかにしたこの組織は、エイズ危機から生まれたフィリピンのNGOだった。代表のジョーン・カストロ医師は、先住民が暮らすルソン北部のイゴロ族に生まれた。山奥深くで育ったので、医学生になって七時間かけてマニラに通うようになるまで、エビやカニを食べたことがなかった。彼女の母親は七人きょうだい、父親は一一人きょうだいで育った。二人が結婚したころには、イノシシ、シカ、ウナギがすでに減少していたので、二人は子供は四人だけにして、その理由を子供たちに教えた。

カストロは産科医になるつもりだった。ところが、一九九〇年代にエイズに感染して帰国する海外出稼ぎ労働者が増えた。なかでも目立ったのは船員で、ほぼあらゆる海洋国の主要な船で働いている者たちだった。大学を卒業後、カストロはエイズ相談ホットラインを運営した。同性愛を忌み嫌うカトリックの国で、性病を移されて医者にかかるのにおびえている人間にとって、電話はいちばん安心な手段なのだ。このプログラムには米国国際開発庁（USAID）が資金を提供した。若きジョーン・カストロは、アメリカの公衆衛生専門家であるレオナ・ダグネスの目にとまった。ダグネスは、タイとインドネシアで長年過ごしたあと、家族計画のための国際財団、PATH(4)の支部を立ち上げるためにフィリピンにやってきていたのだ。目を見張るような海洋動物相に恵まれたこの貧しい国を旅して回ったダグネスは、あるアイデアを思いついた。それを実行に移す手助けをしてもらうのに打ってつけと思われる医師が、ジョーン・カストロだった。

資金を出してもらうため、二人はプログラムをIPOPCORMと名づけると、環境当局

（4）保健分野における適性技術導入プログラム（Program for Appropriate Technology in Health）の略称。

に接近し、比類なきフィリピンの海洋環境を保護する最善の方法は、その環境に頼って暮らす地域で子供の数を抑制することだと訴えた。USAIDやデイヴィッド&ルシル・パッカード財団といった家族計画への資金提供団体に対しては、その逆の論法を使った。漁師が禁漁区を設置するのに力を貸してその生計の道を守ってやれば、彼らも子供の数を制限することに納得するだろうと説いたのだ。コンサヴェーション・インターナショナル発行の種の分布図と、国勢調査および市町村のおびただしい記録から得たデータを利用して、二人は人口密度と相互参照しつつ海洋生物の多様性が最も豊かな三五の地域を特定し、これらのホットスポットのうち最も危険な一二地域に焦点を合わせた。

八年のあいだに、IPOPCORMはフィリピンの八つの州で一〇九一カ所の沿岸のコミュニティーに広がり、後継のプログラムは現在この村のような最も貧しい地域に力を入れている。ロメオは手に持ったフルーツアイスで禁漁区を指し示す。そこでは潜水はいっさい禁止されている。ほかにも一六カ所の同じような禁漁区があって島を囲んでいる。それぞれの村には沿岸資源管理者がいて、パトロールしたり戸別訪問によって海洋資源の保護について説いたりしている。実行できるかどうかは地域の努力次第だ。ロメオによれば、おおむねうまくいっているものの、禁漁区の境界線の外側から潜水してくる輩《やから》が跡を絶たないという。ジェマリンも、ほかの三人の保健専門家とともにボランティアで一軒ずつ家庭を訪問し、女性と学校に通う少女に家族計画について教え、謝礼として毎月二八ドル相当のペソを受け取っている。

PATH財団が二〇〇九年にフィリピンに設立されて以来、ジェマリンは配布するのに足りるだけのピルを受け取っている。「たいていの女性はピルを欲しがっています。妊娠したら、仕事を得るために外国に行けないからです。なかには副作用を恐れる女性もいます。そんな人には、望まない子供を中絶するためにマカブハイの蔓を煮出したものを飲むよりもずっと安全だと教えています。まだ人口は増えつづけていますが、増加速度に歯止めがかかってきました」

「魚の数は増えてもらいたいね。それも、もっと速く」と、ロメオが言う。

地球で二番目に小さな霊長類であるメガネザル(5)は巨大な目をしており、コウモリのような耳がなければ、E・T〔訳注：スティーヴン・スピルバーグ監督の同名の映画に登場する地球外生物〕によく似ている。手のひらサイズのE・Tというところだろうか。この小さなメガネザルは現存する最古の霊長類でもある。メガネザル科はわれわれヒト科の四〇〇〇万年以上前から存在しているのだ。

日が暮れると、マニラの南東五〇〇キロメートル、フィリピン群島の中央に位置するボホール島に残るチークやマホガニーの木立で、メガネザルはカメレオンのような鉤状の指で木の幹を這《は》い、コオロギを捕まえる。夜行性の食虫動物であるメガネザルは、その大きな耳と

(5) 世界最小の霊長類はマダガスカルのベルテネズミキツネザルで、体重は三〇グラムしかない。

フィリピン・ボホール島のメガネザル
ジャスパー・グリーク・ラオ・ゴランコ撮影

目——そして一八〇度回転する首——のおかげで、彼らがすめるだけの広葉樹林が残っている東南アジアのいくつかの島で、餌となる虫に飛びかかることができる。

生物多様性が高いとともに、それに劣らず人口密度が高いボホール島は、IPOPCORMの実験地区となった。いびつな卵形をしたこの島はアメリカのロードアイランド州くらいの面積で、人口も一三〇万人とこれまたロードアイランド州とほぼ同じだ。しかしロードアイランド州で食べ物を自給自足している住民はほとんどいないのに対し、ボホール島では、ほぼすべての住民が陸と周囲の海から食べ物をじかに得ている。

二〇一〇年一〇月の末、ブリキ色の空の下、ジェリ・ミアスコという三五歳のがっちりした体格の女性が、ボホール島の北部の海岸道路を車で走りながら、天気とにらめっこしている。元幼稚園教諭のミアスコは、二〇〇四年にPATH財団にスカウトされた。九人きょうだいで、漁師のおじやいとこのなかには、仕掛けたダイナマイトが思ったより早く爆発してしまい、漁船、手足、目、さらには命まで奪われた者もいた。

現役のカトリック信者ではあるが、カトリックの信仰と家族計画とは相容れないのではないかという意見を一笑に付す。「人口が増加すれば資源は減少します。人口が増えすぎれば資源は枯渇します——そうなれば私たち人間も一巻の終わりです。神様だって、私たちが自殺することをお望みではないでしょう」。こうして、夫が海で魚を釣っているあいだ、彼女は海で獲れるものが残るよう陸で働いている。

ウバイという海辺の市の市長との昼食に向かう途中、ジェリは「ポップ・ショップ」に立ち寄る。PATHが島の各地にオープンした家族計画用品を売るコンビニエンス・ストアのうちの一軒だ。入口のホワイトボードには、その地区で出産を控えている女性の名前、彼女たちの出産回数と現在の子供の数、出産予定日が記されている。ある女性は四度目の出産だが、ほかはたいてい初産から二度目に収まっている。

なかに入ると、ピル、避妊注射、コンドーム（プレーン、バナナ、ストロベリー）がにぎやかに並んでいる。かたわらには、これらの適切な使用法を示すため、包皮が切り取られた勃起《ぼっき》した男性器の木彫りが置いてある。コンドーム三個入りの箱が四五セント相当、一カ月分のピルの場合、イエロー・レディーが五〇セント、アルシアが八三セント、トラストが九〇セント相当だ。にきびを抑え、副作用も軽いと言われているもっと高価な商品もある。IPOPCORMが終了すると、地元がプロジェクトを引きついだ。それをPATH財団が引き続き監督し、ポップ・ショップが資金を援助している。住民の女性に必要なものは必ず行き渡るようになっている。避妊用品が買えない人のための補助金は市の予算に組み込まれている。女性たちは当初、ピルや長期避妊薬は受精の瞬間に堕胎を引き起こすものと教会で教え込まれていた。そうではなくて、そもそも受精を防ぐ仕組みだとジェリが何度も説明した結果、口コミが広がり、女性客の来店が途切れることはない。

ほっそりした若い女性が入ってくる。フィリピンの最南端の島、ミンダナオの出身だ。ミンダナオには、スペイン人が到着したときに少数派ながらすでにイスラム教徒の一大コミュニティーがあった。それ以来、イスラム教徒は数で圧倒的な支配層のカトリック教徒に抵抗を続けている。夫は兵士で、いまはボホール島に駐屯しているのだと彼女は言った。その声には安堵の響きが感じられる。最初の子供は男の子で二カ月前に出産したばかりだが、産後の肥立《ひだ》ちがとてもいいので、この店を経営する助産師から褒められたそうだ。次の子供を産むとしたら、準備ができるまで夫婦で待つつもりだと言ってにっこり笑う。助産師は彼女の体重と血圧を測り、問診票を渡して一緒に記入する。新米の母は地元の融資機関に勤めているので、試すことに決めたトラスト・ピルを買う余裕がある。

さらに何人かの客がやってきたので、ジェリはウバイに向かう。この海域でバショウカジキとクロカジキが姿を消して衆目を集めたあと、IPOPCORMに署名した最初の町の一つだ。ジェリは、ユーティキオ・ベルナレス市長、ウバイの沿岸資源管理者のアルピオス・デリマと一緒に、焼いたフエダイ、墨《すみ》で調理したイカ、ワタリガニというランチを取りながら仕事の話をする。大事なのは、魚、イカ、カニを香港と日本に売る量のバランスだとデリマは言う。自分たちで食べる量をどれくらいにして、資源を維持するためにどれくらいを海に残しておくか。

「このバランスを守るには、魚を売ったり食べたりする人間の数を抑えるしかありません」と、ベルナレスは言う。「それはまったく理にかなっています。マンゴーが好物なら、木を切ってはいけない。果実を採るのです」

市長はウバイの聖職者まで巻き込んだ。「彼は、信徒を飢えさせるのは得策ではないことを理解していました。そこで取り引きをしましょうと持ちかけたのです。あなたは魂の面倒を見ているから、私が肉体の面倒を見ましょう、と」

七五歳のベルナレスは、ダイナマイトを使った漁をして育った。ダイナマイト二、三本を束にして海に放り込む。衝撃波がハタやタイといった大型魚を気絶させ、小型魚の内臓を破裂させて殺す。浮き袋が破裂した魚が沈んで視界から消える前に、二二メートル近く潜って回収したものだった。

「早くて、安くて、危険でした」。うまくいったときには一度に一〇トンの漁獲があった。当時はこれで十分すぎるほどで、子供たちを大学に進ませることができた。「私もその一人です。おかげで医学部に進学できました」

「いまではすべてがハイテクです」と、デリマがこぼす。「連中はエアコンプレッサーを持っているので、三五メートルは潜れます。遠隔操作できる起爆装置で作動する水中爆雷を使うので、爆発音も聞こえないし、噴き上がる水も見えません。こっそり持ち込んだ重りと防水加工のプラスチック製爆雷ヒューズも使っています。調査するには魚の検死をしなければなりません。体を切り裂いて腸がばらばらになっているかどうかを調べるのです」

しかし、ダイナマイトを使う漁師は、いまでは大半がよそ者だ。IPOPCORMは、家族計画の啓発と並行して、島の住民の生命を支えるサンゴ礁が、ダイナマイトを使うとどうなるかを知らせるポスターを島のあちこちに掲示した。デリマの部下も二四時間体制でパトロールしているが、不法漁師が青酸カリを使ったらお手上げだ。青酸カリは揮発《きはつ》性なので、調べる魚を試験所に持ち込んだときには検出がほぼ不可能なのだ。最近、漁師たちは塩素系浴室用洗剤のゾンロックスに餌を浸している。こちらのほうがずっと安上がりで毒性も同じくらい強力なので、哺乳瓶《ほにゅうびん》に入れてサンゴ礁に浴びせかけ、魚が浮いてきたところをすくい取るのだ。

「あるいは、目の細かい網で一網打尽という場合もあります。これでは、繁殖の機会を持つ前の幼魚まで捕まってしまいます。硝酸《しょうさん》アンモニウムの肥料とガソリンを混ぜて、沈めるための砂の入った瓶に詰め、てっぺんに雷管をつけるという手口もあります」

「フィリピン人の創意工夫はたいしたものです」と、ベルナレスは笑う。「しかし、私たちのほうが一歩リードしていますよ。若い漁師とその奥さんは、いまでは私たちの教えをすっかり理解しています」

実際、子供の数は減少しつつある。住民は漁業以外の選択肢を探すようにもなっている。サツマイモの栽培、海藻の栽培、ナマズやテラピアの養殖、カキの養殖などだ。彼らはドル箱であるサバヒー［訳注：アジア南東部暖海産のニシンに似た魚］を生け簀《す》のなかで育てることすら試みている。フィリピン人の創意工夫は彼らに有利に働いている。だが、この地域において社会、経済、生態系という織物を束ねる糸は家族計画だ。国によるプログラムがないため、コンドームなどの避妊具は、財団の資金とＵＳＡＩＤにつねに頼ってきた。彼らは、ジョージ・Ｗ・ブッシュ政権時に物資が枯渇しはじめたときに何が起こったか、ＰＡＴＨが助成金をかき集めるのにどれだけ苦労したかを、目の当たりにしていた。また同じ事態に陥ったらどうすればいいいか、自分たちの運命が地球の裏側の政治にどれほど依存しているかを考えるとぞっとする。

ベルナレスとデリマはパトロール艇にジェリを乗せて、二カ所の禁漁区に案内した。パトロール艇は戦艦のような灰色に塗られた五〇フィート（約一五メートル）ほどのアウトリガー船で、ダンプから取り外した鋳鉄製のディーゼルエンジンで動く。冷却装置には海水が利用されている。四種類の海草が絨毯のようにぎっしりと生え、透明な湾は緑色にゆらめいている。夜になると冷光現象《ルミネッセンス》できらきら光る。ここはかつて、アワビに似たおいしいホラガイの生息地だった。彼らはホラガイに戻ってきてほしいと願っている。サンゴ礁にも何とか生き延びてほしいと願っている。恐れていた気候変動による白化のせいで、フィリピンでは多くのサンゴ礁が骨格だけになってしまったものの、ごくわずかながら成長の兆《きざ》しを見せているものもある。彼らはまた、海岸線沿いに細々と広がるマングローブ（何十年も前、ブラックタイガーの養殖場を設置するために考えなしに伐採された森の名残）が新たに広がることを願っている。しかし、マングローブはしっかりと燃えて炭のように長持ちする良い薪になるため、違法に伐採する者に先回りしつづけるのは至難のわざだ。

ボホール島の最北端の都市であるタリボンで、ジェリは市の保健衛生官のフランク・ロボ医師と会っている。彼は国連人口基金（UNFPA）のプログラムを実施している担当官と同席したばかりだった。このプログラムによって、フィリピンの最も貧しいいくつかの都市に女性健康・出産センターがつくられていた。資金を提供したのはUSAIDだ。ロボはこう話す。「一日あたり一一人の女性が出産で死ぬ国では、女性にとって最もリスクが高い事柄の一つが妊娠です。私たちの目標は、医療機関における出産での母親と新生児の死亡率を下げることと、人口を三五パーセント減少させることです。成果は出ています。母親の生存率も、子供の生存率も上がっています。出産件数は年間一八〇〇件だったのが、いまは三〇〇件です。精管切除術もゼロから二〇〇件に増えました」

この地で人口圧力を減らすことは喫緊の課題だと、彼は言う。地球上にたった六カ所しかない二重堡礁《ほしょう》の一つが、この沖合いにあるのだ。それは、途方もない数のカイメン、軟質サンゴ、脳サンゴ、皮殻状サンゴ、被覆状サンゴ、枝サンゴ、テーブルサンゴに覆われている。「それはかけがえのないものであり」と、ロボは言う。「私たちの生命でもあります。魚という資源は一つなのに、それを獲りたがる漁師は一万人います。魚の数は人間の数に直接左右されます。ここでは人口爆発について話しているのではありません。仕事について話しているのです。一万人の応募者に対して仕事は一つ。これが、人々に環境の価値をわかってもらう方法です」

UNFPAのプロジェクトが終了し、USAIDの資金援助が合衆国の気まぐれな政治のせいでつねに不安定であることから、フィリピンは最終的に「性と生殖に関する健康法案」を可決せざるをえないとロボは言う。少なくとも、彼らは地元の教会の抵抗を抑え込んだ。「家族計画を支持する私たち全員が、最も信心深い寄付者なのです。彼らも私たちを遠ざけたくはないのです」

アウトリガー船でわずか一〇分走れば、二重堡礁に、そして三角形のちっぽけなグインダクパン島に到着する。島の一辺は四分の一マイル（約四〇二メートル）にすぎない。かつてはマングローブに覆われていたが、とっくの昔になくなっている。グインダクパン島には漁民の家が四三二軒あり、その真ん中にココナッツの木立がわずかに残っている。

北に向かう台風の風でヤシの木が曲がっている。吹きつける雨のなか到着したジェリを出迎えるのは、この島で二五年間保健師を務めているエステラ・トレヴィラスだ。エステラのグリーンカーキのズボンはふくらはぎの上まで巻き上げられている。その理由は一目瞭然だ。ヤシの木立近くの高台数カ所を除いて、島の大部分が水没しているのだ。二人は狭い砂の小道を、水を跳ね飛ばしながら進む。村の栄養士であるパーラ・パニャレスも加わる。彼女のブルージーンズは膝の辺りまでぐしょ濡れだ。ほうきを手にした人々が竹でできた家の戸口から水をかき出している。エステラによれば、海水を利用したトイレがもうきちんと流れないという。「だから、みんな海岸で用を足すのです」

三人は島の唯一の井戸を通り過ぎる。その水は塩分が多すぎてもはや飲めない。各家庭には雨水貯蔵設備があると、パーラが言う。「でも、これだけ人が多いとても足りません。お金がある人はペットボトルの水を買っています」

「ひどいものね」と、ジェリが答える。「食べ物はどうですか？」

「私たちが魚好きでよかったわ」とパーラ。サンゴ礁と海草のおかげで、カニ、エビ、クロチョウガイ、イカ、カタクチイワシ、ナマコには事欠かなかった。人々は桟橋からジグの手釣りで、アイゴ、ダツ、テンジクダイを釣る。タイワンガザミ、ノコギリガザミ、マルスダレガイを獲る。「でも、いつまで獲れることか」とパーラはいぶかる。魚はどんどん少なく、小さくなっている。「大きな問題は野菜です。ボホール島に行かないと買えません。いまでは満潮になるとすべてが海水に覆われてしまうため、庭では海草のほかは何も育ちません」

　窓辺のプラスチックの植木鉢には、ボホール島から運んだ土が満たされ、タマネギ、トマト、トウガラシ、香味野菜が栽培されている。三人はセメント敷きのバスケットボール・コートにやってくる。上半身裸の子供たちが裸足で水を跳ね上げながら、水が溜まったコートで青いバスケットボールをドリブルしようとしている。パーラは顔をしかめる。子供のうち三人が咳《せ》き込むのが聞こえたからだ。果物が一番足りない。多くの子供はクリスマスのときしか食べられない。

「この土地の子供は全員ビタミンC不足です」。パーラ自身には四人、エステラには三人の子供がいる。「これでも少ないほう。たいていの家庭に五人から九人の子供がいます」。最近、パーラは五歳以下の子供全員の体重を量った（グインダクパン島の人口の四分の一に当たる）。それで判明したのが、栄養失調が深刻な子供一〇人は、例外なく六人か七人のきょうだいがいるという事実だった。

「避妊具は昔はただでした。その後、ＵＮＦＰＡが産科診療所を開設して、お金を取るようになったのです」

　とはいえ、正確にはただではなく、どんなに少額でも寄付が求められたと、エステラがパーラの発言を訂正する。真の問題は、この島のような僻地では家族計画用品が品薄だということだ。PATHでさえも、この国の大変な危険にさらされている海洋ホットスポットに住む人々の半分にしか手を差し伸べられなかった。エステラは手に入るものは何でも配布している。「でも、まったく足りないのです」

## 3 内陸

海面上昇が止まらず、世界でも標高の低さで一、二を争う島々が水没してしまえば、グィンダクパン島での家族計画は意味のない問題になってしまうかもしれない。だが、もっと標高が高い地域でも、人口扶養能力に影響を及ぼす変化からは逃れられない。

翌日、台風一過のルソン島に戻ると、抜けるような青空に薄い巻雲がたなびいている。ヴェルデ島海峡とマニラの中間地点にある国際イネ研究所（IRRI）では、日光は大歓迎だ。この研究所で、世界で最も長く続けられているイネの実験におけるある特定の変数をめぐって、懸念が募っている。一九六三年、IRRIがロックフェラー財団とフォード財団によって設立された当時、研究者は同じ土地でどれくらいの期間イネが育つかを調べるために、一ヘクタールの実験田を設けた。一四〇〇回の作付け（交配種で一年に三回収穫）ののち、その結果は人々を勇気づけている。窒素を入れていない土地でも、作物が穫れるのである。現在の目標は、収穫を増やし人工窒素を減らすことで、最適なレベルを達成することだ。

肥料の投入量と作物の品種は操作できる。殺虫剤の散布量はすでに一五年前の二パーセントまで減らされている。いまでは、シラサギとチドリが実験田でカタツムリやカエルを漁《あさ》っている。その上空では、ぶんぶん音を立てて飛ぶ虫をヒタキが追っている。こうした虫は、殺虫剤が大量に撒かれて静まり返ったほかの田んぼでは見られない。だが、彼らがコントロールできないのは熱だ。長年にわたり、この研究所は気候データと作物の収穫量をグラフにしてきた。二〇〇〇年以降、曇りの日が増え、日射が減り、夜間の気温が上昇している。夜間の気温が高くなればなるほど、作物が糖を転換するために燃やすエネルギーが増える。気温が上がらなければ、そのエネルギーを生長に回せるのだ。こうした気候の変化とともに、IRRIの「奇跡米」であるIR8の収穫量が平均一五パーセント減少した。IR8は一九六〇年代にアジアの飢饉の回避に一役買った品種だ。

温暖化に歯止めがかからないと、コメを育てる人間に現時点でできることは多くない。現在の交配種は、肥料を最大限吸収し、害虫や病気に強く、早く成長する（ラッパズイセンの遺伝子が組み込まれているゴールデンライスの場合は、ビタミンを多く含む）品種として開発された。しかし、温度許容度が問題になったことは一度もなかった――ただし、これまでは。

IRRIはCIMMYT（メキシコにあるコムギとトウモロコシの改良センター）の熱帯版だ。しかし、イネを交配するのは難しいことがわかった。イネの花は両性花で、自家受粉する。収穫量の多い品種をつくるのは不可能だったのだが、一九七〇年に袁隆平《えんりゅうへい》という湖南省の農学者が、海南島で野生米の突然変異種を発見した。この品種の雄しべには生殖能力がなかった（雄性不稔《ゆうせいふねん》）。つまり、このイネの受精能力のある雌しべを、ほかの品種の雄しべの花粉と掛けあわせれば、両者の最大の長所を兼ね備えた交配種ができることになる。彼の発見は絶妙のタイミングで世界を変えた。従来の進歩——緑の革命が生んだ半矮性《はんわいせい》の多産種——を通じた生産量が頭うちになる一方、地球人口の半分が世界のコメの九割を生産しているアジアで、人口が爆発的に増加していたのだ。現在、中国の交雑米産業の全体が、この野生米の遺伝子に依存している。

しかし、あるイネの品種が成功を収めれば収めるほど、それはますます脆弱《ぜいじゃく》になる。望ましい交配種にたどり着いたはいいが、その後の自家受粉するイネは、クローンのようにどれも同じ病気にかかる。イネ一本が病気になると、野火のように伝染して全滅する。このもろい土台の上で、人類は最も広範に消費している食糧のバランスを保とうとしているのだ。IRRIの科学者たちは、化学的処理によって雄性不稔の品種をむりやりつくりだし、新しい品種と交配させて新しい病気に対応する方法を学んだ。とはいえ、現在の気候、病気、害虫に最も適した交配種が、未来の気候、病気、害虫に強いわけではない。すべてはつねに変化しているのだ。

最ももうかる品種の大規模単一栽培が、自然の作物多様性に取って代わる世界では、農学者が交配すべきものを欠かさないよう、古い品種を取っておかねばならない。IRRIの遺伝子バンクの冷蔵室の外側で、女性たちが長テーブルの前に座っている。緑のファイル用引き出しがずらりと並ぶ空調の効いた部屋で、種の山を交配種とその野生の親戚に選りわけ、保管すべき最も健康な種子を選んでいるのだ。ケンブリッジ大学出身の進化生態学者にしてIRRIの遺伝子資源センター長を務める、薄茶色の髪をしたローリー・サックヴィル・ハミルトンは、立ちどまって女性たちが受け取ったばかりのバングラデシュ米の新しい山をチェックすると、遺伝子バンクに入る。

そこは三六五〇平方フィート（約三四〇平方メートル）ほどの二階建ての冷蔵室で、背の高いつや消しステンレス製のラックと可動式の棚が設置されている。現行のコレクションは、密封したアルミホイルの包みに入れて摂氏二度で保管してある。一一万七〇〇〇の既知の品種の種子が収められており、栽培者から要請があれば一回一〇グラムを配布する。階下には、まったく同一の「基本」コレクションが摂氏マイナス二〇度で保管されている。少なくとも一〇〇年間、真空パックされたアルミ缶に入れた種を保存できる低温だ。もっとも、電気が止まらなければ、あるいは予備の発電機のディーゼル油が切れなければの話だが。

「これらはひ孫たちのためのものです」と、サックヴィル・ハミルトンは言う。CIMMYTのコムギやトウモロコシと同様、IRRIコレクションの追加の一セットは、コロラド州フォート・コリンズにある米国農務省の国立遺伝資源保存センターに保管されている。さらにもう一セットが、北極圏のノルウェー領の島にある「地球最後の日が来ても安心な」スヴァールバル世界種子貯蔵庫に埋められている。

遺伝子バンクは洪水にも台風にも耐えられる構造で、マグニチュード四・七までの地震にも耐えられる。しかし、ルソン島近くの活火山の一つが目覚めて溶岩に飲み込まれるようなことになれば、「私たちも生きてはいられないでしょう」と、ハミルトンは認める。

人間中心の尺度で収集したこの植物コレクションの管理責任者という立場上、サックヴィル・ハミルトンは、人間が生み出した品種を自然に反しているとは考えておらず、むしろ進化の一部ととらえている。ホモ・サピエンスはそのプレイヤーであり、生存の機会を高めるために自然を再構成しているのだ。ビーバーが川岸でやっていることと何ら変わらない。単一品種の大規模栽培に一点賭けしてはいけないと、自然が何度も示してきたのは彼も認めている。多様な生態系が備えている強靭《きょうじん》さがまったくないからだ。それなら、私たちはなぜ単一品種の大規模栽培をやめないのだろうか？

「コストのためです。種苗会社にしてみれば、一種類を広範に売るほうがもうかります。自社の品種が植えられた耕作地が増えれば増えるほど、育種家としてはますます成功することになりますが、これは多様性の促進とは正反対の事態です。それに、生産性が高くて多様なシステムをつくる方法はまったくわかりません。さまざまな品種が混ざり合った作物をコンバインで収穫できるでしょうか？　多様性が必要なのは承知していますが、大規模な多品種農業を発展させるには時期尚早です。だからこそ、この遺伝子バンクが必要なのです。多様性が必要な耕作地に、その多様性がないからです」

こうして、彼らは前へ進みつづける。自然の理法を改善する新たな策略を巡らせているのだ。目下、ＩＲＲＩの最大の目標は、イネの光合成の効率を五〇パーセント高めることだ。

イネに十分な太陽エネルギーを与えて稲穂を増やし、イネがみずから使う窒素を固定させるためである。その成果となる「C４」型のイネなら、収穫を飛躍的に増やし、みずからの肥料をつくりだすことさえできるようになる。ヴァチカンは、人口が増えつづける世界を養う可能性を秘めているとして、このイネに言及している。

だが、それにはイネの葉の細胞構造そのものを変えなければならない。これらすべての品種のなかから遺伝子と交配のすばらしい組み合わせを見つけ出すのは、少なくとも二〇年から二五年はかかるプロジェクトだ。ビル＆メリンダ・ゲイツ財団からの財政援助をもってしても、このスケジュールを縮めることはできない。そのころには、世界の人口のせいでせっかくのメリットも帳消しになってしまうかもしれない。同時に、気候変動によって耕地面積が減少し、淡水はさらに不足し、土壌の質はいっそう劣化する。

C４型イネは、農業の歴史に一大変化をもたらすだろう。だがそれにも、あるいはその他の改善にも限界があると、サックヴィル・ハミルトンは言う。

「この遺伝子バンクは、世界が投げかける将来の難題にほぼ対応できます。ただし、例外が一つあります。増加する人口です。育てる食べ物の量を無限に増やすことはできません」

彼は棚から一〇グラムの種が入っているアルミホイルの包みを引っぱり出し、ラベルを見て、元に戻す。「新しい病気に対処することはできます。気候変動にも対処できると思います。技術を改良できるからです。昨年、日本の農家が商業米の水耕栽培に取り組んでいるのを見ました。水耕栽培に最適な種は、田んぼで育つ種とは根の構造が違います。栽培上の新たな問題となるでしょうが、それもこのコレクションを用いて対応できます」

彼は寒さで身を縮める。「私たちは何にでも対応できます。無限の人口増加を除いては」

北のマニラでは、IRRIを悩ませるフィリピンの多産傾向が反転する見込みは薄そうだった。新しく選ばれたアキノ大統領が、性と生殖に関する健康をめぐる国家計画への関心を公言しているにもかかわらず、二〇一〇年が二〇一一年になり、二〇一二年になっても、カトリック教会は、このような忌まわしい法案をあえて持ち出した議員を正面から攻撃しつづけた。カトリック教会は何十年にもわたり、家族計画情報の普及、貧困層への避妊用品の無料配布、中学生への性教育の義務化などを提案する法案をことごとくつぶしてきた。フィリピンのカトリック中央協議会は、誰が大統領になろうと、この記録を覆させるつもりはなかった。

「避妊とは堕落です」と、ある大司教は宣言した。

「セックスを、神と別個に、結婚と切り離して教えることは決して許されません」と、別の大司教は命じた。

「教会をもてあそんではなりません。教会はその者を葬り去るでしょう」と、また別の大司教が警告を発した。この最新法案をめぐる議論が国会で盛り上がったりしぼんだりを繰り返しているあいだ、フィリピンの司教たちはカトリック学校の何千人という生徒をバスでマニラに送り込むと、交通を止める祈禱集会を開いたり、スマイルマークの「命の福音」のバンパー・ステッカーを車にべたべた貼りつけたりした。彼らはあらゆる説教を通じて、避妊は堕胎の別形態にすぎないと説いた。フィリピンでは堕胎は違法行為だ。

カトリックの司教たちは、マニラ郊外のアラバンで、医師の処方なしにコンドームを購入すると六カ月の懲役に処せられるという条例を力ずくで通過させた。識者はこうしたやり方を「教皇よりもカトリック的」と評した。ベネディクト一六世は、コンドームがエイズの予防に役立つことを認めていたからだ。議会では、カトリックを支持する勢力が、性と生殖に関する健康法案に大量の修正案を出して法案をむりやり膨れ上がらせた。避妊に反対するある議員は一日で三五件もの修正を提案したのだ。さらに、議会運営の手続きを悪用して、議事進行が終結しないよう仕向けることもした。二〇一二年一一月のある晩、フィリピン国民の七割が支持するその法案が実際に票決に付されそうになると、脅されていた大勢の議員が議会を欠席したため、下院は定足数を集めることができなくなった。カトリック教会のかたくなな姿勢を擁護したのは、フィリピンきっての有名人であり、国会議員にして伝説的ボクサーのマニー・パッキャオだった。彼自身が六人きょうだいの四人目であるパッキャオは、もし両親が避妊していたら自分が八階級制覇をすることはなかったと、あらゆる人に対して訴えた。

またしても、性と生殖に関する健康法案は死産になるものと思われた。ところがその後、二〇一二年一二月八日にラスヴェガスで行なわれたウェルター級の試合で、無敵だと思われていたパッキャオが、第六ラウンドで最大のライバルであるメキシコのファン・マヌエル・

マルケスに不意の右カウンターを食らい、壮絶なノックアウトを喫した。しばらくのあいだ、観客は彼が死んでしまったと思ったくらいだ。パッキャオはわずか三日後に復帰すると、今度は国会で性と生殖に関する健康法案と闘った。命拾いしたことで生命の尊厳への思いはますます深まったと、彼は主張した。それにもかかわらず、不名誉な敗戦はその後の驚くべき結末の前兆となった。

一〇日後、アキノ大統領はロバート議会規則を利用して、独創的な策略を実行した。この法案の票決は大統領優先項目だと宣言することによって、議員が姿をくらます前に投票するよう強制したのだ。フィリピンは、IRRIが本拠を置いているにもかかわらず、環境収容力を大幅に上回るところまで人口が増えたため、いまでは世界最大のコメ輸入国となってしまった。さらに悪いことに、世界は摂氏二度を超える温暖化に向かってまっしぐらに進んでいる。そこまで温度が上がると、フィリピンの主なたんぱく源の生息するサンゴ礁は生き延びられそうにない。天国の母コリーを上回る人気を誇り、人口がふたたび倍増して国が飢えるリスクを冒すことを拒否したアキノ大統領は、ついに上下両院で勝利を収めたのだ。

敵対者を刺激しないように、大統領はクリスマスまで待ってから性と生殖に関する健康法案にひっそりと署名し、法律として成立させた。派手なことはいっさいしなかった。それでもフィリピンの司教たちは、裏切った議員を次の選挙で一人残らず落選させ、法案を支持したと思われるカトリック系大学の教員を全員解雇し、最高裁にこの法律の違憲宣告を出してもらうのだと誓いを立てた。

司教たちの行動が失敗に終われば、性と生殖に関する政治的決定が依然としてローマ・カトリック教会に支配されている国は一つだけとなる。毎年人口が二〇〇万人ずつ増えているフィリピンと違い、そのちっぽけな国は人口危機とは無縁だ。事実上市民に女性がおらず、ほぼ全員が――少なくとも建て前では――禁欲主義の男性だからだ。

ヴァチカンの壁の内側で行なわれていることはヴァチカンの問題だ。ヴァチカンの影響力がもはや他国に及ばないという事実は、時宜を得たものかもしれない。聖書的な意味も含めて、いまや地球は人間でいっぱいなのだから。

# 第一〇章　底——ニジェール

## 1　サヘル

リビアはなんとも珍しい存在で、人口が希薄な国である。その理由は単純だ。貴重な天然資源はあるものの、それは食べられないのだ。国土の広さは世界第一七位だが、人口は世界第一〇三位で六〇〇万人しかいない。そのうち九〇パーセントは北部海岸沿いの狭い一帯に集中している。その地域の地中海に面した港はかつてリビアにとって最大の資産だった。いまでは石油が最重要商品だ。しかし、ある別の物資が、リビアの人口を現在の規模に、ひょっとしたらそれを下回る規模に決定的に抑え込んでいる。それは水だ。

リビア北部の井戸は枯渇したり海水が混入したりしたため、先の九〇パーセントの人々の飲み水は、ムアンマル・カダフィの最高傑作である「リビア大人工河川」から取られている。これは世界最大の水道網で、南部の砂岩帯水層に達する深さ五〇〇メートルの一〇〇〇カ所以上の井戸とつながっている。くみ上げている水は、サハラ砂漠に動植物があふれていた、雨の多い時代にたまったものだ。しかし、そうした時代は約六〇〇〇年前に終わりを告げた。地軸がわずかにぶれたためだ。ちょうどそのとき、増加する人口と家畜や作物のためにかつてないほどの水が必要になった。こうした不運が重なってアフリカ北部は一変した。リビアの帯水層が枯渇する時期については、六〇年後から一〇〇〇年後まで予測に幅があるが、後者の数字は水文学によるものではなく、カダフィの主張なのだろう。枯渇するのがいつにせよ、一つのことだけはほぼ確実だ。帯水層がふたたび満たされることは当分ないのである――人間的な時間の尺度であれ、地質学的な時間の尺度であれ。

サハラ砂漠は北極圏のように色に乏しく、広大だ。違いといえば、北極圏が縮小しているのに対して、サハラ砂漠は拡大していることだ。南へ向かって、サヘルとして知られる半乾燥気候の移行帯――それをはさんで砂漠と中央アフリカの熱帯サヴァンナが分かれている――を侵食しつつある。アフリカ大陸の上半分をしっかり支えるサヘルは、最も広いところで六〇〇マイル（約九六六キロメートル）の幅がある――少なくともいまのところは。

リビアの真南にあるニジェールという西アフリカの国に目を転じてみよう。アルハジ・ラボ・ママンはサヘルについては詳しいが、自分の子供の数は正確にわからないため、数珠《じゅず》を手にとって数えはじめる。

「一七人だ」と、数え終わった彼が言う。ママンはバルガジャの村長だ。バルガジャは人口二〇〇〇人のサヘルの村で、ナイジェリアとの国境から北へ二〇キロメートルのところにある。ママンは、土塗りの自宅前の草葺きの日よけの下に、青と緑の糸で織られた綿の敷物を敷いて座っている。周りを村の男たちが囲んでいる。白い顎ひげを生やした七〇歳のママンは、裸足のくるぶしの辺りで空色のガラビヤ［訳注：ワンピースの民族衣装］の裾を整え、刺繍《しし ゅう》が施された青い丸帽子をまっすぐにかぶり直すと、話を続けた。「生きているのが一七人。死んだ子供も少なくともそれくらいいる」

ここ数年は厳しい状況が続いてきた。二〇一〇年にニジェールで収穫できるまで育った作物はほとんどなかった。過酷な熱波が早く到来したため、主要な穀物であるキビは茎についたまま干からびて枯れてしまった。アメリカホドイモも同じ目に遭った。普段なら干ばつに強いモロコシも、育ったものの実をつけなかった。ウシが食む草もなかった。

「子供が死にはじめた」。国連世界食糧計画（WFP）は、飢えに苦しむ五〇〇〇万人のために緊急食糧を空輸しようとした。それでもママンは三人の子供を失った。とはいえ村長なので、妻の一人を、州都マラディでフランス人医師が運営する保健センターに行かせることができた。彼女はそこで、自分の子供が栄養失調で一人また一人と死んでいくのを見ているしかなかった。

彼女は最も若い妻だ。「妻が一二歳のときに結婚した。まだうぶなうちに。この妻が産んだ子供はみんな死んだ。一人は三歳で、一人は二歳で、一人は生後一週間で」

二〇一一年、彼はさらに二人の子供を失った。別の妻二人が、授乳中にもかかわらず栄養失調で貧血になり、母乳が止まった。赤ん坊の死因は貧血と日和見《ひよりみ》感染したマラリアだ。「一番若い妻がまだ気落ちしていたので、離婚して別の男性とやり直す機会を与えようかと思っていた。ところが幸いなことに、またこの妻が妊娠した」

周りに座っている男たちから称賛のささやきが起こった。

彼は妻の正確な人数も把握していない。コーランでは、きちんと面倒が見られるかぎり四人まで妻をめとることが認められているが、長い年月のうちには、残る者もいれば去る者もいた。「死んだ妻もいる」。妻の一人にまだ生きている子供が三人いることはわかっている。九人生まれたうちの三人だ。

長男のイヌッサが、ゆったりした紺のガラビヤに紫の丸帽子という格好で、父親が座っている敷物の端にしゃがみ込み、指で土に数字を書く。「去年、この村で一八〇人の子供が亡くなった」。イヌッサは四二歳、妻は三人いて生まれた子供一一人のうちまだ六人が生きている。彼は裕福だと見なされている。一ヘクタールの農地を所有しているからだ。五〇年前は誰でも二ヘクタールを所有していたが、何人もの息子のあいだで分けられてしまった。そのため、昔は二ヘクタールで二〇人の家族を養えばよかったが、いまでは六〇人から七〇人を養わなければならない。

「われわれは答えが見つからない問題を抱えている」と、イヌッサの父親が言う。

「人の数が多すぎるんだよ」と、イヌッサが答える。周囲がとがめるような視線を向ける。

「そう、私たちは自分の子供たちに押しつぶされそうになって、泣いているんだ」と、イヌサは言う。

これまでの人生で、イヌッサは、すべての生命の誕生は天恵だと聞かされてきた。神は与える。だが神は奪いもする。二年前、彼と妻たちは、三日間働かずに死にゆく末子の魂のために祈りを捧げた。そのあとである決断を下し、マラディの診療所に向かった。彼の同意のもと、三人の妻は全員ピルを飲みはじめた。イヌッサはそのことを村で隠そうとしなかったし、ほかの男たちは彼の決断について不愉快さを隠そうとしなかった。イヌッサはこれまで、村の男たちを説得しようとはしてこなかった。「彼らも、私たち夫婦のその後を見ればわかるはずだ。うちの妻たちは全員がりがりだったが、いまは体重が増えた。この二年間は一度も妊娠していない。良かったと思っている。一一人子供を産んだというのは、彼女たちの体力にとって大きな試練だったから」

彼がこう説明すると、ほかの男たちは当惑した顔をした。ニジェールでは、女性は平均して七人から八人の子供を産む。地球上で最高の出生率だ。その計算からすると、彼の妻たちは最低二一人子供を産まなければいけないが、その半分にも達しないうちに子供を産むのをやめたのだ。

男たちが話をしているところから少し離れた部屋で、村長の妻二人が入口近くの土間に座って話を聞いている。二人とも体重が四〇キロあるかないかだ。ニジェールの田舎では、卵など一番いい食べ物は男が食べる。次に子供たちが食べる。不作のときは、女たちの口にはほとんど何も入らない。年上で背が高いほうの妻ハサナは、生後四カ月のシェフィウという息子に授乳している。彼女にはあと二人、息子と娘が一人ずついる。しかし母親とは失ったものの記録もつけているものだ。彼女は四対三で負け越している。

「最初の子供は男の子で、四歳で死にました。二番目は女の子で、一歳七カ月で死にました」。「三番目と四番目は生きている。「五番目は三歳で死に、六番目は一歳で死にました。この二人も女の子でした」。彼女はシェフィウを膝に載せ、花柄のヒジャーブのへりで涙を拭った。赤ん坊は目を大きく見開き、母親を見上げている。

彼女は赤ん坊を抱き寄せる。「授かった子供を失うのは闇のなかに突き落とされるようなものです。神は命をお与えになり、その後奪っていかれます。でも神の意思に背くことはできません。神はいつでも好きなときに、私の命も奪えるのですから」。彼女は避妊について耳にしたことはあるものの、興味はない。「食糧危機に襲われてかわいい子供たちが死んでしまう時代ですから、産めるうちに子供を産みつづけなくてはなりません。私が産むのをやめたら、いまいる子供が生きながらえることができなかったときに、子供が一人もいなくなってしまいます」

しかし、子供は三人だけのほうが、彼らの食べ物が増えて、生き延びる確率が高くなるのでは？

「もし、食べ物が足りると保証できて、背中にもお腹のなかにもたえず子供がいるという状況から解放されるなら、そうでしょう。だけどそんな保証はどこにもありません」。彼女は同じ夫の妻で、反対側の隅にしゃがんでいるジャイミーラをちらりと見る。ジャイミーラは

村長の妻たち。ニジェール、バルガジャ

青いヴェールをバティック・スカートの上にかぶせて、妊娠したお腹の膨らみが目立たないようにしている。「それに、もし子供が減って食糧が増えたら、夫たちは競ってさらに妻をめとろうとするでしょうし、妻たちは妻たちで競ってもっと子供を産むでしょう。結局また食糧は足りなくなります」

ハサナは結婚したのが遅く、一六歳のときだった。しかしジャイミーラは一二歳のときに村長と結婚した。ジャイミーラが産んだ子供三人は全員死んだ。彼女は七〇歳の男性の子供を産むのではなく、もっと若い夫と一緒になれば良かったと後悔していないのだろうか。

「でも、夫は村長なのです」。ジャイミーラはその質問に戸惑っているようだった。

ニジェールにはこういうことわざがある。「金を持っている老人は若者だ」。ほかの男の妻たちの場合、失う子供の数はさらに多く、その死亡年齢も低い。村長が土地と動物の大半を占有しているからだ。しかし最近では、多くを所有している者はいない。「まだ三人の子供が生きていたら、あるいは神がこの子のほかにもう三人与えてくださったら、いずれ子供を産むのをやめるかもしれません。でもそれには、ピルを処方してもらいにわざわざマラディまで行かなければなりません。それに、夫もまもなく年を取って、子供を欲しがらなくなるでしょう。だから、そんな考えは捨てているのです」

内陸国であるニジェールの面積は、フランス、ドイツ、ポーランドを合わせたよりやや広い。リビアとアルジェリアの真南で、北部の国土の五分の四はほとんど人が住めない砂漠だ。ニジェール人の大半は、ずっと南のサヘルに住んでいる。そこがかつてはアカシアの森、草地、バオバブの木々で覆われていたことを覚えている人はいまだに多い。だが現在では、植物はしおれ、気温も一九九〇年代から平均して摂氏一・五～二度高くなっているので、サヘルがますますサハラ砂漠化するのではないかと危惧されている。

ニジェールの最も南西の地域では、ナイル川とコンゴ川に次いでアフリカ第三位の長さを誇るニジェール川が国土を横切っている。二六〇〇マイル（約四二〇〇キロメートル）に及ぶ流路の真ん中に当たる部分だ。首都ニアメーを通過したあと一六〇〇マイル（約二六〇〇キロメートル）ほど流れたところで、ニジェール川はナイジェリアに達する。ナイジェリアの出生率は女性一人あたり五人弱と、ニジェールほど危機的ではない。しかし、人口は一〇倍――ニジェールの一六六〇万人に対し、ナイジェリアは一億六六〇〇万人――で、アフリカでは最も多い。第二位のエチオピアの二倍以上だ。二〇四〇年には、ナイジェリアの人口は倍増して三億三三〇〇万人になると予想されている。そうなると、ナイジェリアの――またアフリカ大陸の――農業生産力を超えることになり、何が起こるかは誰にもわからない。

マラディの宮殿で、スルタンのアルハジ・アリ・ザキが気をもんでいるのは、ナイジェリアのことでも二〇四〇年のことでもなかった。この地域の現在の問題で頭がいっぱいなのだ。悲惨な乳児死亡率にもかかわらず、彼が治める地域の人口増加率は、世界最高のニジェールのなかでも最高なのだ。

その理由は、ニジェール川の支流で、国内で最も重要なワジ［訳注：雨季以外は水がない川］の一つであるグールビ・ドゥ・マラディ――ハウサ語で「川の手」の意――にある。ニジェールで最も緑豊かなマラディは、穀倉地帯だと見なされているが、バルガジャなどの村には瀕死の子供があふれている。この日は金曜日で、宗教的指導者が早い時間から集まってこの危機について話し合っており、村々の指導者も合流したところだった。

スルタンは、彫刻が施された王座を無視して、クッションのよく効いた椅子に座っている。金糸の刺繡が施された白いローブにカフタン［訳注：帯のついた長袖、長丈の衣服］、白い絹のターバン、首には白いレースのスカーフといういでたちだ。年を取ってはいるががっしりした体格で、横に広がった三角形の鼻の上に大きな赤い縁の眼鏡をかけている。彼だけが部屋で靴をはいていた。金のバックルがついた白い革靴だ。ほかは全員、赤い薄地の絨毯の上に座っている。すぐそばに立っているのは、オレンジのターバンを巻いた四人の護衛だ。それぞれ緑、白、黄土色のローブを着て、短剣と棍棒《こんぼう》はすぐに使えるようになっている。スルタンの右手首には数珠、左手首にはステンレス製のロレックスが巻かれている。

「去年、われわれは大変な苦しみを味わった」と、スルタンが言う。「干ばつでウシが死んだ。何千頭ものウシがばったりと倒れた。人間は飢えに苦しんだ。幸いなことに、われわれは政府と海外の篤志家《とくしか》とNGOに助けられた。彼らは最善を尽くしてくれた。とはいえ、そうした機関の統計専門家がわれわれのニーズを予測するのは無理だ。われわれの人口をつねに把握するのは不可能だからだ。もはや誰にも把握できない。しかし、彼らの努力には感謝している」

護衛の一人が政府をたたえる声を上げた。

「われわれはまた降雨量が少ないという危機に瀕している」と、スルタンは続ける。「政府とNGOはわれわれに必要な食料の計算を今度も誤るだろう」

最近、彼はマラディ北部に足を運んだ。そこでは、サヘルが急速に砂漠化している。今年は雨量が多めだった地域もあるが、大半の村は彼が訪問したマイラフィアと似たような状態だった。マイラフィアは静まり返った町で、土壌は干上がって黄色がかった白になっている。女性は痩せおとろえて皮膚は固く、子供たちはむっつりと黙り込み、ヤギは発育不全だ。大木はなくなり、ウシも消えた。二〇〇五年の飢饉《ききん》のあとにフランスのNGOが掘った村で唯一のコンクリート製の井戸は、家畜にも村人にも十分な水を供給できない。

村人が砂地にひざまずいて祈りを捧げたあと、イッサ・ウスマンという四五歳の男性が口を開いた。「私が子供のころ、あそこにある家並みや穀倉は見えませんでした。木々がうっそうと茂っていたからです。誰かに手を引いてもらわねばならないほどでした。立っている男性くらいの高さまで草が茂っていたものです。ウサギ、シカ、ホロホロチョウ、レイヨウがいました。それがいまや、見えるものといえばわれわれの哀れな建物だけです。砂地はむきだしです」

森が与えてくれる木では足りないところまで人間が増える前は、ヤシ、タマリンド、バオバブが生えていた。現在残っているアカシアの木は十分に育っていない。雨が降らず日差しが厳しくなっているからだ。アカシアは一〇年周期でやってくる干ばつの際に利用されていた。ところがその後、干ばつは五年周期で起こるようになってしまった。

「そして三年周期になりました。今年は去年の干ばつがまだ続いています。収穫は依然としてゼロです。ウシを売って食いつないでいます」

彼の息子九人のうち四人がウシを売りに南に行った。そのなかには種ウシもいた。「やがて、ウシの群れは消えてしまうでしょう。治す薬がない病気のようなものです。それは私たちの命も奪うはずです」

「もうポリッジ［訳注：穀類を牛乳で煮詰めた粥］をつくる牛乳もないのです」。八人の子供を抱える母親が、木製の攪拌器《かくはん》でキビをすりつぶしながら付け加えた。「食べ物が欲しいだけなのです。もっと子供が産めるように」

　スルタンは自分の前に集まった男たちに、この日、導師《イマーム》に家族計画についてたずねたことを告げる。

「私たちは子供をもうけるために結婚します」。そう反論したのは白いガラビヤを着た男性だ。「子孫を残す以外に人生の目的などあるでしょうか？」

「私の父も祖父も妻と子供がたくさんいた」と、スルタンが答える。「私自身は子供は七人だけだ。息子たちの子供の数はそれぞれ二人、三人、四人だ。昔とは時代が違うし、教育を受けると、子供を養うのは負担が大きいことがわかる。各モスクからの協力を得て、短期間で妊娠を繰り返すのは不健康だと教えたいと思っている。出産の間隔を空けるのは、母親のためであると同時に子供のためでもある」

　男たちは視線を床に落とした。称賛の声を張り上げる者はいない。

　スルタンは、前腕を膝に載せて前のめりになる。「食べさせてゆけない、もしくは面倒を見きれない数の子供をわれわれが抱えることを、アラーもお望みではないのだ」

「アラーがお望みなのは」と、ライドゥン・イッサカ師は書斎で語る。「家族の人数を減らせという圧力に屈することなく、われわれが大家族を築くことです」

　イッサカ師は三五歳、頬はつややかで顎ひげを生やしている。銀のストライプの入ったグレーのガラビヤを着て、黒い刺繍が施された白い丸帽子をかぶっている。彼は一三人きょうだいの一人だ。話し相手の若い男性は、縦長の赤い帽子をかぶり、金のステッチが入ったカフタンを着ている。彼はスルタンの使者だ。

イッサカ師は緑の布張りの椅子に座っている。脇にはたわんだ本箱があり、革装のコーラン注釈書と、説教の草案を記したルーズリーフが収められている。彼は手のひらをそちらに向ける。「イスラムの教えでは、出産の間隔を空けてよいのは母親に健康上のリスクがあるときだけです。養うのが大変だからという口実で、産む子供の数を減らすとか子供を産むことをやめるというのは、イスラム教徒とアラーとの契約に背いています。アラーは子供は全員養うと約束してくださっているのです」

そう言って、彼は足元の厚手の革クッションに置かれたカップから茶を一口飲んだ。「アラーは、人間が神の教えを尊重すれば、人間の要求をすべて満たしてくださるでしょう。しかしアラーが示してくださった道から外れるようであれば、人間は罰せられます。それは幸福な結末ではありません」

しかし、幼い子供たちがどんな罪を犯したというのだろうか？　どうしてこの子供たちは苦しみ、死ななくてはならないのか？

「アラーの教えが言及しているのは、みだらな行為にふけって罪を犯した親です。明るい未来を望むのであれば正しい道に戻れ、という呼びかけです」

スルタンの使者は、ポータブルラジオが載った小さな黒いテーブルの脇に座ったまま返事をしない。「もちろん、それはわれわれ全員の痛みです」と、イッサカ師は続ける。「だからこそ、困っている人を手助けするようモスクで地域社会に呼びかけているのです」

イッサカ師は、自分の父親がマラディの指導者だった時代と比べ、人口が五倍になっていることは承知している。彼らがいる部屋も、かつては町の郊外の馬小屋だった。ところが、その郊外がいまでは町中《まちなか》になっている。「ある意味で、これは発展と進化の証しです。しかし別の面から見れば、拍手喝采するようなことではありません。人々は自然を守るべく行動していないからです。農地や牧草地は破壊されつつあります」

そのことと急増する人口とは関係はないのだろうか？　ずっとこの状態が続くとどうなるのだろうか？

「破滅です」。イッサカ師は事もなげに言う。導師が椅子にゆったりもたれると、スルタンの使者は姿勢を正し、うなずく。

「未来が危ないというのはわかっています。しかし人類滅亡の日を人間が遅らせることはできません。アラーはそのときをあらかじめ定められたと、ムハンマドは述べています」

そこから、埃っぽい街区をいくつか先に進む。もう一人の導師であるチャフィウ・イッサカが、自宅に付属した屋根のない小さなアルコーヴの真ん中で、高くまっすぐな背もたれの金属製の椅子に座っている。スルタンの使者が待機する低い木の長椅子以外は何もなく、泥れんがの壁にもしっくいは塗られていない。導師はサングラスをかけている。ぱりっとした白いガラビヤに反射するまぶしい光を避けるためだ。

「聖なるコーランによれば、家族に必要なものはアラーが支配しておられます。しかし、出産の間隔は二年以上空けるべきだともされています。母と子供の健康のためです。まだ最後の子供が乳離れしていないうちに、次の子供が生まれた家族が抱える問題を見てごらんなさい。コーランの教えに矛盾はありません」

では、なぜ多くの家庭で母親が疲弊し、飢えた子供たちが死んでいくのだろうか？

「人々がコーランの教えを守っていないからです。手に負えないことをアラーがわれわれに課すことはありません。しかし男たちは妻を四人まで持てるという部分しか注意しないのです。そして支えきれなくなると、問題が起こります」

適切な出産の間隔を空けるために、女性が人工的に避妊することは許されるのだろうか？

「われわれは説教とラジオ放送で、その必要性を訴えています」

現在、マラディには多くのモスクがある。二本の短いミナレットを持つ導師のモスクは、未舗装の道路を挟んで、彼と弟のライドゥン・イッサカ師が育ったこの家の真向かいにある。カトリック教会の場合と違い、イスラム教では教義を指導する中心的組織がない。それにしても、これほど根本的な問題で、兄弟である導師で大きく意見が異なるのはなぜだろうか？

兄のイッサカ師はこう説明する。「宗教にはさまざまな宗派があります。これだけ人間が増えれば、価値観も多様になるし、科学的な知識もたえず拡大しています。だから相反する意見も増加するのです」

ニジェールで字が読める人は全体のわずか四分の一で、女性では一五パーセントにすぎない。彼はNGOの調査結果に目を通してきた。小学校を卒業する女子生徒は一パーセントに満たないが、中学校に進んだ一握りの少女は、二人か三人しか子供を持たないのがふつうだ。それも健康な子供を。

「国民が教育を受ければ、ニジェールは農作物とウシだけに頼る必要がなくなります。ウランも石油も、鉄もあります。マラディには金《きん》まであるのです」

そのとおり。しかしスルタンの使者は、非識字者が圧倒的に多いこの国で、その資源がどうなっているかを知っている。フランスがウランを独占している。中国が石油目当てでやってきている。鉄の採掘に手を出そうとする国はまだない。金は、カナダの企業が裕福な首長数人の協力を得て採掘している。採掘されるとヘリコプターで首都にある空港にまっすぐ運ばれる。ニジェールの取り分がどれくらいなのか、誰も知らない。

導師は弟やほかの導師に会って、こうした問題や、苦しんでいる人々が必要なものについて話し合っている。「おたがいに理解し合っているように思えるのですが、話し合いが終わると、全員で話し合ったことを認めようとしない人が出てきます」

スルタンの使者は当惑している様子だ。

導師は片手を上げる。「ムハンマドは――彼の魂に平安あれ――イスラム教に多くの宗派が派生するのを予見しつつも、唯一の正しい宗派だけが天国へいたると言いました。もちろん、どの宗派も自分たちこそ正しい道を歩んでいると信じているのです」

マラディを東西に走る道路は、ニジェールの主要な――そしてほぼ唯一の――舗装された幹線道路だ。この道路はニジェールでも比較的緑が多い地帯を通っている。国内の人口の八五パーセントが住む地域だが、その大部分は、乾いた木の枝に風で飛んできた黒いビニールの切れ端が引っかかっているみすぼらしい土地だ。トウモロコシとコメの入った樽《たる》を車高の二倍まで積んだトラックが、ラクダの行列とロバの荷車の脇を通過する。しかし食料の大半は、この地にとどまることはない。人でごった返すナイジェリア南部では警備が不十分になってきたため、ヴェトナムからやってくる船荷主は強盗や追い剝ぎを避けるべく、いまではナイジェリア沿岸の大都市ラゴスではなく、ベナン共和国のコトヌーにある隣の港を利用している。積み荷をベナンからニジェールに運び、ナイジェリア人の買い主とはそこで落ち合うことにしているのだ。

ニジェールの南の国境近くでは、ナイジェリアのナンバープレートをつけた車が多い。というのも、ニジェールはほぼ全土でイスラム教が信仰されているとはいえ、神政国家ではないからだ。世俗主義を謳ったニジェール憲法は、一九六〇年まで宗主国だったフランスの憲法を範としている。したがって、イスラム教が浸透したナイジェリア北部とは異なり、イスラム法が施行されることはない。そのため、ナイジェリア男性が酒と売春婦を求めて北上してくるのだ。これは一九九〇年代とは逆の流れだ。当時は国際NGOが、HIVを防ぐためにニジェールでコンドームを配布していた。ニジェールの女性は、ナイジェリアに向かうトラック運転手の夫に、HIVに感染しないようにそのコンドームを渡したものだった。

幹線道路沿いで、ヒトコブラクダの群れを歩かせているぼろをまとった男性の多くは奴隷だ。奴隷の所有は、遊牧民の族長が衛星電話つきの豪奢《ごうしゃ》なテント生活を送っているニジェール北部ではさらにありふれている。しかし、奴隷は国全体に存在する。ニジェールで指折りの著名な学者、ゲイリー・カディル・アブデルカデル博士によれば、奴隷制度は二〇〇三年に違法になったにもかかわらず、ニジェールの人口の一〇パーセントは奴隷の身分にあるという。

「イスラム教では、誰かが誰かの奴隷になってはならないとされています。ムハンマドは奴隷を解放せよと促しました。われわれの宗教は、それ自体に無知であることによって守られているのです」と、アブデルカデル博士は言う。「奴隷は、運命を受け入れねばならない、神が天国の最終的な所有者であるように、主人が奴隷の所有者なのだと言われています。いつか天国で暮らしたいと願う者は誰でも神の意思を尊重しなければなりません。神の意思は主人を通して現れるとされます。奴隷は主人の目的をかなえるために仕えるのです」

その目的の一つは、さらに多くの奴隷を生み出すことだ。奴隷は経済を推進する力であり、ニジェールの高止まりする出生率を助長している。奴隷の子供はやはり奴隷なので、主人が奴隷を自分のきょうだいと、ひどい場合には自分の娘と交わらせることも珍しくない。二〇〇三年に奴隷制度が禁止されて奴隷市場はなくなったが、とりわけ若く美しい奴隷の娘は、裕福な男性が結婚を望んだ場合、花嫁として高値がつく。また、ある男性が女性を買って解放する資金がなくても、提示価格以下で結婚してその肉体を楽しむことができるが、この場合、彼女は奴隷の身分から解放されない。この取り決めでは、彼女が産んだ子供のうち事前に合意した人数が、仕えていた主人に奴隷として返される。

どの村でも、女性は次々と子供を産む。死んだ子供の数を上回るよう努めているのだ。世界最高を誇るニジェールの出生率を抑える唯一のものは、五〇年という平均寿命だ。マラディと首都ニアメーのあいだにあるタウア地区のマダウアという町で、緩やかにターバンを巻いたり汗がにじんだ丸帽子をかぶったりしている、白い顎ひげを生やした古老たちが、草葺き屋根がついた玄関の下に集まっている。新しい市長との初会合だ。市長は、ダイヤモンド柄の刺繡が施された丈の高い白い丸帽子をかぶっている。白と金という派手な格好をしたタウアのスルタンも同席している。男性陣からやや離れて、色とりどりのヘッドスカーフをかぶった女性たちが立っている。

彼らは、いまや永久に終わりそうにない干ばつについて話し合っている。

「四〇年前は一年に五カ月雨が降った。しかし二〇〇〇年以降、欧米が原因の気候変動のせいで雨がまったく降らなくなった。子供、ウシ、さらにはヤギまで死んだ。人々はナイジェリアに避難している。逆襲すべき敵もいないサヘルとの闘いから逃げていったのだ。どうすればいいのだろう」

欧米にも、暴走する気候を制御するテクノロジーはない。マダウアの男たちは、土地が養える規模まで人口を減らすよう、家族計画を考えてみたのだろうか？

男たちはどっと笑った。「ここではみんなに複数の妻がいるのです」と、四人の妻を持つスルタンが言う。

「畑の働き手をどうするかという問題が解決していないのに、父親に子供をつくるのをやめろとは言えません」と、白いターバンの古老が抗議する。

「アラーは子供の数だけ必要なものを与えてくださる」と、新市長が言う。「私自身、三三人の子がいます」

彼の絶倫ぶりはあまねく知られており、尊敬されている。だが、会合には不意に沈黙が訪れる。この土地はここにいる男たちが育った土地とはもはや同じでないことを、みながかみしめているようだ。昔は、生まれてきた子供全員に十分なスペースも草もあった。その後、たった二〇年で木々はなくなり、人間だけが残った。

「難しい時代になったものだ」と、スルタンが言う。「もしかしたら、いままでの考え方を変えなければいけないのかもしれませんな」

## 2　植民地独立後の後遺症

ニアメーの交通はまばらだ。輸送トラック、タクシー、プラスチック製の黄色い石油缶を積んだ牛車に混ざって、ときおり、国連児童基金（ＵＮＩＣＥＦ）、赤十字、欧州連合（ＥＵ）、国連食糧農業機関（ＦＡＯ）などのロゴをつけたＳＵＶが、衛星電話のアンテナを外に突き出して走っている。首都に漂う埃が、ニジェール川から立ち上るもやと混ざって厚く立ちこめているせいで、太陽はまるで、製造業の盛んな中国の都市の空に浮かぶ青白い円盤のようだ。だが、ニアメーには工場は一つもない。

国連と外資系の金・ウラン採掘企業が共用しているビルの一階のオフィスの壁に、マダム・マルティーヌ・カマチョは、アフリカのあらゆる国で行なってきたプロジェクトのポスターを貼っている。彼女はそれらの国々で国連人口基金（UNFPA）の仕事をしてきたのだ。あるポスターには「バランスの取れた家族を」とある。別のポスターには「わかっていれば、卒業まで待ったのに」とある。マダム・マルティーヌはフランス人だ。現在の任務が始まった二〇〇七年、ニジェールは人口増加率が世界最高との指摘を受け、現実的な人口政策を策定するよう国連に迫られていた。ニジェール政府が世界銀行に泣きつくと、世界銀行はなんらかの手を打つべくUNFPAと契約を結んだ。以前、官僚によって実施されていたプログラムでは、身体解剖図のフリップチャートと男女がセックスしている場面のビデオが使われていた。それまで公然とそんなものを見たことがなかったニジェール人に、それを見せたのだ。看護師が木製のペニスを使ってコンドームの装着法を実演しはじめると、見ていた人は逃げ出した。

マダム・マルティーヌによれば、二〇〇七年まで、避妊具を使っているニジェール人女性は五パーセントにすぎなかった。いまでも抵抗は大きい。女性は――もしくは夫は――往々にしてこう信じている。産児制限と子供の予防接種は、自分たちを不妊にし、人口が減りすぎて自衛できなくなったところで国土を略奪しようとする外国の陰謀だ、と。出産の間隔を空けることに関心がある女性がいても、薬草を入れた革製の魔よけを腰に巻いたり、木の根をすりつぶしたものをコーランの数節が刻まれた木製のボウルから飲んだりするしかなかった。

マダム・マルティーヌは首都であるこの町で、人口増加率が世界最高であることがなぜ問題なのかと、教育を受けた男性がたずねるのを耳にしてきた。一二六万七〇〇〇平方キロメートルの土地――ニジェールの面積は世界第二二位――に一五〇〇万人の国民しかいないのだから、国民が増えても多くの土地が残っている。ある調査では、ほとんどの国民は実のところ、子供の数を減らすのではなく、もっと子供が欲しいと思っているという結果が出た。女性は八人から九人、夫は一二人から一三人欲しがっている。

現在、避妊の受け入れ率は一六パーセントに上昇した。最も一般的なのはピルで、次が避妊注射だ。「私たちは一〇パーセントほど獲得したわけです。一番簡単な一〇パーセントです。あと四〇〇〇年すれば、全員が避妊具を欲しがるようになると思いますが」

残念ながら、PRODEMという名のこのプログラムの助成金は二〇一三年で打ち切られる。一方で、マダム・マルティーヌが心配しているのは、この地でイスラム原理主義が台頭しつつあり、そちらのほうが資金が潤沢そうなことだ。とはいえ、世界でも有数の優れた家族計画プログラムのうち二つは、イスラム教国のチュニジアとイランで実施されており、どちらの国も人口置換出生率を下回っていると、彼女は言う。

「チュニジアとイランでは、一二歳の少女が結婚を強制されることはありません」。女児が暴行されないように、あるいは欲望を抱えたまま成長しないように、ニジェールの親は初潮前に娘を婚約させることが多い。「チュニジアとイランでは、幼い娘を学校に通わせます。学校に行けばみんな字が読めるようになります。この土地の人はほとんど字が読めません」

とはいえ、HIV感染率は低下しているし、女性の割礼《かつれい》が依然として行なわれている国で、それを廃絶しようとする心強いプロジェクトもある。割礼手術を行なう者に金を与えて足を洗わせようというのだ。少女のクリトリスを切り取ったり、割礼の技術を頼りに陰唇《いんしん》を切除したりして一〇ドル相当の西アフリカ・フラン――あるいはヤギ一頭かニワトリ数羽――を稼ぐのをやめれば、ピーナツや家畜を売る商売を始める資金として一〇〇ドルがもらえるのだ。助産師として再訓練を受けている者もいる。しかし、家族計画については、マダム・カマチョはあまり楽観していない。

「ここニジェール、コートジボワール、ルワンダ、ブルンジ、コモロなど、これまで仕事をしたどの国も、家族計画を要請することはありませんでした。それをたえず主導しているのは国連や世界銀行などです。どの国も脅威に気づいていません。気づいているのは欧米だけです。ニジェールでは家族計画プログラムが策定されましたが、心の底では自分たちの問題ではないと思っているのです。形を取り入れただけなのです」

彼女が着任したとき、ニジェールの人口問題の責任者には三人の妻と二〇人の子供がいた。「彼にこう言いました。あなたは国民にどんなメッセージを伝えていると思いますか？　彼の返事は『Faites ce que je dis, mais ne faites pas ce que je fais（私のするとおりにではなく、言うとおりにせよ）』というものでした。頭に来ましたが、よくよく考えてみれば、私たち西洋人はアフリカで何をしてきたでしょう。汚染し、略奪したうえ、消費することを教え込んだのです。立派なお手本とはとても言えません」

ニアメーから五〇キロメートル南東に行くと、キリンの珍しい亜種であるナイジェリアキリンの最後の小さな群れが、過酷な黄色い砂漠で命をつないでいる。保護する監視員が、餌となるアカシアの苗木をニジェール川の岸から運んできて植えつづけるかぎり、ナイジェリアキリンは生き延びるかもしれない。自然界には人間以外にキリンを襲う動物が残っていないからだ。一九世紀半ば、ニジェールはライオン、アフリカスイギュウ、サル、サイ、レイヨウでまだあふれていたし、西アフリカ全体がキリンの生息地だった。ところが、フランスの植民地時代になると、銃器が伝来し、密猟が始まった。キリンは肉と皮を目当てに殺され、舌と性器は魔よけに利用された。ゆでたキリンの骨はペースト状の疲労回復剤に姿を変えた。二五歳になっても未婚の女性は、キリンのしっぽを浴槽の湯につけて男性を引きつけようとした。

ナイジェリアキリンがわずか一二〇頭まで減った一九九三年、あるＮＧＯが、辺りのサヴァンナの枯れ木を商品とする持続可能なビジネスを計画したところ、それが裏目に出てしまった。人々は生きた木を大量に切り倒し、枯らしてから売ったのだ。このため、餌がなくなったニジェールのナイジェリアキリンの数は五〇頭まで落ちこんだ。この群れを研究していたフランスの動物行動学者が、ナイジェリアキリンを救う運動を始めた。木の伐採は禁止され、ニジェールに生息する群れに、マリとナイジェリアを逃れてきたキリンが補充された。現在では、タイガーブッシュ［訳注：半砂漠地帯で見られる樹木や草の織りなす幾何学模様］やアカシアが徐々に復活してきたこともあり、ニジェールには約二五〇頭のナイジェリアキリンが生息している。しかし、周囲を取り囲むヤギの群れと共存しなければならない。かつてキリンがこの土地に逃げ込んだのは、このサヴァンナには人が住んでいなかったからだ。いまでは、キリンの視点である二〇フィート（約六メートル）近い高さから周囲を見渡すと、いたるところにわらぶき小屋がある。

キリンの保護区から三〇キロメートル南下すると、一九八九年に国際半乾燥地熱帯作物研究所（ICRISAT）が創設した五〇〇ヘクタールの実験農場がある。果てしなく広がる荒れ地を走り抜け、ICRISATの緑豊かな果樹園と畑に入ると、光合成がもたらす衝撃に打たれる。

ICRISATニジェール支部は、キビとピーナッツの収穫を増やすことを目指すプログラムと並行して、インド原産の干ばつに強いナツメの木を育てている。この木にはサヘルのリンゴと呼ばれる小さな実がなる。そのほかにもスーダンのタマリンドとエチオピアのモリンガを育てている。モリンガの葉をピーナッツと一緒にゆでると、牛乳の一〇倍のカルシウム、ほとんどの野菜を上回る量のビタミンAを摂取できる。遮光布のテントのなかでは、オクラ、ハイビスカス、ゴマ、暑さに強いトマトが、褐色のサヘルの土壌から茎を伸ばしている。熱に耐えられるイスラエルのレタスも植えられている。そのそばには、パパイヤとイスラエルのマンゴーが育っている（ICRISATニジェール支部のイスラエル人責任者は、イスラエル南部のネゲヴ砂漠で育つのであれば、ニジェールでも育つと考えている）。彼らは証拠として、フランス人が改良したものの、植民地時代のあとに消えてしまったおいしい自生種のタマネギを復活させた。ほかにもササゲ、オレンジ、ポメロー、タンジェロ、さらにナンヨウアブラギリ（中央アメリカ原産の低木で、油分の多い種を搾るとバイオディーゼル燃料になる）の群生がある。小道の両脇にはインドセンダンが植えられている。これは天然の防腐剤や虫よけになる。

開発中なのは砂漠に適したブドウとイチジクだ。ICRISATは最低限の農薬とごく少量の肥料だけで、この栄養分豊かなオアシスを創りあげた。一般的な畑に通常散布する窒素、リン、カリウムのわずか五分の一の量を植物の根に直接注入する。ICRISATには一五人の科学者、一〇〇人の現場技術者と支援職員、三〇〇人の作業員がいる。そしてもう一つ、ニジェールの貧弱な耕作地には珍しいものもある。深井戸だ。

ネゲヴ砂漠の場合と同じように、砂漠で食物を育てるのに必要なものは、技術的なノウハウ、重労働、水だけだ。ただ、雨はほとんど降らなくなってしまったし、降ったとしてもとんでもない時期に降る。二〇一〇年に始まった干ばつは三年後のいま、永遠に終わらない干ばつと呼ばれている。

「そのとおり」と、ICRISATに所属する水文学者のナヴィド・デジュワクは言う。「しかし、サヘル西部は膨大な水の上に載っているのです」

地表のすぐ下に、計り知れない水文学的可能性が秘められていると彼は言う――場所によっては、わずか三メートル下に。大半の水はごく浅いところにあるので、くみ上げるのに必要なのは太陽電池パネルのエネルギーだけだ。「またはスコップです。ふつうは信じられませんよね。植物を基準にしているとわかりません。ほとんどの木は伐採されてしまったからです」

彼の同僚たちは、国土のほぼ三分の二は食べ物を育てるのに適していると見ている。実際、ニジェール南部のNGOは、一九九〇年代初めからこの水を使って二億本もの木を植えてきた。五本に一本は気温上昇でやられてしまったため、この再緑化計画はごく一部の土地しかカバーできていないが、水がそこにあるという証拠になっている。

地下にある海洋は古代の降雨とニジェール川の沖積地下水からなっていると、デジュワクは言う。「ほとんど傾斜がない砂層に含まれているので、雨水を濾過するのに最適です。これだけの水がすべて現地の人々を待っているのかと思うと、驚いてしまいます。彼らは飢えずにすむのです」

デジュワクをはじめ、ICRISAT（CIMMYTとIRRIを傘下に置く国際農業研究コンソーシアムの一部）のメンバーの全員が、資金さえ工面できれば、すべての国民にとって十分な食物を育てられるだけの水がニジェールの土地の真下から得られると確信している。「間違いありません」

すべての国民ということは、現在のニジェール国民一六六〇万人分？

「そうです」

三〇年後、現在の増加率でいけば人口は五〇〇〇万人になるけれど、それでも問題ないと？

デジュワクの笑顔が消える。「五〇〇〇万人？」

そうです。

「五〇〇〇万人ですか」デジュワクの答えが慎重になる。「降雨量も減るでしょうし」彼は口をきゅっと結ぶ。「この膨大な水をもってしても、人口五〇〇〇万人となると深刻な問題が生じるでしょう」


（以下下巻）

# 索　引

※「-」は必ずしも語句としては登場しない場合もあるが、該当項目の話題が続いていることを示す。
※<　>は写真のページを示す。
※ ページ番号横の「n」は傍注を示す。
（編集部）

■数字・アルファベット

■い

■う



■え

■か

■さ



■し

■す

■せ

■そ



■た

■に



■ぬ



■ね

■ひ



■ふ

■へ

■ほ



■ま

■め



■も



■や



■ゆ



■よ

■れ



■ろ



■わ

# 参考文献

## 主要引用文献


Brown, Lester R. *Plan B: Rescuing a Planet Under Stress and a Civilization in Trouble.* New York: W. W. Norton & Company, 2003.（『プランB――エコ・エコノミーをめざして』レスター・R・ブラウン著、北城恪太郎監訳、ワールドウォッチジャパン、2004年）

———.*World on the Edge: How to Prevent Environmental and Economic Collapse.* London: Earthscan Publications, 2011.（『地球に残された時間――80億人を希望に導く最終処方箋』レスター・R・ブラウン著、枝廣淳子、中小路佳代子訳、ダイヤモンド社、2012年）

Brown, Lester R., et al. *Beyond Malthus.* New York: W. W. Norton & Company, 1999.（『環境ビッグバンへの知的戦略――マルサスを超えて』レスター・R・ブラウン他著、枝廣淳子訳、家の光協会、1999年［ワールドウォッチ21世紀環境シリーズ］）

Catton, William R. *Bottleneck: Humanity's Impending Impasse.* Bloomington, IN: Xlibris Corporation, 2009.

———.*Overshoot: The Ecological Basis of Revolutionary Change.* Champaign-Urbana: University of Illinois Press, 1982.

Cohen, Joel E. *How Many People Can the Earth Support?* New York: W. W. Norton & Company, 1995.（『新「人口論」――生態学的アプローチ』ジョエル・E・コーエン著、重定南奈子、瀬野裕美、高須夫悟訳、農山漁村文化協会、1998年）

Connelly, Matthew. *Fatal Misconception: The Struggle to Control World Population.* Cambridge, MA: Harvard University Press, 2008.

Daily, Gretchen C., ed. *Nature's Services: Societal Dependence on Natural Ecosystems.* Washington, DC: Island Press, 1997.

Department of Economic and Social Affairs, Population Division. *World Population Prospects: The 2010 Revision.* New York: United Nations, 2010 (Updated: April 15, 2011).（『国際連合世界人口予測―― 1960 → 2060』2010年改訂版、国際連合経済社会情報・政策分析局人口部編、原書房編集部訳、原書房、2011年）

Ehrlich, Anne H., and Paul R. Ehrlich. *The Dominant Animal: Human Evolution and the Environment.* Washington, DC: Island Press, 2008.

———. *The Population Explosion.* New York: Simon & Schuster, 1990.（『人口

が爆発する！——環境・資源・経済の視点から』ポール・R・エーリック、アン・H・エーリック著、水谷美穂訳、新曜社、1994年）

Ehrlich, Paul R. *The Population Bomb.* Cutchogue, NY: Buccaneer Books 1997.（『人口爆弾』ポール・R・エーリック著、宮川毅訳、河出書房新社、1974年）

Engelman, Robert. *More: Population, Nature, and What Women Want.* Washington, DC: Island Press, 2008.

Foreman, Dave. *Man Swarm and the Killing of Wildlife.* Durango, CO: Raven's Eye Press LLC, 2011.

Gilding, Paul. *The Great Disruption: Why the Climate Crisis Will Bring On the End of Shopping and the Birth of a New World.* New York: Bloomsbury Press, 2011.

Livi-Bacci, Massimo. *A Concise History of World Population.* Hoboken, NJ: John Wiley & Sons, 2012.

Longman, Phillip. *The Empty Cradle: How Falling Birthrates Threaten World Prosperity, and What to Do About It.* New York: Basic Books, 2004.

Lovelock, James. *The Vanishing Face of Gaia: A Final Warning.* New York: Basic Books, 2009.

Malthus, Thomas R. *An Essay on the Principle of Population: Text, Sources and Background, Criticism,* edited by Philip Appelman. New York: W. W. Norton & Company, 1976.

———. *Population: The First Essay.* Ann Arbor: University of Michigan Press, 1959.（『人口論』マルサス著、斉藤悦則訳、光文社、2011年ほか）

Mazur, Laurie, ed. *A Pivotal Moment: Population, Justice, and the Environmental Challenge.* Washington, DC: Island Press, 2009.

McKee, Jeffrey K. *Sparing Nature: The Conflict Between Human Population Growth and Earth's Biodiversity.* Piscataway, NJ: Rutgers University Press, 2003.

Pearce, Fred. *The Coming Population Crash: And Our Planet's Surprising Future.* Boston: Beacon Press, 2010.

Pimm, Stuart L. *A Scientist Audits the Earth.* Piscataway, NJ: Rutgers University Press, 2001.

Randers, Jørgen. *2052: A Global Forecast for the Next Forty Years.* White River Junction, VT: Chelsea Green Publishing, 2012.

Rees, W., and M. Wackernagel. *Our Ecological Footprint: Reducing Human Impact on the Earth.* Gabriola Island, BC: New Society Publishers, 1996.（『エコロジカル・フットプリント——地球環境持続のための実践プランニン

グ・ツール』マティース・ワケナゲル、ウィリアム・リース著、和田喜彦監訳・解題、池田真理訳、合同出版、2004 年）

Wilson, Edward O. *The Diversity of Life.* New York: W. W. Norton & Company, 1999.（『生命の多様性（上・下）』エドワード・O・ウィルソン著、大貫昌子、牧野俊一訳、岩波書店、2004 年）

———. *The Future of Life.* New York: Alfred A. Knopf, 2002.（『生命の未来』エドワード・O・ウィルソン著、山下篤子訳、角川書店、2003 年）

Worldwatch Institute. *Vital Signs 2012: The Trends That Are Shaping Our Future.* Washington, DC: Island Press, 2012.（『地球環境データブック――ワールドウォッチ研究所 2012-13』ワールドウォッチ研究所 企画編集、松下和夫監訳、ワールドウォッチジャパン、2013）

## 第一章　疲弊した土地が提起する四つの疑問――イスラエルとパレスチナ

### 書　籍

Benstein, Jeremy. *The Way Into Judaism and the Environment.* Woodstock, VT: Jewish Lights Publishing, 2006.

Bernstein, Ellen. *Splendor of Creation: A Biblical Ecology.* Berea, OH: The Pilgrim Press, 2005.

Colborn, Theo, et al. *Our Stolen Future: Are We Threatening Our Fertility, Intelligence, and Survival? ——A Scientific Detective Story.* New York: Penguin Books, 1997.（『奪われし未来』シーア・コルボーン、ダイアン・ダマノスキ、ジョン・ピーターソン・マイヤーズ著、長尾力訳、翔泳社、2001 年）

DellaPergola, Sergio. "Jewish Demography & Peoplehood: 2008," in *Facing Tomorrow: Background Policy Documents.* Jerusalem: The Jewish People Policy Planning Institute, 2008, pp. 231-50.

Hillel, Daniel. *The Natural History of the Bible: An Environmental Exploration of the Hebrew Scriptures.* New York: Columbia University Press, 2006.

Leshem, Y., Y. Yom-Tov, D. Alon, and J. Shamoun-Baranes. "Bird Migration as an Interdicipinary Tool for Global Cooperation," in *Aviation Migration,* edited by Peter Berthold, Eberhad Gwinner, and Edith Sonnenschein. Heidelberg and Berlin: Springer-Verlag, 2003, pp. 585-99.

Orenstein, Daniel E. "Zionist and Israeli Perspectives on Population Growth and Environmental Impact in Palestine and Israel," in *Between Ruin and Restoration: An Environmental History of Israel,* edited by Daniel E. Orenstein, Alon Tal, and Char Miller. Pittsburgh: University of Pittsburgh Press, 2013, pp. 82-105.

*Status of the Environment in the Occupied Palestinian Territory.* Bethlehem, Palestine: Applied Research Institute—Jerusalem (ARIJ), 2007.

Tal, Alon. *Pollution in a Promised Land: An Environmental History of Israel.* Berkeley: University of California Press, 2009.

Tolan, Sandy. *The Lemon Tree: An Arab, a Jew, and the Heart of the Middle East.* New York: Bloomsbury, 2007.

Vogel, Carole G., and Yossi Leshem. *The Man Who Flies With Birds.* Minneapolis: Kar-Ben Publishing, 2009.

Yom-Tov, Yoram, and Heinrich Mendelssohm. "Changes in the Distribution and Abundance of Vertebrates in Israel During the 20th Century," in *The Zoogeography of Israel,* Yoram Yom-Tov and E. Tchernov, editors. The Hague, Holland: Dr. W. Junk Publishers, 1988, pp. 515-48.

**記 事**

"After 1,000 Years, Israel Is Largest Jewish Center." Arutz Sheva7, May 1, 2005.

Allen, Lori, Vincent A. Brown, and Ajantha Subramanian. "Condemning Kramer." *Harvard Crimson,* April 19, 2010.

Beit Sourik Village Council v. The Government of Israel. HCJ 2056/04, Israel: Supreme Court, May 30, 2004. http://domino.un.org/unispal.nsf.

Bystrov, Evgenia, and Arnon Soffer. "Israel: Demography and Density 2007-2020." Chaikin Chair in Geostrategy, University of Haifa. May 2008.

Cairncross, Frances. "Connecting Flights." *Conservation in Practice,* vol. 7, no. 1 (2006): 14 -21.

Cunningham, Erin. "*Fertility Prospects in Israel: Ever Below Replacement Level?*" UN Population Expert Group Meeting on Recent and Future Trends in Fertility. November17, 2009.

———. "World Water Day: Thirsty Gaza Residents Battle Salt, Sewage." *Christian Science Monitor,* March 22, 2010.

Finkelstein, Yoram, Yael Dubowski, et al. "Organophosphates in Hula Basin: Atmospheric Levels, Transport, Degradation, Products and Neurotoxic Hazards in Children Following Low-Level Long Term Exposure." *Environment and Health Fund.* http://www.ehf.org.il/en/node/243.

Greenwood, Phoebe. "Israel Threatens to Cut Water and Power to Gaza in Tel Aviv." *Telegraph* (UK), November 27, 2011.

"Israel Tops Western World in Pesticide Use." Argo News, November 1, 2012. http:// news.agropages.com/News.

Jeffay, Nathan. "Sand for Sale: An Unusual Solution to Theft in the Negev."

*Jewish Daily Forward,* November 26, 2008.

Kaplan, M. M., Y. Goor, and E. S. Tiekel. “A Field Demonstration of Rabies Control Using Chicken Embryo Vaccine in Dogs.” *Bulletin of the World Health Organization,* vol. 10, no. 5 (1954): 743-52.

Kennedy, Marie. “7th Generation: Israel's War for Water.” *Progressive Planning Magazine,* no. 196 (Fall 2006): 2-6.

Klein, Jeff. “Martin Kramer, Harvard and the Eugenics of Zion.” *Counterpunch,* April 12, 2010.

Levy, Gideon. “The Threat of the ‘Demographic Threat.’ ” Haaretz, July 25, 2007.

Orenstein, Daniel. “Population Growth and Environmental Impact: Ideology and Academic Discourse in Israel.” *Population and Environment,* vol. 26, no. 1 (2004): 41-60.

“Palestine Denied Water.” BBC News, October 27, 2009.

*Philosophical Transactions of the Royal Society,* vol. 364, no. 1532 (October 2009): 2969-3124.

Prime Minister of Israel's Office. “Cabinet Approves Emergency Plan to Increase the Production of Desalinated Water.” Press release, January 30, 2011.

Rinat, Zafrir. “Panel Says Pesticides Are Harming People, Killing Birds.” Haaretz, October 20, 2009. http://www.haaretz.com/print-edition/news.

——— . “When Coverage of a Water Crisis Vanishes.” *Nieman Report,* 2005.

Rozenman, Eric. “Israeli Arabs and the Future of the Jewish State.” *Middle East Quarterly,* vol. 6, no. 3 (September 1999): 15-23. http://www.meforum.org/478.

Sanders, Edmund. “Israel Sperm Banks Find Quality Is Plummeting.” *Los Angeles Times,* August 15, 2012.

“The Separation Barrier in the West Bank.” B'Tselem——The Israeli Information Center for Human Rights in the Occupied Territories (map), February 2008.

Siegel-Itzkovich, Judy. “Birds on His Brain.” Science section, *Jerusalem Post,* November 6, 2005, p. 7.

Sontag, Debora. “Cramped Gaza Multiplies at Unrivaled Rates.” *New York Times,* February 24, 2000.

Tolan, Sandy. “It's the Occupation, Stupid.” *Le Monde Diplomatique,* English edition, September 26, 2011. http://mondediplo.com/openpage/it-s-the-occupation-stupid.

Turner, Michael, Nader Kahteeb, and Kalhed Nassar. *Crossing the Jordan: Concept Document to Rehabilitate, Promote Prosperity and Help Bring Peace to the Lower Jordan River Valley.* Amman, Bethlehem, and Tel Aviv: Eco Peace/ Friends of the Earth Middle East, March 2005.

Udasin, Sharon. "Israel Uses More Pesticides Than Any OECD Country." *Jerusalem Post,* November 1, 2012.

Wulfsohn, Aubrey. "What Retreat from the Territories Means for Israel's Water Supply." *Think-Israel* (website), March—April 2005. http://www.think-israel.org/wulfsohn.water.html.

Yom-Tov, Yoram, et al. "Cattle Predation by the Golden Jackal (*Canis avreus)* in the Golan Heights Israel." *Biological Conservation,* vol. 73 (1995): 19-22.

Yuval-Davis, Nira. "Bearers of the Collective: Women and Religious Legislation in Israel." *Feminist Review,* vol. 4 (1980): 15-27.

Zureik, Elia. "Demography and Transfer: Israel's Road to Nowhere." *Third World Quarterly,* vol. 24, no. 4 (2003): 619-30.

## 第二章　はち切れそうな世界——さまざまな限界

### 書　籍

Baird, Vanessa. *The No-Nonsense Guide to World Population.* Oxford: New Internationalist Guide Publication, 2011.

Bartlett, Albert A., Robert G. Fuller, and Vicki L. Plano Clark. *The Essential Exponential! For the Future of Our Planet.* Lincoln, NE: Center for Science, Mathematics & Computer Education, 2008.

Brown, Lester R. *Plan B: Rescuing a Planet Under Stress and a Civilization in Trouble.* New York: W. W. Norton & Company, 2003.（『プランB——エコ・エコノミーをめざして』レスター・R・ブラウン著、北城恪太郎監訳、ワールドウォッチジャパン、2004年）

———. *World on the Edge: How to Prevent Environmental and Economic Collapse.* London: Earthscan Publications, 2011.（『地球に残された時間——80億人を希望に導く最終処方箋』レスター・R・ブラウン著、枝廣淳子、中小路佳代子訳、ダイヤモンド社、2012年）

Connelly, Matthew. *Fatal Misconception: The Struggle to Control World Population.* Cambridge, MA: Harvard University Press, 2008.

Hartmann, Betsy. *Reproductive Rights and Wrongs: The Global Politics of Population Control.* Boston: South End Press, 1995.

Lovelock, James. *The Vanishing Face of Gaia: A Final Warning.* New York: Basic Books, 2009.

Mazur, Laurie, ed. *A Pivotal Moment: Population, Justice, and the Environmental Challenge.* Washington, DC: Island Press, 2009.

Pimm, Stuart L. *A Scientist Audits the Earth.* Piscataway, NJ: Rutgers University Press, 2001.

Randers, Jørgen. *2052: A Global Forecast for the Next Forty Years.* White River Junction, VT: Chelsea Green Publishing, 2012.

Rees, W., and M. Wackernagel. *Our Ecological Footprint: Reducing Human Impact on the Earth.* Gabriola Island, BC: New Society Publishers, 1996.（『エコロジカル・フットプリント――地球環境持続のための実践プランニング・ツール』マティース・ワケナゲル、ウィリアム・リース著、和田喜彦監訳・解題、池田真理訳、合同出版、2004 年）

Rosenzweig, Michael L. *Win-Win Ecology: How the Earth's Species Can Survive in the Midst of Human Enterprise.* New York: Oxford University Press, 2003.

Shankar Singh, Jyoti. *Creating a New Consensus on Population.* London: Earthscan Publications, 1998.

Simon, Julian. *The Ultimate Resource 2.* Princeton, NJ: Princeton University Press, 1998.

Worldwatch Institute. *Vital Signs 2012: The Trends That Are Shaping Our Future.* Washington, DC: Island Press, 2012.（『地球環境データブック――ワールドウォッチ研究所 2012-13』ワールドウォッチ研究所 企画編集、松下和夫監訳、ワールドウォッチジャパン、2013）

## 記　事

Angus, Ian, and Simon Butler. "Panic Over 7 Billion: Letting the 1% Off the Hook." *Different Takes,* no. 73 (Fall 2011).

Bartlett, Albert A. "Arithmetic, Population and Energy." Lecture, Global Public Media, August 29, 2004. http://old.globalpublicmedia.com/lectures/461.

———."Democracy Cannot Survive Overpopulation." *Population and Environment: A Journal of Interdisciplinary Studies,* vol. 22, no. 1 (September 2000): 63-71.

———, and Edward P. Lytwak. "Rejoinder to Daily, Ehrlich, and Ehrlich: Immigration and Population Policy in the United States." *Population and Environment: A Journal of Interdisciplinary Studies,* vol. 16, no. 6 (July 1995): 527-37.

———."Zero Growth of the Population of the United States." *Population and Environment: A Journal of Interdisciplinary Studies,* vol. 16, no. 5 (May 1995): 415-28.

Blackner, Lesley. "Existing Residents Should Guide Community Growth." *St. Petersburg Times,* guest column, May 3, 2004.

Brill, Richard. "Earth's Carrying Capacity Is an Inescapable Fact." *Honolulu Star-Advertiser,* November 5, 2012.

Carter, Jimmy. "Address to the Nation on Energy," April 18, 1977. Transcript and video. Miller Institute of Public Affairs, University of Virginia. http://millercenter.org/president/speeches/detail/3398.

Cave, Damien. "Florida Voters Enter Battle on Growth." *New York Times,* September 27, 2010. http://www.nytimes.com/2010/09/28.

Daily, Gretchen C., Anne H. Ehrlich, and Paul R. Ehrlich. "Response to Bartlett and Lytwak (1995): Population and Immigration Policy in the United States." *Population and Environment: A Journal of Interdisciplinary Studies,* vol. 16, no. 6 (July 1995): 521-27.

Fanelli, Daniele. "Meat Is Murder on the Environment." *New Scientist,* no. 2613, July 18, 2007.

Hartmann, Betsy. "10 Reasons Why Population Control Is Not the Solution to Global Warming." *Different Takes,* no. 57 (Winter 2009).

———. "Rebuttal to Chris Hedges: Stop the Tired Overpopulation Hysteria." AlterNet, March 13, 2009. http://www.alternet.org/authors/betsy-hartmann.

———."The Return of Population Control: Incentives, Targets, and the Backlash Against Cairo." *Different Takes,* no. 70 (Spring 2011).

Howard, Peter E. "Report Warns of State Growth to 101 Million." National/World section, *Tampa Tribune,* final edition, April 2, 1999, p. 1.

Jansen, Michael. "Palestinian Population Fast Approaching That of Israeli Jews." *Irish Times,* January 8, 2011.

Kennedy, Marie. "7th Generation Israel's War for Water." *Progressive Planning Magazine,* Fall 2006. http://www.plannersnetwork.org/publications/2006_Fall/kennedy.html.

Lori, Aviva. "Grounds for Disbelief." Haaretz, May 8, 2003.

Murtaugh, Paul A., and Michael G. Schlax. "Reproduction and the Carbon Legacies of Individuals." *Global Environmental Change,* vol. 19 (2009): 14-20.

Oldham, James. "Rethinking the Link: A Critical Review of Population-Environment Programs." A joint publication of the Population and Development Program at Hampshire College and the Political Economy Research Institute at the University of Massachusetts, Amherst, February 2006.

Owen, James. "Farming Claims Almost Half Earth's Land, New Maps Show."

*National Geographic News,* December 9, 2005.
Pearce, Fred. "The Overpopulation Myth." *Prospect Magazine,* March 8, 2010.
Population and Development Program at Hampshire College. "10 Reasons to Rethink 'Overpopulation.' " *Different Takes,* no. 40, Fall 2006.
Price of Sprawl Calculator website. http://www.priceofsprawl.com.
Rees, William. "Are Humans Unsustainable by Nature?" Trudeau Lecture at the Memorial University of Newfoundland, January 28, 2009.
Tripati, A. K., C. D. Roberts, and R. A. Eagle. "Coupling of $CO_2$ and Ice Sheet Stability Over Major Climate Transitions of the Last 20 Million Years." *Science,* vol. 326, no.5958 (December 2009): 1394-97. doi: 10.1126/science.1178296.
Weisman, Alan. "Harnessing the Big H." *Los Angeles Times Magazine,* September 25,1994.
Whitty, Julia. "The Last Taboo." *Mother Jones,* May/June 2010.

## 第三章 人員総数と食糧のパラドックス——エーリックとボーローグ

### 書 籍

Catton, William R. *Bottleneck: Humanity's Impending Impasse.* Bloomington, IN: Xlibris Corporation, 2009.
———.*Overshoot: The Ecological Basis of Revolutionary Change.* Champaign-Urbana: University of Illinois Press, 1982.
Coffey, Patrick. *Cathedrals of Science: The Personalities and Rivalries That Made Modern Science.* Oxford: Oxford University Press, 2008.
Engelman, Robert. *More: Population, Nature, and What Women Want.* Washington, DC: Island Press, 2010.
Malthus, Thomas R. *An Essay on the Principle of Population: Text, Sources and Background, Criticism,* edited by Philip Appelman. New York: W. W. Norton & Company, 1976.
———. *Population: The First Essay.* Ann Arbor: University of Michigan Press, 1959.（『人口論』マルサス著、斉藤悦則訳、光文社、2011 年ほか）
McCullough, David. *The Path Between the Seas: The Creation of the Panama Canal, 1870-1914,* reprint edition. New York: Simon & Schuster, 1978.（『海と海をつなぐ道——パナマ運河建設史』デーヴィッド・マカルー著、鈴木主税訳、フジ出版社、1986 年）
Nicholson, Nick. *I Was a Stranger.* New York: Sheed & Ward, 1972.
Pimentel, David, and Marcia Pimentel. *Food, Energy, and Society.* Boca Raton, FL: CRC Press, 2008.

Smil, Vaclav. *Enriching the Earth: Fritz Haber, Carl Bosch, and the Transformation of World Food Production.* Cambridge, MA: Massachusetts Institute of Technology Press, 2001.

Vallero, Daniel A. *Biomedical Ethics for Engineers: Ethics and Decision Making in Biomedical and Biosystem Engineering.* The Biomedical Engineering Series. Burlington, MA: Academic Press/Elsevier, 2007.

## 記 事

Ambrose, Stanley H. "Late Pleistocene Human Population Bottlenecks, Volcanic Winter, and Differentiation of Modern Humans." *Journal of Human Evolution,* vol. 34, no. 4 (1998): 623-51. doi: 10.1006/jhev.1998.0219.

Best, M., and D. Neuhauser. "Heroes and Martyrs of Quality and Safety: Ignaz Semmelweis and the Birth of Infection Control." *Quality Safe Health Care,* vol. 13 (2004): 233-34. doi:10.1136/qshc.2004.010918.

Bodnar, Anastasia. "Stress Tolerant Maize for the Developing World——Challenges and Prospects." Biology Fortified, Inc., website, The Biofortified Blog, March 20, 2010.

Borlaug, Norman. "Billions Served: An Interview with Norman Borlaug." Interviewed by Ronald Bailey. *Reason Magazine,* April 2000.

———.Nobel Peace Prize Acceptance Speech. Oslo, December 10, 1970. http://www.nobelprize.org/nobel_prizes/peace/laureates/1970/borlaug-acceptance.html.

Brown, Lester R. "Rising Temperatures Melting Away Global Food Security." Earth Policy Release, July 6, 2011. Adapted from *World on the Edge.* www.earthpolicy.org/book_bytes/2011/wotech4_ss3.

Canfield, Donald, Alexander Glazer, and Paul G. Falkowski. "The Evolution and Future of Earth's Nitrogen Cycle." *Science,* vol. 330, no. 6001 (October 2010): 192-96. doi: 10.1126/science.1186120.

Dighe, N. S., D. Shukla, R. S. Kalkotwar, R. B. Laware, S. B. Bhawar, and R. W. Gaikwad. "Nitrogenase Enzymes: A Review." *Der Pharmacia Sinica,* vol. 1, no. 2 (2010): 77-84.

Easterbrook, Gregg. "Forgotten Benefactor of Humanity." *Atlantic Monthly,* January 1997.

———. "The Man Who Defused the 'Population Bomb.'" *Wall Street Journal,* September 16, 2009.

Ehrlich, Paul R. "Homage to Norman Borlaug." *International Journal of Environmental Studies* (Stanford University), vol. 66, no. 6 (February 2009):

673-77.

Erisman, Jan Willem, Mark A. Sutton, James Galloway, Zbigniew Klimont, and Wilfried Winiwarter. "How a Century of Ammonia Synthesis Changed the World." *Nature Geoscience,* vol. 1 (October 2008): 636-39.

Fedoroff, N. V., et al. "Radically Rethinking Agriculture for the 21st Century." *Science,* vol. 327, no. 833 (2010): 833-34. doi: 10.1126/science.1186834.

Floros, John D., Rosetta Newsome, William Fisher, et al. "Feeding the World Today and Tomorrow: The Importance of Food Science and Technology." *Comprehensive Reviews in Food Science and Safety,* vol. 9, issue 5 (2010): 1-28. doi: 10.1111/ j.1541-4337.2010.00127.x.

Fryzuk, Michael D. "Ammonia Transformed." *Nature,* vol. 427 (February 2004): 498-99.

Godfray, H. C., et al. "Food Security: The Challenge of Feeding 9 Billion People." *Science,* vol. 327, no. 5867 (2010): 812-18.

Goran, Morris. "The Present-Day Significance of Fritz Haber." *American Scientist,* vol. 35, no. 3 (July 1947): 400-03.

Haber, Fritz. "The Synthesis of Ammonia from Its Elements." Lecture given June 2, 1920. From *Nobel Lectures, Chemistry 1901-1921.* Amsterdam: Elsevier Publishing Company, 1966.

Hanninen, O., M. Farago, and E. Monos. "Ignaz Philipp Semmelweis: The Prophet of Bacteriology." *Infection Control,* vol. 4, no. 5 (September/October 1983): 367-70.

Harpending, Henry C., et al. "Genetic Traces of Ancient Demography." *Proceedings of the National Academy of Science,* vol. 95, no. 4 (February 17, 1998): 1961-67.

Hawley, Chris. "Mexico's Capital Is a Sinking Metropolis." *Arizona Republic,* April 9, 2010.

Hopfenburg, Russell. "Human Carrying Capacity Is Determined by Food Availability." *Population and Environment,* vol. 25, no. 2 (November 2003): 109-17.

———, and David Pimentel. "Human Population Numbers as a Function of Food Supply." Minnesotans for Sustainability, March 6, 2001. http://www.oilcrash.com/population.htm.

Lobell, David B., Wolfram Schlenker, and Justin Costa-Roberts. "Climate Trends and Global Crop Production Since 1980." *Science,* vol. 333, no. 6042 (July 2011): 616-20. doi: 10.1126/science.1204531.

Madrigal, Alexis. "How to Make Fertilizer Appear out of Thin Air, Part I." *Wired,*

May 7, 2008. http://www.wired.com/wiredscience/2008/05/how-to-make-nit.

Mandaro, Laura. "Better Living Through Chemistry; Innovate: Bullion Cubes, Fertilizer and Aspirin? Credit Justus von Liebig." *Investors,* June 3, 2005. http://news.investors.com/06/03/2005.

Matchett, Karin. "Scientific Agriculture Across Borders: The Rockefeller Foundation and Collaboration Between Mexico and the U.S. in Corn Breeding." PhD diss., University of Minnesota, 2001.

McNeily, A. S. "Neuroendocrine Changes and Fertility in Breast-Feeding Women." *Progress in Brain Research,* vol. 133, (2001): 207-14.

Morishima, Hiroko. "Evolution and Domestication of Rice," in *Rice Genetics IV,* proceedings of the Fourth International Rice Genetics Symposium, October 2000, edited by G. S. Khush et al. Enfield, NH: Science Publishers, 2001, pp. 22-27.

Nolan, Tanya. "Population Boom Increasing Global Food Crisis." ABC (Australia), May 4, 2011.

Ortiz, Rodomiro, et al. "Dedication: Norman E. Borlaug, the Humanitarian Plant Scientist Who Changed the World." *Plant Breeding Reviews,* vol. 28 (2007).

Reynolds, Matthew P. "Wheat Warriors: The Struggle to Break the Yield Barrier." *CIMMYT E-News,* vol. 6, no. 6 (October 2009).

———, ed. "Climate Change and Crop Production." International Maize and Wheat Improvement Center, 1996.

———, and N. E. Borlaug. "Centenary Review: Impacts of Breeding on International Collaborative Wheat Improvement." *Journal of Agricultural Science* (Cambridge University Press), vol. 144 (2006): 3-17.

Reynolds, Matthew P., et al. "Raising Yield Potential of Wheat. I. Overview of a Consortium Approach and Breeding Strategies." *Journal of Experimental Botany,* October 15, 2010: 1-14. doi:10.1093/jxb/erq311.

Ritter, Steven K. "The Haber-Bosch Reaction: An Early Chemical Impact on Sustainability." *Chemical & Engineering News,* vol. 86, no. 33 (August 18, 2008).

Ronald, Bailey. "Norman Borlaug: The Greatest Humanitarian." *Forbes,* September 14, 2009. http://www.forbes.com/2009/09/14/norman-borlaug-green-revolution-opinions-contributors-ronald-bailey.html.

Singh, Salil. "Norman Borlaug: A Billion Lives Saved, a World Connected." *AgBioWorld.* http://www.agbioworld.org/biotech-info/topics/borlaug/special.html.

Skorup, Jarrett. "Norman Borlaug: An American Hero." *Men's News Daily,*

December 30, 2009. http://mensnewsdaily.com/2009/12/30/norman-borlaug-an-american-hero.

Smil, Vaclav. "Detonator of the Population Explosion." *Nature,* vol. 400 (July 1999): 415.

Smith, Barry E. "Nitrogenase Reveals Its Inner Secrets." *Science,* vol. 297, no. 5587 (September 2002): 1654-55.

Stevens, Emily E., Thelma E. Patrick, and Rita Pickler. "A History of Infant Feeding." *Journal of Perinatal Education,* vol. 18, no. 2 (Spring 2009): 32-39.

U.S. Census Bureau, Current Population Reports. "Longevity and Health Characteristics," in *65+ in the United States: 2005.* Washington, DC: U.S. Government Printing Office, 2005. www.census.gov/prod/1/pop/p23-190/p23190-g.pdf.

Vidal, John. "UN Warns of Looming Worldwide Food Crisis in 2013." *Observer* (UK), October 13, 2012.

Wall, J. D., and M. Przeworski. "When Did the Human Population Size Start Increasing?" *Genetics,* vol. 155, no. 4 (2000): 1865-74.

Wigle, Donald T. "Safe Drinking Water: A Public Health Challenge." *Chronic Diseases in Canada,* vol. 19, no. 3 (1998): 103-07.

*World Economic and Social Survey 2011: The Great Green Technological Transformation.* New York: United Nations, 2011.

World Health Organization. *Malaria, Fact sheet N° 94,* January 2013. http://www.who.int/mediacentre/factsheets/fs094/en.

## 第四章　人口扶養能力と揺りかご——地球にとっての適正数

### 書　籍

Asbell, Bernard. *The Pill: A Biography of the Drug That Changed the World.* New York: Random House, 1995.

Belton, Tom. "Eugenics Board," in *Encyclopedia of North Carolina,* edited by William S. Powell and Jay Mazzocchi. Chapel Hill: University of North Carolina Press, 2006.

Brandt, Allan M. *No Magic Bullet: A Social History of Venereal Disease in the United States Since 1880.* Oxford: Oxford University Press, 1985.

Brown, Lester R., et al. *Beyond Malthus.* New York: W. W. Norton & Company, 1999.（『環境ビッグバンへの知的戦略——マルサスを超えて』レスター・R・ブラウン他著、枝廣淳子訳、家の光協会、1999年［ワールドウォッチ21世紀環境シリーズ］）

Buchmann, Stephen L., and Gary Paul Nabhan. *The Forgotten Pollinators.*

Washington, DC: Island Press, 1996.
Connors, R. J. *The Coming Extinction of Humanity: Six Converging Crises That Threaten Our Survival.* CreateSpace, 2010.
Ehrlich, Anne H., and Paul R. Ehrlich. *The Dominant Animal: Human Evolution and the Environment.* Washington, DC: Island Press, 2008.
———. *The Population Explosion.* New York: Simon & Schuster, 1990.（『人口が爆発する！——環境・資源・経済の視点から』ポール・R・エーリック、アン・H・エーリック著、水谷美穂訳、新曜社、1994年）
Ehrlich, Paul R. *The Population Bomb.* New York: Sierra Club/Ballantine, 1968.（『人口爆弾』ポール・R・エーリック著、宮川毅訳、河出書房新社、1974年）
———, and Anne H. Ehrlich. *Extinction: The Causes and Consequences of the Disappearance of Species.* New York: Random House, 1981.（『絶滅のゆくえ——生物の多様性と人類の危機』ポール・R・エーリック、アン・H・エーリック、戸田清、原子和恵、青木玲訳、新曜社、1992年）
Ehrlich, Paul R., John P. Holdren, and Anne H. Ehrlich. *Ecoscience: Population, Resources, Environment.* San Francisco: W. H. Freeman & Co., 1977.
Foreman, Dave. *Man Swarm and the Killing of Wildlife.* Durango, CO: Raven's Eye Press, 2011.
Gordon, Linda. *The Moral Property of Women: A History of Birth Control Politics in America.* Champaign-Urbana: University of Illinois, 2007.
López, Iris. *Matters of Choice: Puerto Rican Women's Struggle for Reproductive Freedom.* Piscataway, NJ: Rutgers University Press, 2008.
McClory, Robert. *Turning Point: The Inside Story of the Papal Birth Control Commission, & How* Humanae Vitae *Changed the Life of Patty Crowley and the Future of the Church.* New York: Crossroad, 1995.
McKee, Jeffrey K. *Sparing Nature: The Conflict Between Human Population Growth and Earth's Biodiversity.* Piscataway, NJ: Rutgers University Press, 2003.
Myers, Norman. *A Wealth of Wild Species: Storehouse for Human Welfare.* Boulder, CO: Westview Press, 1983.
Stern, Alexandra. *Eugenic Nation: Faults and Frontiers of Better Breeding in Modern America.* Berkeley: University of California Press, 2005.

## 記　事

Back, Kurt W., Reuben Hill, and J. Mayone Stycos. "The Puerto Rican Field Experiment in Population Control." *Human Relations,* vol. 10 (November

1957): 315-34.

Camp, S., and S. Conly. "Population Policy and the 'Earth Summit' : The Passages of History." *Imbonezamuryango,* no. 25 (December 1992): 29-31.

Campbell Madison, Martha. "Schools of Thought: An Analysis of Interest Groups Influential in Population Policy." *Population and Environment,* vol. 19, no. 6 (November 1998): 487-512.

Cardinale, Bradley J., Kristin L. Matulich, David U. Hooper, et al. "The Functional Role of Producer Diversity in Ecosystems." *American Journal of Botany,* vol. 98, no. 3 (2011): 572-92. doi:10.3732/ajb.1000364.

Carranza, María. "A Brief Account of the History of Family Planning in Costa Rica," in *Demographic Transformations and Inequalities in Latin America: Historical Trends and Recent Patterns,* edited by Suzana Cavenaghi. Rio de Janeiro: Latin American Population Association, 2009, pp. 307-14.

Committee for Puerto Rican Decolonization. "35% of Puerto Rican Women Sterilized." Chicago Women's Liberation Union, Herstory Archive, ca. 1970.

Daily, Gretchen C., Anne H. Ehrlich, and Paul R. Ehrlich. "Optimum Human Population Size." *Population and Environment: A Journal of Interdisciplinary Studies,* vol. 15, no. 6 (July 1994): 469-75.

Daily, Gretchen C., Gerardo Ceballos, Jesús Pacheco, Gerardo Suzán, and Arturo Sánchez-Azofeifa. "Countryside Biogeography of Neotropical Mammals: Conservation Opportunities in Agricultural Landscapes of Costa Rica." *Conservation Biology,* vol. 17, no. 6 (December 2003): 1814-26.

Ehrlich, Paul R., and Gretchen C. Daily. "Red-Naped Sapsuckers Feeding at Willows: Possible Keystone Herbivores." *American Birds,* vol. 42, no. 3 (Fall 1988): 357-65.

———. "Sapsuckers at Work." *Whole Earth,* no. 93 (Summer 1998): 24-26.

Ehrlich, Paul R., and John P. Holdren. "Hidden Effects of Overpopulation." *Saturday Review,* August l, 1970: 52.

———. "The People Problem." *Saturday Review,* July 4, 1970: 42-43.

———. "Population and Panaceas: A Technological Perspective." *BioScience,* vol. 19, no.12 (December 1969): 1065-71.

Ehrlich, Paul R., and Brian Walker. "Rivets and Redundancy." *BioScience,* vol. 48, no. 5(May 1998): 1-2.

Fox, James W. "Real Progress: Fifty Years of USAID in Costa Rica." Center for Development Information and Evaluation, U.S. Agency for International Development, November 1998.

———. "U.S. Aid to Costa Rica: An Overview." Center for Development

Information and Evaluation, U.S. Agency for International Development, March 1996. pdf.usaid.gov/pdf_docs/PDACK960.pdfSimilar 1996.

Fuentes, Annette. "They Call It La Operación." *New Internationalist,* vol. 176 (October1987). http://www.newint.org/features/1987/10/05/call.

Goldberg, Michelle. "Holdren's Controversial Population Control Past." *American Prospect,* July 21, 2009. http://prospect.org/article/holdrens-controversial-population-control-past.

Gunson, Phil. "Obituary of Jose Figueres: The Wealthy 'Farmer-Socialist' Who Turned Costa Rica into a Welfare State." *Guardian* (UK), June 13, 1990.

Hertsgaard, Mark P. "Still Ticking." *Mother Jones,* vol. 18, no. 2 (March/April 1993): 20.

Holdren, John P. "Population and the Energy Problem." *Population and Environment,* vol. 12, no. 3 (Spring 1991): 231-55.

"John Holdren, Obama's Science Czar, says: Forced Abortions and Mass Sterilization Needed to Save the Planet." Zombie Time website. http://zombietime.com/john_holdren.

Kenny, Charles. "An Aging Population May Be What the World Needs." *Bloomberg Businessweek,* February 7, 2013.

Krase, Katherine. "Sterilization Abuse." Newsletter of the National Women's Health Network, January/February 1996. http://www.ourbodiesourselves.org/book/companion.asp?id=18&compID=55.

La Federación Alianza Evangélica Costarricense. "Lista de Afiliados." http://www.alianzaevangelica.org/index_6.html.

Lakshmanan, Indira A. R. "Evangelism Is Luring Latin America's Catholics: Charismatic Sects Focus on Earthly Rewards." *Boston Globe,* May 8, 2005.

Marks, Lara. "Human Guinea Pigs? The History of the Early Oral Contraceptive Clinical Trials." *History and Technology: An International Journal,* vol. 15, no. 4 (1999): 263-88.

McCormick, Katharine. Katharine McCormick to Margaret Sanger, June 19, 1954. In *Women's Letters: America from the Revolutionary War to the Present,* edited by Lisa Grunwald and Stephen J. Adler. New York: Dial Press, 2005.

Mears, Eleanor, and Ellen C. G. Grant. "'Anovlar' as an Oral Contraceptive." *British Medical Journal,* vol. 2, no. 5297 (July 1962): 75-79.

Mendelsohn, Everett. "The Eugenic Temptation: When Ethics Lag Behind Technology." *Harvard Magazine,* March—April 2000.

Moenne, María Elena Acuña. "Embodying Memory: Women and the Legacy of the Military Government in Chile." *Feminist Review* (London), no. 79 (March

2005): 150.

"Obama's Science Czar Does Not Support Coercive Population Control." Catholic News Agency, July 15, 2009.

Pacheco, Jesús, Gerardo Ceballos, Gretchen C. Daily, Paul R. Ehrlich, Gerardo Suzán, Bernal Rodríguez-Herrera1, and Erika Marcé. "Diversidad, Historia Natural y Conservación de los Mamíferos de San Vito de Coto Brus, Costa Rica." *Revista de Biología Tropical* (San José), vol. 54, no. 1 (March 2006): 219-40.

Paul VI. "Humanae Vitae." Encyclical letter on the regulations of birth control, May 1, 1968.

"The Pill." *The American Experience,* February 24, 2003. http://www.pbs.org/wgbh/amex/pill/peopleevents/e_puertorico.html.

Planned Parenthood Federation of America. *A History of Birth Control Methods.* Report published by Katharine Dexter McCormick Library, November 2006.

Rodis, Rodel. "Papal Infallibility." *Inquirer Global Nation,* June 25, 2011.

Samuel, Anand A. "FDA Regulation of Condoms: Minimal Scientific Uncertainty Fuels the Moral Conservative Plea to Rip a Large Hole in the Public's Perception of Contraception." Third-Year Paper. Harvard Law School, May 2005.

Sanger, Margaret. "A Question of Privilege." *Women United,* October 1949: 6-8.

———. *Family Limitations.* New York: s.n., 1917, available online at http://archive.lib.msu.edu/DMC/AmRad/familylimitations.pdf.

Shaw, Russell. "Church Birth Control Commission Docs Unveiled." *Our Sunday Visitor Newsweekly,* February 27, 2011.

Smail, J. Kenneth."Beyond Population Stabilization: The Case for Dramatically Reducing Global Human Numbers." *Politics and the Life Sciences,* vol. 16, no. 2 (September 1997), 183-192.

———."Confronting a Surfeit of People: Reducing Global Human Numbers to Sustainable Levels," *Environment, Development and Sustainability,* vol. 4, no. 1 (2002): 21-50.

Strong, Maurice. Earth Summit address to the United Nations Conference on Environment and Development (UNCED), Rio de Janeiro, June 1992.

Swomley, John M. "The Pope and the Pill." *Christian Social Action,* February 1998: 12.

Vázquez Calzada, José L., and Zoraida Morales del Valle. "Female Sterilization in Puerto Rico and Its Demographic Effectiveness." *Puerto Rico Health Sciences Journal,* vol. 1, no. 2 (June 1982): 68-79.

Vidal, John. "Rio+20: Earth Summit Dawns with Stormier Clouds than in 1992." *Guardian* (UK), June 19, 2012.

Virgo, Paul. "Biodiversity: Not Just About Tigers and Pandas." Inter Press Service, May 23, 2010.

Zucchino, David. "Forced Sterilization Worth $50,000, North Carolina Panel Says." *Los Angeles Times,* January 10, 2012.

## 第五章　島の世界——イギリス

### 書　籍

Ali, A. Yusuf. *An English Interpretation of the Holy Koran.* Bensenville, IL: Lushena Books, 2007.

Coale, Ansley J., and Susan Cotts Watson, eds. *The Decline of Fertility in Europe.* Princeton, NJ: Princeton University Press, 1986.

Longman, Phillip. *The Empty Cradle: How Falling Birthrates Threaten World Prosperity and What to Do About It.* New York: Basic Books, 2004.

Pearce, Fred. *The Coming Population Crash: And Our Planet's Surprising Future.* Boston: Beacon Press, 2010.

### 記　事

Allen, Jr., John L. "Synod Notebook: Video on Islam Rocks the House." *National Catholic Reporter,* October 15, 2012.

Anastasaki, Erasmia. *Running Up a Down Escalator.* MSc diss., commissioned by Population Matters, September 2010. http://populationmatters.org/documents/escalator_summary.pdf.

Attenborough, David. "People and Planet." RSA President's Lecture 2011. Royal Society for the Encouragement of Arts, Manufactures and Commerce, March 11, 2011.

Beckford, Martin. "Foreigners and Older Mothers Drive Biggest Baby Boom Since1972." *Daily Telegraph* (UK), July 14, 2011.

"BNP Leader Charged with Race Hate." BBC News, April 6, 2005.

Borland, Sophie. "Schoolgirls of 13 Given Contraceptive Implants." *Daily Mail* (UK), February 8, 2012.

Davey, E., acting chair: Optimum Population Trust. "Think-Tank Urges Population Inquiry by Government." News release, January 5, 2009. http://populationmatters.org/2009/press/thinktank-urges-population-inquiry-government.

DeParle, Jason. "The Anti-Immigration Crusader." *New York Times,* April 17,

2011.

Desvaux, Martin. "The Sustainability of Human Populations: How Many People Can Live on Earth." *Significance,* vol. 4, no. 3 (September 2007): 102-07. http://population matters.org/documents/sustainable_populations.pdf. Accessed: June 2009.

———. "Towards Sustainable and Optimum Populations." Optimum Population Trust, April 8, 2008. http://www.populationmatters.org/documents.

Doughty, Steve. "One in Three Babies Born Today 'Will Live for at Least 100 Years.'" *Daily Mail* (UK), March 27, 2012.

Doward, Jamie. "British Farming in Crisis as Crop Losses from 'Relentless' Floods Pile Up Woes." *Observer* (UK), February 23, 2013.

Fairlie, Simon. "Can Britain Feed Itself?" *The Land Magazine,* no. 4 (Winter 2007-2008): 18-26.

Ferguson, Andrew, ed. "2nd Footprint Forum, Part II: Ethics of Carrying Capacity." *Optimum Population Trust Journal,* vol. 3, no. 2 (October 2003).

Forum for the Future. *Growing Pains: Population and Sustainability in the UK.* June 2010.

Gillis, Justin, and Celia W. Dugger. "U.N. Forecasts 10.1 Billion People by Century's End." *New York Times,* May 3, 2011.

Griffin, Nick. "A Right Menace." *Independent,* May 23, 2009.

Guillebaud, J. "Youthquake: Population, Fertility and Environment in the 21st Century." Optimum Population Trust, 2007.

———, and Hayes P. "Editorial: Population Growth and Climate Change." *British Medical Journal,* vol. 337 (2008): 247-48.

"Inside Out/West Midlands: Report on Sharia Law." *BBC Home,* January 20, 2009.

Islamic Foundation for Ecology and Environmental Sciences. *EcoIslam,* no. 8, June 2011.

Johnson, Wesley. "UK Population 'Largest in Western Europe by 2050.'" *Independent* (UK), July 30, 2010.

Kaiser, Jocelyn. "10 Billion Plus: Why World Population Projections Were Too Low." *Science/ScienceInsider,* May 4, 2011. http://news.sciencemag.org/scienceinsider/2011/05/10-billion-plus-why-world-population.html.

Khalid, Fazlun M. "Guardians of the Natural Order." *One Planet Magazine,* August 1996.

———. "Islam and the Environment," in *Social and Economic Dimensions of Global Environmental Change.* Vol. 5 of *Encyclopedia of Global Environmental*

*Change.* Chichester, UK: John Wiley & Sons, 2002, pp. 332-39.

———. "The Copenhagen Syndrome." *Globalia Magazine,* December 1, 2010.

Knight, Richard. "Debunking a YouTube Hit." BBC News, August 7, 2009.

Levitt, Tom. "Chief Scientist Refutes Fred Pearce's Bad Logic About Population and Environment." *Ecologist,* February 14, 2012. http://www.theecologist.org/News.

Martin, Roger. "Population, Environment and Conflict." Population Matters, paper presented at the African Population Conference in Ougadougou, organized by the Union for African Population Studies (UAPS). UAPS, 2011.

McDougall, Rosamund. "The UK's Population Problem." Optimum Population Trust, 2003, updated 2010.

Morris, Steven, and Martin Wainwright. "BNP Leader Held by Police over Racist Remarks." *Guardian* (UK), December 14, 2004.

Murray, Douglas. "It's Official: Muslim Population of Britain Doubles." Gatestone Institute website, December 21, 2012. http://www.gatestoneinstitute.org/3511.

"Muslim Demographics." YouTube video. Posted by friendofmuslim, March 30, 2009. http://www.youtube.com/watch?v=6-3X5hIFXYU.

Myhrvold, N. P., and K. Caldeira. "Greenhouse Gases, Climate Change and the Transition from Coal to Low-Carbon Electricity." *Environmental Research Letters,* vol. 7 (2012): 1-8.

Nicholson-Lord, David. "The Fewer the Better." *New Statesman,* November 8, 2004.

Optimum Population Trust. "Britain Overpopulated by 70 Percent." Press release, February 18, 2008.

———. "Population Projections," June 3, 2009.

"People and the Planet." Report for the Royal Society Science Policy Centre, London. Final report, April 26, 2012.

Pipes, Daniel. "Predicting a Majority-Muslim Russia." Lion's Den (blog), *Daniel Pipes: Middle East Forum,* August 6, 2005. http://www.danielpipes.org/blog/2005/08.

"School Children Offered Contraceptive Implants." BBC News, Health, February 8, 2012. http://www.bbc.co.uk/news/health-16951331.

Snopes.com. "Muslim Demographics." Uban Legends Reference Pages, last updated April 2009. http://www.snopes.com/politics/religion/demographics.asp.

Swinford, Steven. "Contraceptive Implants and Injections for Schoolgirls Treble."

*Telegraph* (UK), October 30, 2012.
———. "Girls of 13 Given Birth Control Jab at School Without Parents' Knowledge." *Telegraph* (UK), October 28, 2012.
"UK Muslim Population Doubled in a Decade." PressTV, December 22, 2012.
United Kingdom Office for National Statistics, "What Are the Chances of Surviving to Age 100?" Historic and Projected Mortality Data (1951-2060) from the UK Life Tables, 2010-based, March 26, 2012.
Vaïsse, Justin. "Eurabian Follies." *Foreign Policy,* January/February 2010.
Vaughan, Adam. "UK's Year of Drought and Flooding Unprecedented, Experts Say." *Guardian* (UK), October 18, 2012.
Ware, John. "What Happens If Britain's Population Hits 70m?" *BBC Panorama,* April 19, 2010.
Whitehead, Tom. "Immigration Drives UK's Population Boom." *Telegraph* (UK), July 1, 2011.
———. "Women Wait Until 29 and Settle for Fewer Children." *Telegraph* (UK), September 24, 2010.
Wiley, David. "Letter: Optimum Population." *New Scientist,* no. 1944, September 24, 1994.
Wire, Thomas. *Fewer Emitters, Lower Emissions, Less Cost: Reducing Future Carbon Emissions by Investing in Family Planning: A Cost/Benefit Analysis.* London School of Economics, Operational Research. Sponsored by Optimum Population Trust, August 2009.

## 第六章　教皇庁——ヴァチカンとイタリア

### 書　籍

Department of Economic and Social Affairs, Population Division. *World Population Prospects: The 2010 Revision.* New York: United Nations, 2010 (Updated: April 15, 2011).（『国際連合世界人口予測—— 1960 → 2060』2010年改訂版、国際連合経済社会情報・政策分析局人口部編、原書房編集部訳、原書房、2011年）
Hasler, August. *How the Pope Became Infallible: Pius IX and the Politics of Persuasion.* New York: Doubleday, 1981.
Keilis-Borok, V. I., and M. Sánchez Sorondo, eds. *Science for Survival and Sustainable Development: Proceedings of Study Week 12-16 March 1999.* Vatican City: Scripta Varia 98, 2000.
Krause, Elizabeth L. *A Crisis of Births: Population Politics and Family-Making in Italy* (*Case Studies on Contemporary Social Issues*). Belmont, CA: Thomson/

Wadsworth, 2005.
———.*Unraveled: A Weaver's Tale of Life Gone Modern.* Berkeley: University of California Press, 2009.
Livi-Bacci, Massimo. *A Concise History of World Population.* Hoboken, NJ: John Wiley & Sons, 2012.
Losito, Maria. *The Casina Pio IV in the Vatican: Historical and Iconographic Guide.* Vatican City: Pontifical Academy of Sciences, 2010.
Maguire, Daniel C. *Sacred Choices: The Right to Contraception and Abortion in Ten World Religions.* Minneapolis: Fortress Press, 2001.
McClory, Robert. *Turning Point: The Inside Story of the Papal Birth Control Commission.* New York: Crossroad, 1995.
Mumford, Stephen. *American Democracy and the Vatican: Population Growth and National Security.* Washington, DC: American Humanist Association, 1984.
Pontifical Academy of Sciences. *Popolazione e Risorse* [*Population and Resources*]. Vatican City: Vita e Pensiero, 1994.
Seewald, Peter, and Pope Benedict XVI. *Light of the World: The Pope, the Church and the Signs of Times.* Translated by Michael J. Miller and Adrian J. Walker. San Francisco: Ignatius Press, 2010.
Tanner, Norman, and Guiseppe Albergio, eds. *Decrees of the Ecumenical Councils.* Washington, DC: Georgetown University Press, 1990.

## 記 事

Allen Jr., John L. "Vatican Studies Genetically Modified Crops." *National Catholic Reporter,* May 18, 2009.
Benedict XVI. *Caritas in Veritate:* Encyclical Letter on Integral Human Development in Charity and Truth. June 29, 2009.
"Berlusconi Investigated in Teen Dancer Case." Associated Press, January 14, 2011.
"Berlusconi's 'Party Girls' Driven by Ambitious Parents." Agence France-Presse, January 20, 2011.
Bruni, F. "Persistent Drop in Fertility Reshapes Europe's Future." *New York Times,* December 26, 2002.
Capparella v. E.N.P.A, Civil Court of Rome, February 11, 2009. Conciliation Report, p. 392.
Carr, David. "The Bible Is Pro-Birth Control." *Reader Supported News,* March 8, 2012. http://readersupportednews.org/opinion2/295-164/10356-the-bible-Is-

pro-birth-control.
Catholics for Choice. "Truth and Consequence: A Look Behind the Vatican's Ban on Contraception," 2008.
Colonnello, Paolo. "Gli Amici Serpenti del Cavaliere." LaStampa.it, January 19, 2011. http://www.lastampa.it/2011/01/19/italia/politica/gli-amici-serpenti-del-cavaliere-XTm7TjZWlU8f1vvGr32FaN/pagina.html.
Cowell, Alan. "Scientists Linked to the Vatican Call for Population Curbs." *New York Times,* June 16, 1994.
Delaney, Sarah. "Genetically Modified Crops Call for Caution, Bishop Tells Synod." Catholic News Service, October 8, 2009.
Donadio, Rachel. "Europe's Young Grow Agitated over Future Prospects." *New York Times,* January 1, 2011.
———."Surreal: A Soap Opera Starring Berlusconi." *New York Times,* January 22, 2011.
Ehrlich, Paul R., and Peter H. Raven. "Butterflies and Plants: A Study in Coevolution." *Evolution,* vol. 18, no. 4 (December 1964): 586-608.
Engelman, Robert. "The Pope's Scientists." *Conscience,* vol. 31, no. 2 (2010).
Flanders, Laura. "Giving the Vatican the Boot." *Ms. Magazine,* October/November 1999.
Fox, Thomas C. "New Birth Control Commission Papers Reveal Vatican's Hand." *National Catholic Reporter,* March 23, 2011. http://ncronline.org.
"Il fratello di Roberta. 'Brava, hai lavorato bene.'" Repubblica TV, September 21, 2010. http://video.repubblica.it/le-inchieste/il-fratello-di-roberta-brava-hai-lavorato-bene/95230/93612.
Glatz, Carol. "Synod Working Document Seeks Ways to Promote Justice, Peace in Africa." Catholic News Service, March 19, 2009.
Grandoni, Dino. "98% of Catholic Women Have Used Contraception the Church Opposes." Atlantic Wire, February 10, 2012.
Gumbel, Andrew. "Italian Men Cling to Mamma; Unemployment and a Housing Crisis Force Males to Live at Home in Their Thirties." The World section, *Independent*(UK), December 15, 1996.
Hebblethwaite, Peter. "Science, Magisterium at Odds: Pontifical Academy Emphasizes Need for Global Population Control——Pontifical Academy of Sciences." *National Catholic Reporter,* July 15, 1994.
ISTAT. *Demographic Indicators: Year 2010.* January 24, 2011. http://demo.istat.it/index_e.html.
Kertzer, David I., Alessandra Gribaldo, and Maya Judd. "An Imperfect

Contraceptive Society: Fertility and Contraception in Italy." *Population and Development Review,* vol. 35, no. 3 (September 2009): 551-84.

Kessler, Glenn. "The Claim That 98 Percent of Catholic Women Use Contraception: A Media Foul." The Fact Checker (blog), *Washington Post,* February 17, 2012.

Kington, Tom. "Silvio Berlusconi Gave Me € 7,000, Says 17-Year-Old Belly Dancer." *Observer* (UK), October 30, 2010.

———. "Silvio Berlusconi Wiretaps Reveal Boast of Spending Night with Eight Women." *Observer* (UK), September 17, 2011.

Kissling, Frances. "The Vatican and Reproductive Freedom: A Human Rights Perspective on the Importance of Supporting Reproductive Choices." Testimony given by Frances Kissling before the All-Party Parliamentary Group on Population, Development and Reproductive Health at a hearing in the UK Parliament on Monday, July 3, 2006. http://www.catholicsforchoice.org/conscience/current/.

Krause, Elizabeth L. "'Empty Cradles' and the Quiet Revolution: Demographic Discourse and Cultural Struggles of Gender, Race, and Class in Italy." *Cultural Anthropology,* vol. 16, no. 4 (2001): 576-611.

———. "Dangerous Demographies and the Scientific Manufacture of Fear," in *Selected Publications of EFS Faculty, Students, and Alumni.* Paper 4, July 2006.

———. "'Toys and Perfumes': Imploding Italy's Population Paradox and Motherly Myths," in *Barren States: The Population "Implosion" in Europe,* edited by Carrie B. Douglass. London: Berg, 2005, pp. 159-82.

Krause, Elizabeth L., and Milena Marchesi. "Fertility Politics as 'Social Viagra': Reproducing Boundaries, Social Cohesion, and Modernity in Italy." *American Anthropologist,* vol. 109, no. 2 (June 2007): 350-62. doi: 10.1525/AA.2007.109.2.350.

Lavanga, Claudio. "Berlusconi Tells Businessman to Bring Girls, But Not Tall Ones, Wiretaps Reveal." NBC News, September 17, 2011.

Ludwig, Mike. "New WikiLeaks Cables Show US Diplomats Promote Genetically Engineered Crops Worldwide." Truthout, August 25, 2011. http://www.truth-out.org/new-wikileaks-cables-show-us-diplomats-promote-genetically-engineered-crops-worldwide/1314303978.

———. "US to Vatican: Genetically Modified Food Is a 'Moral Imperative.'" Truthout, December 29, 2010.

Meldolesi, Anna. "Vatican Panel Backs GMOs." *Nature Biotechnology,* vol. 29, no. 11 (2011). doi:10.1038/nbt0111-11.

Mumford, Stephen D. "Why the Church Can't Change." *Council for Secular Humanism Free Inquiry,* vol. 21, no. 1 (Winter 2000/2001).

———.“Why the Pope Can't Change the Church's Position on Birth Control: Implications for Americans." Presentation to Vatican Influence on Public Policy Symposium, at the Center for Research on Population and Security: St. Louis, Missouri. January 27, 1999.

O'Brien, Jon, and Sara Morello. "Catholics for Choice and Abortion: Prochoice Catholicism 101." *Conscience,* Spring 2008: 24-26.

Partridge, Loren W. Review of *The Casino of Pius IV,* by Graham Smith. *The Art Bulletin,* vol. 60, no. 2 (June 1978): 369-72. http://www.jstor.org/stable/3049799. Accessed: 30/03/2012.

Paul VI. *Humanae Vitae:* Encyclical letter on the regulations of birth control. May 1, 1968.

Pontifical Council for the Family. "Ethical and Pastoral Dimensions of Population Trends." March 25, 1994.

Potrykus, Ingo, and Klaus Ammann, eds. "Transgenic Plants for Food Security in the Context of Development: Proceedings of a Study Week of the Pontifical Academy of Sciences." *New Biotechnology,* vol. 27, no. 5 (November 2010): 445-718.

Raven, Peter H. "Does the Use of Transgenic Plants Diminish or Promote Biodiversity?" *New Biotechnology,* vol. 27, no. 5 (2010): 528-53.

Ravenholt, R. T. "Poorest Peasant Couple in Remotest Village Will Seize Opportunity to Control Family Size." Paper presented to the First USAID World Population Conference, Washington, DC, December 1976.

———. "World Fertility Survey: Origin and Development of the WFS." Paper presented to the Conference at the National Press Club on 30 Years of USAID Efforts in Population and Health Data Collection. Washington, DC, June 3, 2002.

Sarzanini, Fiorenza. "Fede, Mora e le Feste: 'Lui Stasera è Pimpante, Chiama le Nostre Vallette.'" *Corriere della Sera,* January 19, 2011.

Schnieder, Jane, and Peter Schneider. "Sex and Respectability in an Age of Fertility Decline: A Sicilian Case Study." *Social Science & Medicine,* vol. 33, no. 8 (1991): 885-95.

Shiva, Vandana. "The 'Golden Rice' Hoax: When Public Relations Replaces Science." Accessed at http://online.sfsu.edu/rone/GEessays/goldenricehoax.html.

Swomley, John M. "The Pope and the Pill." *Christian Social Action,* February

1998.
Urquhart, Gordon. "The Vatican and Family Politics." For Conservative Catholic Influence in Europe: An Investigative Series. Washington, DC: Catholics for a Free Choice, 1997.
"Vatican Calls for 'More Solid Morality' in Wake of Berlusconi Sex Scandal." France24 International News 24/7, January 21, 2011. http://www.france24.com/en/20110120 -berlusconi-political-persecution-scandal-vows-prostitution-minor-law.

## 第七章　人間に包囲されたゴリラ――ウガンダ

### 書　籍

Hall, Ruth. *The Life of Marie Stopes.* New York: W. W. Norton & Company, 1978.
Hanson, Thor. *The Impenetrable Forest: My Gorilla Years in Uganda,* revised edition. Warwick, NY: 1500 Books, 2008.
Turner, Pamela. *Gorilla Doctors: Saving Endangered Great Apes.* Boston: Houghton Mifflin Harcourt, 2008.

### 記　事

Anderson, Curt. "U.S. Arrests 3 in Uganda Tourist Slayings." Associated Press, March 3, 2003.
"Bwindi Impenetrable Forest," Tropical Ecology Assessment and Monitoring Network website. http://www.teamnetwork.org/network/sites/bwindi-national-park-0.
Caccone, Adalgisa. "DNA Divergence Among Hominoids." *Evolution,* vol. 43, no. 5 (1989): 925-41.
Clarke, Jody. "Tullow Accused of Acts of Bribery in Uganda." *Irish Times,* October 14, 2011. http://www.irishtimes.com/newspaper/world/2011/1014/1224305758151.html.
Cohen, Tamara. "What Separates Man from the Apes?" *Daily Mail* (UK), March 8, 2012.
Craig, Allison Layne. "'Quality Is Everything': Rhetoric of the Transatlantic Birth Control Movement in Interwar Women's Literature of England, Ireland and the United States." PhD diss., University of Texas at Austin, December 2009.
Gaffikin, Lynne. "Population Growth, Ecosystem Services, and Human Well-Being," in *A Pivotal Moment: Population, Justice, and the Environmental Challenge,* edited by Laurie Mazur. Washington, DC: Island Press, 2009.
———, and Kalema-Zikusoka, G. *Integrating Human and Animal Health for*

*Conservation and Development: Findings from a Program Evaluation in Southwest Uganda.* Conservation Through Public Health, Evaluation and Research Technologies for Health, and John Snow, 2010.

Gatsiounis, Ioannis. "Uganda's Soaring Population a Factor in Poverty, Deadly Riots." *Washington Times,* June 14, 2011.

Kanyeheyo, Ivan Mafigiri. "Nation's Population Growth a Self-Laid Economic Trap." *Monitor* (Kampala), June 23, 2011.

Klein, Alice. "Uganda's Fledgling Oil Industry Could Undermine Development Progress." *Guardian* (UK), December 12, 2011.

Lirri, Evelyn. "The Tragedy of the Nation's Many Unwanted Pregnancies." *Monitor* (Uganda), May 28, 2011.

Loconte, Joseph. "The White House Initiative to Combat AIDS: Learning from Uganda." *Heritage Foundation Backgrounder,* no. 1692 (September 29, 2003).

Maykuth, Andrew. "Uncertain Times in the Impenetrable Forest." *Philadelphia Inquirer,* Sunday Magazine, April 23, 2000.

Nanteza, Winnie. "Will Mother Nature Survive Population Pressure?" *New Vision* (Uganda), July 7, 2010.

Nordland, Rod. "Death March." *Newsweek,* March 14, 1999.

Palacios, G., L. J. Lowenstine, M. R. Cranfield, K. V. K. Gilardi, L. Spelman, M. Lukasik-Braum, et al. "Human Metapneumovirus Infection in Wild Mountain Gorillas, Rwanda." *Emerging Infectious Diseases,* vol. 17, no. 4 (April 2011).

Plumptre, A. J., A. Kayitare, H. Rainer, M. Gray, I. Munanura, N. Barakabuye, S. Asuma, M. Sivha, and A. Namara. "The Socio-economic Status of People Living Near Protected Areas in the Central Albertine Rift." *Albertine Rift Technical Reports,* vol. 4 (2004): 127.

Songa, Martha. "Stop Talking and Take Action on Reproductive Health." *New Vision,* July 5, 2011.

"3 Rebels Charged in U.S. Tourist Killings." *Chicago Tribune,* March 4, 2003.

Tumusha, Joseph. "The Politics of HIV/AIDS in Uganda." Social Policy and Development Programme, Paper Number 28. United Nations Research Institute for Social Development, August 2006.

"Uganda Biodiversity and Tropical Forest Assessment." U.S. Agency for International Development. Final report, July 2006.

Wambi, Michael. "When Women Go Without Needed Contraceptives." InterPress Service-Uganda, June 28, 2011.

Wax, Emily. "Ugandans Say Facts, Not Abstinence, Will Win AIDS War." *Washington Post,* July 9, 2003.

## 第八章　人間の長城――中　国

### 書　籍

Fong, Vanessa L. *Only Hope: Coming of Age Under China's One-Child Policy.* Palo Alto, CA: Stanford University Press, 2004.

Greenhalgh, Susan. *Just One Child: Science and Policy in Deng's China.* Berkeley: University of California Press, 2008.

Hvistendahl, Mara. *Unnatural Selection: Choosing Boys Over Girls, and the Consequences of a World Full of Men.* New York: Public Affairs, 2011.（『女性のいない世界――性比不均衡がもたらす恐怖のシナリオ』マーラ・ヴィステンドール著、大田直子訳、講談社、2012 年）

Meadows, Donella, Dennis Meadows, Jørgen Randers, and W. W. Behrens III. *The Limits to Growth.* New York: Universe Books, 1972.（『成長の限界――ローマ・クラブ「人類の危機」レポート』ドネラ・H・メドウズ、デニス・メドウズ、ヨルゲン・ランダース著、大来佐武郎監訳、ダイヤモンド社、1972 年）

Shapiro, Judith. *Mao's War Against Nature: Politics and the Environment in Revolutionary China (Studies in Environment and History).* New York: Cambridge University Press, 2001.

Watts, Jonathan. *When a Billion Chinese Jump: How China Will Save Mankind――Or Destroy It.* London: Faber & Faber, 2010.

### 記　事

Bethune, Brian. "The Women Shortage: Interview with Mara Hvistendahl, Beijing Correspondent for *Science* Magazine." *Maclean's,* June 14, 2011.

Brinkley, Joel. "Abortion Opponents Play Chinese Dissident Card." *San Francisco Chronicle,* June 30, 2012.

Brown, Lester R. "Can the United States Feed China?" Plan B Updates, Earth Policy Release, March 23, 2011.

Burkitt, Laurie. "Agency Move Hints at Shift in China's One-Child Policy." *Wall Street Journal,* Eastern edition (New York), March 11, 2013.

"Buying Farmland Abroad: Outsourcing's Third Wave." *The Economist,* May 21, 2009.

"China to Maintain Family Planning Policy: Official." Xinhua News Agency (China), March 11, 2013. http://english.peopledaily.com.cn/90785/8162924.html.

Collins, Gabe, and Andrew Erickson. "The 10 Biggest Cities in China That

You've Probably Never Heard of." *China SignPost,* no. 37, June 1, 2011.

Cruz, Anthony dela. "Chinese Investments in the Philippines." *China Business,* June, 2008.

Daily, Gretchen C. "Conservation and Development for the 21st Century: Harmonizing with Nature." PowerPoint presentation to the Chinese Academy of Sciences, September 24, 2010.

Earle, Christopher J., ed. "Gymnosperms of Sichuan." *The Gymnosperm Database,* November 11, 2011. http://www.conifers.org/topics/sichuan.php.

Ehrlich, Paul R., Peter M. Kareiva, and Gretchen C. Daily. "Securing Natural Capital and Expanding Equity to Rescale Civilization." *Nature,* vol. 486 (June 2012): 68-73.

Ennaanay, Driss. "InVEST: A Tool for Mapping and Valuing Hydrological Ecosystem Services." PowerPoint presentation to the Chinese Academy of Sciences, September 24, 2010.

Gittings, John. "Growing Sex Imbalance Shocks China." *Guardian* (UK), May 12, 2002.

Goodkind, Daniel. "Child Underreporting, Fertility, and Sex Ratio Imbalance in China." *Demography,* vol. 48, no. 1 (February 2011): 291-316.

Greenhalgh, Susan. "Fresh Winds in Beijing: Chinese Feminists Speak Out on the One-Child Policy and Women's Lives." *Signs* (University of Chicago Press), vol. 26, no. 3 (Spring 2001): 847-86.

———. "Science, Modernity, and the Making of China's One-Child Policy." *Population and Development Review,* vol. 29, no. 2 (June 2003): 163-96.

"Growing Urban Population Strains Chinese Cities." Agence France-Presse. June 26, 2011.

Gupta, Monica Das. "Explaining Asia's 'Missing Women': A New Look at the Data." *Population and Development Review,* vol. 31, no. 3 (September 2005): 529-35.

"Hope in Reforming China's One-Child Rule?" *The Economist,* July 25, 2011.

Huang, Shu-tse. "China's Views on Major Issues of World Population." Speech to the 1974 United Nations World Population Conference. *Peking Review,* no. 35, August 30, 1974.

Hvistendahl, Mara. "Has China Outgrown the One-Child Policy?" *Science,* vol. 329, no. 5998 (September 2010): 1458-61.

———. "Of Population Projections and Projectiles." *Science,* vol. 329, no. 5998 (September 2010): 1460.

Jiang, Steven. "Forced Abortion Sparks Outrage, Debate in China." CNN, June

15, 2012.
Jihong, Liu, Ulla Larsen, and Grace Wyshak. "Factors Affecting Adoption in China, 1950-87." *Population Studies,* vol. 58, no. 1 (March 2004): 21-36.
Johansson, Sten, and Ola Nygren. "The Missing Girls of China: A New Demographic Account." *Population and Development Review,* vol. 17, no. 1 (March 1991): 35-51.
Jones, David. "The Baby Panda Factory." *Daily Mail* (UK), July 30, 2010.
Kim, Hyung-Jin, and Yu Bing. "South Korea Finds Smuggled Capsules Contain Human Flesh." Associated Press, May 8, 2012.
Larsen, Janet. "Meat Consumption in China Now Double That in the United States." Plan B Updates, Earth Policy Institute, April 24, 2012.
"Learning Chinese: Budget Brides from Vietnam." Globaltimes.cn, April 23, 2012. http://www.globaltimes.cn/DesktopModules/DnnForge%20-%20NewsArticles/ Print.aspx?tabid=99&tabmoduleid=94&articleId=706219&moduleId=405& PortalID=0.
Li, Jie, Marcus W. Feldman, Shuzhuo Li, and Gretchen C. Daily. "Rural Household Income and Inequality Under the Sloping Land Conversion Program in Western China." *Proceedings of the National Academy of Sciences,* May 10, 2011.
Li, Laifang, Xu Xiaoqing, and Xu Yang. "Population Policy to Be Improved." Xinhua News Agency (China), March 5, 2013. http://www.xinhuanet.com.
"The Loneliness of the Chinese Birdwatcher." *The Economist,* December 18, 2008.
Merli, M. Giovanna. "Underreporting of Births and Infant Deaths in Rural China: Evidence from Field Research in One County of Northern China." *China Quarterly,* no. 155 (September 1998): 637-55.
Moore, Malcolm. "China's Mega City: The Country's Existing Mega Cities." *Telegraph* (UK), January 24, 2011.
Myers, Norman, Russell A. Mittermeier, Cristina G. Mittermeier, Gustavo A. B. da Fonseca, and Jennifer Kent. "Biodiversity Hotspots for Conservation Priorities." *Nature,* vol. 403 (February 2000): 853-58.
Oster, Shai. "China: New Dam Builder for the World." *Wall Street Journal,* December 28, 2007.
———. "China Traffic Jam Could Last Weeks." *Asia News,* August 24, 2010.
Ouyang, Zhiyun. "Ecosystem Services Valuation and Its Applications." PowerPoint presentation to the Chinese Academy of Sciences, September 24, 2010.

Patranobis, Sutirtho. "China Softens Its One-Child Policy." *Hindustan Times* (Beijing), March 7, 2013.

Peng, Xizhe. "China's Demographic History and Future Challenges." *Science,* vol. 333, no. 6042 (2011): 581-87.

Pinghui, Zhuang. "Officials Suspended After Forced Late-Term Abortion." *South China Morning Post,* June 15, 2012.

Roberts, Dexter. "China Prepares for Urban Revolution." *Bloomberg Businessweek,* November 13, 2008.

Rosenthal, Elisabeth. "China's Widely Flouted One-Child Policy Undercuts Its Census." *New York Times,* April 14, 2000.

"Second Probe into Capsules 'Made from Dead Babies.'" *Shanghai Daily,* May 9, 2012.

"South-to-North Water Diversion Project, China." Water-technology.net. Net Resources International, 2012. http://www.water-technology.net/projects/south_north/.

Springer, Kate. "Soaring to Sinking: How Building Up Is Bringing Shanghai Down." *Time,* May 21, 2012.

Sudworth, John. "Chinese Officials Apologize to Woman in Forced Abortion." BBC News, June 15, 2012.

Thayer Lodging Group. "What Is the Opportunity in China?" PowerPoint Presentation, October 2, 2011. http://www.hotelschool.cornell.edu/about/dean/documents/.

Wang, Yukuan. "Ecosystem Service Assessment and Management." PowerPoint Presentation, Chinese Academy of Sciences, September 24, 2010.

Webel, Sebastian. "Sustainability Boom." *Pictures of the Future Magazine* (Siemens), Spring 2012: 90-94. http://www.siemens.com/pof.

Webster, Paul, and Jason Burke. "How the Rise of the Megacity Is Changing the Way We Live." *Observer* (UK), January 21, 2012.

Weiss, Kenneth R. "Beyond 7 Billion: The China Effect." *Los Angeles Times,* July 22, 2012.

Wines, Michael. "Qian Xuesen, Father of China's Space Program, Dies at 98." *New York Times,* November 3, 2009.

Wong, Edward. "Reports of Forced Abortions Fuel Push to End Chinese Law." *New York Times,* July 22, 2012.

"The Worldwide War on Baby Girls." *Economist,* March 4, 2010.

Yi, Zeng, Tu Ping, Gu Baochang, Xu Yi, Li Bohua, and Li Yongping. "Causes and Implications of the Recent Increase in the Reported Sex Ratio at Birth in

China." *Population and Development Review,* vol. 19, no. 2 (June 1993): 283-302.

Yin, Runsheng, Jintao Xu, Zhou Li, and Can Liu. "China's Ecological Rehabilitation: The Unprecedented Efforts and Dramatic Impacts of Reforestation and Slope Protection in Western China." *China Environment Series* (Wilson Center), no. 7 (2005): 17-32.

Zhao, Xing. "Chinese Men Head to Vietnam for the Perfect Wife." CNN-Go, February 19, 2010. http://www.cnngo.com/shanghai/.

## 第九章　海――フィリピン

### 書　籍

Aliño, Porfirio M. *Atlas of Philippine Coral Reefs.* Quezon City, Philippines: Goodwill Trading Co., 2002.

Bain, David Haward. *Sitting in Darkness: Americans in the Philippines.* New York: Houghton Mifflin, 1984.

Coastal Resource Management Project/Fisheries Resource Management Project/Department of Agriculture. *Coastal Resource Management for Food Security.* Makati City, Philippines: The Bookmark, Inc., 1999.

Concepcion, Mercedes B., ed. *Population of the Philippines.* Manila: Population Institute, University of the Philippines, 1977.

Goldoftas, Barbara. *The Green Tiger: The Costs of Ecological Decline in the Philippines.* Oxford: Oxford University Press, 2006.

Kiple, Kenneth F., and Kriemhild Coneè Ornelas, eds. *The Cambridge World History of Food.* Cambridge: Cambridge University Press, 2000.『ケンブリッジ世界の食物史大百科事典』（K・F・カイプル、K・C・オルネラス編、石毛直道、小林彰夫、鈴木建夫訳、三輪睿太郎監訳、朝倉書店、2004～05年）

### 記　事

Alave, Kristine L. "Contraception Is Corruption." *Philippine Daily Inquirer,* August 5, 2012.

Anderson, Maren C. "History and Future of Population-Health-Environment Programs: Evolution of Funding and Programming." MPP Professional Paper, University of Minnesota, 2010.

Annual Report 2010, PATH Foundation Philippines.

Aragon-Choudhury, Perla. "11 Filipinas Die in Childbirth Daily――What About Their Rights to Prenatal Care?" *Womens Feature Service,* September 9, 2010.

Barclay, Adam. "Hybridizing the World." *Rice Today,* October/December 2010: 32-35.

Barlaan, Karl Allan, and Christian Cardiente. "So We Would All Be Informed: Dissecting the Flood Problem in Metro Manilan." *Manila Standard Today,* August 8, 2011. http://www.manilastandardtoday.com/insideOpinion.htm?f=2011/.

"Birth Control Proponents Retreat on 2 Key Fronts." *Manila Standard,* March 26, 2011.

"Bishop Open to Plebiscite on RH Bill." GMA News, November 17, 2010. http://www.gmanews.tv/story/206151/bishop-open-to-plebiscite-on-rh-billLBG/VVP/RSJ,GMANews.TV.

Boncocan, Karen. "RH Bill Finally Signed into Law." *Philippine Daily Inquirer,* December 28, 2012.

"Budget for Condoms from P880M to Zero." *Philippine Daily Inquirer,* December 18, 2010.

Bugna-Barrer, Sahlee. "Increasing Population and Growing Demand Push Biodiversity to Its Limits." *Business Mirror,* July 8, 2012.

Cabacungan, Gil. "UN to Stop Funding Philippine Population Plan." *Philippine Daily Inquirer,* September 1, 2011. http://www.mb.com.ph/articles/351065/unity-earth-population-devt-last-two-parts.

Calonzo, Andreo. "Pacquiao Says Marquez KO Strengthened His Opposition to RH Bill." GMA News Online, December 13, 2012. http://www.gmanetwork.com/news/story/286164/news/nation/.

Carpenter, Kent E., and Victor G. Springer. "The Center of the Center of Marine Shore Fish Biodiversity: The Philippine Islands." *Environmental Biology of Fishes,* vol. 72(2005): 467-80.

Castro, Joan R., and Leona A. D'Agnes. "Fishing for Families: Reproductive Health and Integrated Coastal Management in the Philippines." *Focus on Population, Environment, and Security,* no. 15 (April 2008).

———, and Carmina Angel Aquino. "Mainstreaming Reproductive Health and Integrated Coastal Management in Local Governance: The Philippines Experience." Prepared for the CZAP conference: Cebu, Philippines, 2004. PATH Foundation Philippines.

"Catholics Criticize, Praise Aquino over Family Planning." *Sun Star Davao,* September 30, 2010. http://www.sunstar.com.ph/davao/local-news/catholics-criticize-praise-aquino-over-family-planning.

"Catholics Launch 'Anti-RH with a Smile' Campaign." GMA News, July 22,

2011.
"China Sets Up Yuan Longping Institute of Science and Technology." *People's Daily,* August 7, 2000.
"Church OKs Info Drive on Family Planning." *Philippine Daily Inquirer,* December 20, 2010.
D'Agnes, Leona A. *Overview Integrated Population and Coastal Resource Management (IPOPCORM) Approach.* PATH Foundation Philippines, January 2009.
———, Heather D'Agnes, J. Brad Schwartz, Maria Lourdes Amarillo, and Joan Castro. "Integrated Management of Coastal Resources and Human Health Yields Added Value: A Comparative Study in Palawan (Philippines)." *Environmental Conservation,* vol. 37, no. 4 (2010): 1-12.
"Demographic Trends in Philippines Marine Biodiversity Conservation Priority Areas." PATH Foundation Philippines, November 2009.
Diokno, Benjamin E. "RH Bill over the Hump." *BusinessWorld,* December 19, 2012.
Domingo, Ronnel. "Large Population May Boost Economic Growth, Says BSP: But Raising Purchasing Power Is Crucial." *Philippine Daily Inquirer,* October 24, 2010.
Eaton, Sam. "Food for 9 Billion: Turning the Population Tide in the Philippines." *PBS NewsHour,* January 23, 2012.
Esguerra, Christian V. "Why Pacquiao Voted No Even if He's No Longer a Catholic." *Philippine Daily Inquirer,* December 14, 2012.
"EU to Infuse 35M to Support PHLs Health System Reforms." GMA News, April 15, 2011.
"Facts on Barriers to Contraceptive Use in the Philippines." Guttmacher Institute, In Brief Series, May 2010.
"Forsaken Lives: The Harmful Impact of the Philippine Criminal Abortion Ban." Center for Reproductive Rights, 2010.
Gutierrez, Jason. "Fewer Bites for Philippine Fishermen." Agence France-Presse, July 8, 2011.
Hamilton, Ruaraidh Sackville. "Agricultural Biodiversity: The Lasting Legacy of Early Farmers." *Rice Today,* October—December 2010.
Herdt, R. W., and C. Capule. *Adoption, Spread, and Production Impact of Modern Rice Varieties in Asia.* International Rice Research Institute, Los Banos, Laguna, Philippines: 1983.
IPOPCORM Monograph. "Overview, Key Lessons & Challenges." PATH

Foundation Philippines, September 2007.

Javier, Luzi Ann. “Philippines May Lose 600,000 Tons Rice from Typhoon.” *Bloomberg,* October 18, 2010.

Jimenez-David, Rina. “At Large: The Shadow of the A Word.” *Philippine Daily Inquirer,* August 10, 2010.

Khan, Natasha, and Norman P. Aquino. “Condom Queues Incite Church Tensions in Philippines.” *Bloomberg,* March 27, 2012.

Li, Jiming, Xin Yeyun, and Yuan Longping. “Hybrid Rice Technology Development: IFPRI Discussion Paper 00918.” *International Food Policy Research Institute,* November 2009.

Lynch, Wyeth. “General Studies on Hybrid Rice.” China National Hybrid Rice Research and Development Center, 2004.

Manson, Jamie L. “Church's Ban on Contraception Starves Families and Damages Ecosystem.” *National Catholic Review,* Grace Margins (blog), February 6, 2012. http:// ncronline.org/blogs.

Manthorpe, Jonathan. “Lawmakers Back Away from Family Planning Bill.” *Vancouver Sun,* November 19, 2012.

Maramag, Sarah Katrina. “Overseas Filipino Nurses, Ailing Healers.” *Philippine Online Chronicles,* July 10, 2010.

McDonald, Mark. “In Philippines, a Turning Point on Contraception.” *New York Times,* December 18, 2012.

“Meeting Women's Contraceptive Needs in the Philippines.” Guttmacher Institute, In Brief Series, no. 1, 2009.

Michael, Christopher. “C4 Rice and Hoping the Sun Can End Hunger: Tales of Plants, Evolution, Transgenics and Crisis.” PhD diss., University of California, Davis, 2012. ProQuest (UMI 3540557).

“‘Miracle Rice’ Finding Proves We Can Never Stop Rice Breeding.” International Rice Research Institute, *E! Science News, Earth & Climate,* October 8, 2010. http:// esciencenews.com/articles/2010/10/08/miracle.rice.finding.proves.we.can.never.stop.rice.breeding.

Mora C., O. Aburto-Oropeza, A. Ayala Bocos, P. M. Ayotte, S. Banks, et al. “Global Human Footprint on the Linkage Between Biodiversity and Ecosystem Functioning in Reef Fishes.” *PLoS Biol,* vol. 9, no. 4 (2011).

Overview Integrated Population and Coastal Resource Management (IPOPCORM) Initiative, Overview, Key Lessons and Challenges. PATH Foundation Philippines, September 2007.

“Philippine Business Supports Birth Control Despite Church.” Agence France-

Presse, October 26, 2010.
"Philippine Church Hits President on Contraception." Associated Press, September 29, 2010.
"The Philippine Marine Biodiversity: A Unique World Treasure." *One Ocean Information,* OneOcean.org. http://www.oneocean.org/flash/philippine_biodiversity.html.
"Philippine President Vows to Push for Enactment of Pro-Family Planning Bill." Xinhua News Agency (China), April 17, 2011.
"Philippines Says Likely to Miss UN Millennium Goals." Agence France-Presse, September 8, 2010.
"Philippines Women's Groups Call for Legalized Abortions." Channel News Asia, August 17, 2010.
"PHS Vatican Shows Force Against RH Bill." *Philippine Daily Inquirer,* September 19, 2011.
Ramos, Fidel V. "Empowering the Filipino People." Unity of Earth, Population, Dev't(Last of Two Parts). *Manila Bulletin,* February 11, 2012.
Rauhala, Emily. "More Catholic than the Pope? Manila Suburb Cracks Down on Condoms." Global Spin (blog), *Time,* April 4, 2011. http://globalspin.blogs.time.com/2011/04/04/more-catholic-than-the-pope-manila-suburb-cracks-down-on-condoms/#ixzz1n7CTbMkj.
———."When a Country Cracks Down on Contraception: Grim Lessons from the Philippines." Global Spin (blog), *Time,* February 21, 2012. http://globalspin.blogs.time.com/2012/02/21/when-a-country-cracks-down-on-contraception-grim-lessons-from-the-philippines/#ixzz1n7DMQusS.
"Research Report: Is Emergency Obstetric Care Within the Reach of Malabon's Poor Women?" Likhaan Center for Women's Health, Inc., n.d.
Robles, Raissa. "Bishops Swim Against the Tide on Family Planning." *South China Morning Post,* August 19, 2012.
"'Rolling Back' the Process of Overfishing: IPOPCORM Approach." Monograph Series No. 2, PATH Foundation Philippines, 2007.
Sandique-Carlos, Rhea. "Philippines Adopts Contraception Law." *Wall Street Journal,* December 29, 2012.
Singh, Susheela, et al. *Abortion Worldwide: A Decade of Uneven Progress.* New York: Guttmacher Institute, 2009.
———. *Unintended Pregnancy and Induced Abortion in the Philippines.* New York: Guttmacher Institute, 2006.
Tan, Michael, L. "Abortion: Realities and Responsibilities." Health Alert, 211.

*Health Action Information Network* (Manila), January 2000.

Tulali, Carlos. "Bishops in Our Bedrooom." Philippine Legislators' Committee on Population and Development, Inc., Policy Brief, November 2009.

Walden, Bello. "Rwanda in the Pacific? Population Pressure, Development, and Conflict in the Philippines." *Philippine Daily Inquirer,* August 27, 2011.

Weiss, Kenneth R., and Sol Vanzi. "Philippine Contraceptive Bill Wins Passage." *Los Angeles Times,* December 18, 2012.

Whately, Floyd. "Bill to Expand Birth Control Is Approved in Philippines." *New York Times,* December 17, 2012.

———."Church Officials Call on Filipinos to Campaign Against Birth Control Law." *New York Times,* December 18, 2012.

Zeigler, Dr. Robert S. "Leading Crop Scientist Warns of Potential Rice Crisis." Interview with Mike Billington and Marcia Merry Baker, *Executive Intelligence Review,* March 2, 2007: 54-63.

## 第一〇章　底——ニジェール

### 書　籍

Murakami, Masahiro. *Managing Water for Peace in the Middle East: Alternative Strategies.* New York: United Nations University Press, 1996.

### 記　事

Abu, Festus. "Nigeria Population to Hit 367 Million in 2050——UN." *Punch,* April 6, 2012.

Bilger, Burkhard. "The Great Oasis: Can a Wall of Trees Stop the Sahara from Spreading?" *New Yorker,* December 19, 2011.

Bongaarts, John. "Can Family Planning Programs Reduce High Desired Family Size in Sub-Saharan Africa?" *International Perspectives on Sexual and Reproductive Health,* Guttmacher Institute, vol. 37, no. 4 (December 2011).

Cleland, J., S. Bernstein, A. Ezeh, A. Faundes, A. Glasier, and J. Innis. "Family Planning: The Unfinished Agenda." Sexual and Reproductive Health Series, *Lancet,* vol. 368 (2006): 1810-27.

de Sam Lazaro, Fred. "Niger Famine and Re-greening." PBS Religion & Ethics, *News- Weekly,* June 29, 2012.

Margulis, Jennifer. "Backstory: Are Niger's Giraffes a Fading Spot on the Horizon?" *Christian Science Monitor,* January 11, 2007.

"Niger: Experts Explain Why Malnutrition Is Recurrent." IRIN, March 15, 2010.

"Niger: Southern Villages Emptying as Drought Bites." IRIN, March 10, 2010.

"Niger Appeals for Emergency Food Aid." Agence France-Presse, March 10, 2010.

"Niger Farmland Threatened by Locusts: Official." Agence France-Presse, June 13, 2012.

"Niger——Food Insecurity." Fact Sheet #1, Fiscal Year 2010. U.S. Agency of International Development and the Office of U.S. Foreign Disaster Assistance, March 16, 2010.

Pitman, Todd. "Niger: Once-Taboo Topic of Hunger Spoken Again." Associated Press, February 26, 2010.

———."President's Ouster in Coup Praised in Niger." *Guardian* (UK), February 23, 2010.

Polgreen, Lydia. "In Niger, Trees and Crops Turn Back the Desert." *New York Times,* February 11, 2007.

Potts, Malcolm, Virginia Gidi, Martha Campbell, and Sarah Zureick. "Niger: Too Little, Too Late." *International Perspectives on Sexual and Reproductive Health, Guttmacher Institute,* vol. 37, no. 2 (June 2011).

Reij, Chris. "Regreening the Sahel." *Our Planet,* United Nations Environmental Programme, September 2011.

———, Gray Tappan, and Melinda Smale. "Agroenvironmental Transformation in the Sahel: Another Kind of 'Green Revolution.'" Paper prepared for the project Millions Fed: Proven Success in Agricultural Development, International Food Policy Research Institute, November 2009.

Roberts, Leslie. "9 Billion?" *Science,* vol. 333 (July 29, 2011): 540-43.

Rosenthal, Elisabeth. "Nigeria Tested by Rapid Rise in Population." *New York Times,* April 14, 2012.

Russeau, Simba. "Libya: Water Emerges as Hidden Weapon." Inter Press Service, May 27, 2011.

Werner, Louis, and Kevin Bubriski. "Seas Beneath the Sands." *Saudi Aramco World,* vol. 58, no. 1 (January/February 2007): 34-39.

World Food Programme. "Torrential Rains in Niger Lead to Prolonged Flooding and Devastated Cropland." October 2, 2012. http://www.wfp.org/node/3540/3391/ 317705.

本書は、二〇一三年一二月に早川書房より刊行された単行本『滅亡へのカウントダウン――人口大爆発とわれわれの未来〔上〕』を改題・文庫化したものです。

翻訳協力／木下英津子、佐藤絵里、林 民雄

訳者略歴　1963年生，成城大学経済学部経営学科卒，埼玉大学大学院文化科学研究科修士課程修了，翻訳家　訳書にサンデル『これからの「正義」の話をしよう』，アセモグル＆ロビンソン『国家はなぜ衰退するのか』（以上早川書房刊）他多数

HM=Hayakawa Mystery
SF=Science Fiction
JA=Japanese Author
NV=Novel
NF=Nonfiction
FT=Fantasy

# 滅亡《めつぼう》へのカウントダウン
## 人口危機と地球の未来
〔上〕

〈NF497〉

二〇一七年五月　十　日　印刷
二〇一七年五月十五日　発行

（定価はカバーに表示してあります）

著　者　アラン・ワイズマン
訳　者　鬼《おに》澤《ざわ》　忍《しのぶ》
発行者　早川　浩
発行所　株式会社　早川書房

郵便番号　一〇一 - 〇〇四六
東京都千代田区神田多町二ノ二
電話　〇三 - 三二五二 - 三一一一（大代表）
振替　〇〇一六〇 - 三 - 四七七九九
http://www.hayakawa-online.co.jp

乱丁・落丁本は小社制作部宛お送り下さい。
送料小社負担にてお取りかえいたします。

印刷・三松堂株式会社　製本・株式会社明光社
Printed and bound in Japan
ISBN978-4-15-050497-7 C0140



本書は活字が大きく読みやすい〈トールサイズ〉です。